수학이 외계어처럼 들리는
이공계생을 위한

제로 수학

지은이 김우섭(소동)

서울대학교 수리과학부 석·박사 통합 과정에 있으며 대치동에서 수학을 가르치고 있다. 고등학교 시절에 제대로 개념 파악도 하지 못한 채 머릿속에 욱여넣어야 했던 주입식 수학을 특히 어려워했고, 결국 대입에서도 수학에 발목 잡혀 낙방을 거듭했다. 3번째 응시했던 수능이 끝나고 수험생 커뮤니티 〈오르비〉에 수학 관련 글을 재미 삼아 쓴 일이 눈덩이 굴리듯 커져 버려 수학 저자로 강제 진출했다. 저서로는 『고등학교 0학년 수학』(키출판사, 2018), 『숨마쿰라우데 수학』 시리즈(이룸E&B, 2018), 『수학의 재구성』 시리즈(사피엔스21, 2011)가 있다.

- 저자 블로그 https://blog.naver.com/sodong212

지은이 강민범

연세대학교 수학과를 졸업하고 현재 동 대학원 수학과에 재학 중이다. 사소한 계산 실수로 매번 모의고사에서 점수를 까먹던 고등학생 시절, 김우섭(소동)이 만든 독특한 콘텐츠는 가뭄 속 단비처럼 느껴졌다. 처음에는 김우섭과 멘토와 멘티로 만났지만, 부단히 실력을 갈고닦다 보니 어느덧 『수학이 외계어처럼 들리는 이공계생을 위한 제로 수학』(이하 『제로 수학』)을 함께 집필하게 되었다. 『제로 수학』의 직관적인 설명이 대학 수학의 밑그림을 그리는 데 도움을 줄 것이라고 확신한다.

수학이 외계어처럼 들리는 이공계생을 위한 제로 수학

초판발행 2021년 6월 10일

지은이 김우섭(소동), 강민범 / **펴낸이** 전태호
펴낸곳 한빛아카데미㈜ / **주소** 서울시 서대문구 연희로2길 62 한빛아카데미㈜ 2층
전화 02-336-7112 / **팩스** 02-336-7199
등록 2013년 1월 14일 제2017-000063호 / **ISBN** 979-11-5664-538-2   03410

책임편집 고지연 / **기획** 고지연 / **편집** 윤세은
디자인 박정화 / **전산편집** 이소연 / **삽화** 윤병철 / **제작** 박성우, 김정우
영업 이윤형, 길진철, 김태진, 김성삼, 이정훈, 임현기, 이성훈, 김주성 / **영업기획** 김호철, 주희

이 책에 대한 의견이나 오탈자 및 잘못된 내용에 대한 수정 정보는 아래 이메일로 알려주십시오.
잘못된 책은 구입하신 서점에서 교환해 드립니다. 책값은 뒤표지에 표시되어 있습니다.
홈페이지 www.hanbit.co.kr / **이메일** question@hanbit.co.kr

Published by HANBIT Academy, Inc. Printed in Korea
Copyright © 2021 김우섭(소동), 강민범 & HANBIT Academy, Inc.
이 책의 저작권은 김우섭(소동), 강민범과 한빛아카데미㈜에 있습니다.
저작권법에 의해 보호를 받는 저작물이므로 무단 복제 및 무단 전재를 금합니다.

지금 하지 않으면 할 수 없는 일이 있습니다.
책으로 펴내고 싶은 아이디어나 원고를 메일(writer@hanbit.co.kr)로 보내주세요.
한빛아카데미㈜는 여러분의 소중한 경험과 지식을 기다리고 있습니다.

수학이 외계어처럼 들리는
이공계생을 위한

제로 수학

Zero Math

김우섭(소동),
강민범 지음

한빛아카데미

지은이 머리말

세상의 많은 일은 1, 2, 3, 4, …가 아니라 1, 2, 4, 8, …로 증가합니다. 수학 학습량 또한 그러합니다. 조금 더 구체적으로 말하자면 초등학생의 수학 학습량이 1, 중학생의 수학 학습량이 2라면, 고등학생의 수학 학습량은 4, 이공계열 학생의 수학 학습량은 8입니다.

2015 개정 교육과정을 기준으로 이공계열 대학에 진학한 신입생이 꼭 알아야 하는 수학 과목을 꼽자면 고등수학(고1 과정), 수학1, 수학2, 미적분, 기하, 확률과 통계입니다. 현재 교육과정에서 삭제되었지만 학부 수학에서 널리 쓰이는 복소평면, 일차변환, 외적, 곡률 등도 함께 공부할 수 있다면 더할 나위 없이 좋습니다. 상술한 내용 중 확률과 통계를 제외한 내용을 추리고 추려 단 한 권으로 정리한 것이 바로 『제로 수학』입니다.

수학을 어디서부터 시작해야 할지 막막한 이공계열 신입생이 마지막 지푸라기라도 잡는 심정으로 『제로 수학』을 본다고 생각했습니다. 내용을 이미 아는 사람만 이해할 만한 문턱 높은 책이라며 독자가 실망하지 않길 바랐습니다. 이런 소명 의식으로 초고를 집필하고, 편집자와 베타리더의 의견을 수렴하며 모난 문턱을 깎고 또 깎았습니다. 때로는 이런 부분까지 풀어서 설명해야 하는지 '현타(난 누구고 또 여긴 어딘가?)'가 오기도 했지만, 두 저자가 고생한 만큼 더 잘 읽히는 책이 완성되었다고 생각합니다.

콤팩트하면서도 누구나 이해할 수 있는 쉬운 책을 쓴다는 목표는 참으로 멋지지만, 막상 도전해보니 구현하기가 결코 쉽지 않았습니다. 학습한 내용은 최대한 예를 들며 단번에 의미를 파악할 수 있도록 하고, 논리적인 전개가 꼭 필요한 경우에만 증명을 소개하였습니다. 다만 흥미를 잃지 않도록 농담하는 과정에서 정제되지 않았거나 표준어가 아닌 표현을 일부 사용하였습니다. 모쪼록 독자의 너른 이해를 부탁드립니다.

한 송이의 국화꽃을 피우기 위해 소쩍새와 천둥이 울었다는 서정주 시인의 시구처럼, 이 책 한 권을 꽃피우기 위해 많은 분께서 물심양면으로 애쓰셨습니다. 특히 두 저자의 가능성을 믿고 좋은 기회를 주신 한빛아카데미(주) 전태호 대표님과 고지연 팀장님, 졸고를 다듬으시느라 갖은 고생하신 윤세은 과장님께 깊은 감사를 표합니다. 혹시 이 책에 불비한 부분이 있다면 전적으로 두 저자의 잘못입니다. 모쪼록 이 책이 독자의 인생에 긍정적인 전환점이 되길 간절히 소망합니다.

지은이 **김우섭(소동), 강민범**

베타리더 후기

이 책을 미리 읽은 독자가 전하는 이야기

이 책은 '수학에 감이 잘 안 잡힌 이공계열 전공자가 수학을 다시 공부해야 할 때, 어떤 책을 읽어야 부담감이 조금이라도 줄어들까?'라는 고민에서 시작했습니다. 독자 20명이 『제로 수학』을 미리 읽어 보며 의견을 적극적으로 주셨습니다. 여러분과 비슷한 고민을 한 베타리더들이 『제로 수학』을 미리 읽고 어떤 느낌을 받았는지 확인해 보세요.

> 저자가 직접 말을 하면서 설명해주는 듯한 느낌이 들었습니다.
> - 베타리더 박노윤 님

> 2015 개정 교육과정을 겪은 세대로서 정규 교육과정에서 빠진 '부등식의 영역', '행렬', '복소평면' 등을 쉽게 익힐 수 있어 정말 좋은 기회였습니다. 수능이 끝나고 다 잊었던 수학 개념들과 공식을 '아, 맞다! 이건 이거였지!'하며 떠올렸습니다. 앞으로 대학 수업을 들을 때 모르는 수학 개념이 없을 것만 같은 자신감을 얻었습니다.
> - 베타리더 서민혜 님

> 교과과정을 가르쳐 주는 수학책은 항상 주마간산 식으로 개념을 훑고 지나갈 뿐이었고, 특정한 개념을 가르쳐 주는 수학책은 항상 오직 깊게 파고드는 데만 집중하느라 넓은 범위를 커버하지 못했습니다. 하지만 『제로 수학』은 처음으로, 대학교에 들어가기 전 필요한 모든 수학 개념을 짚어 주면서도 문제를 풀 때 개념을 어떻게 이용해야 하는지도 가르쳐 주었습니다. 질질 끌리지 않고 속도감 있는 전개는 덤이고요.
> - 베타리더 이희원 님

> 확실히 초보자를 위해서 쉽게 쉽게 설명하려고 노력한 점이 보였습니다. 단순히 수학 개념을 전달하는 것만 아니라 해당 수학 개념이 어떤 배경에서 나왔으며 왜 나왔는지 꼼꼼하게 설명하고 있습니다. 수학 개념을 향후 어떤 방식으로 활용할 수 있을지 다양한 시각을 제시해 주어서 좋았습니다.
>
> — 베타리더 이재승 님

> 책의 구성이 잘 짜여 있어서 순서대로 학습하면 공학수학을 따라가기에 전혀 무리가 없는 책입니다. 저 같은 노베이스 특성화고 출신 공대생도 수월하게 풀면서 읽을 수 있었습니다. 특히나 행렬과 벡터 부분을 더욱 재미있게 읽어 전공에 대입하여 사용할 수 있을 것 같습니다.
>
> — 베타리더 공민제 님

『수학이 외계어처럼 들리는 이공계생을 위한 제로 수학』이 만들어지기까지

베타리더 20명이 함께 해주셨습니다.

공민제, 김형준, 박노윤, 박서빈, 서민혜
손동현, 손시한, 신승민, 신승필, 이승욱
이재승, 이준행, 이준호, 이희원, 장재웅
정민하, 정선아, 정현기, 진효찬, 하상훈

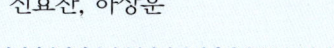

감사합니다.

미리보기

Keyword
본문에서 중요도가 높은 용어를 미리 소개한다.

고양이 발바닥 아이콘
본문을 한 호흡에 읽을 수 있을 만큼씩 나누는 기호로, 본문을 차근차근 이해할 수 있다.

용어
본문에서 중요한 용어를 별도의 색으로 강조해 쉽게 알아볼 수 있다.

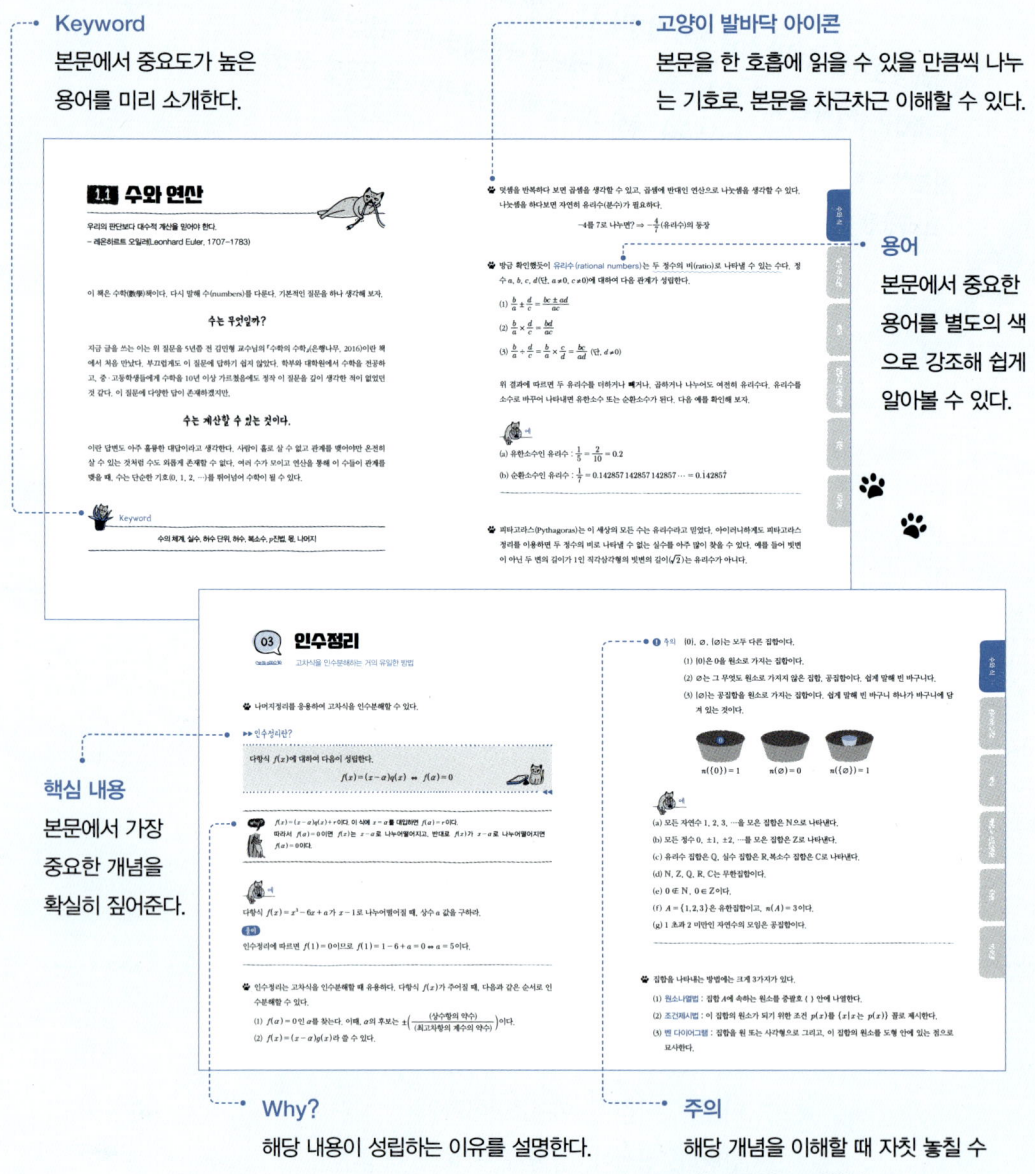

핵심 내용
본문에서 가장 중요한 개념을 확실히 짚어준다.

Why?
해당 내용이 성립하는 이유를 설명한다.

주의
해당 개념을 이해할 때 자칫 놓칠 수 있는 부분을 소개한다.

예/풀이
본문 개념을 적용한 예시나 문제를 소개한다.

SUMMARY
본문에서 중요한 부분만 요약하여 소개한다.

개념 쏙쏙 확인예제
본문에서 익힌 개념을 문제를 통해 정리한다. 우선 스스로 문제를 풀어본 후 하단의 QR 코드를 통해 풀이를 바로 확인한다.

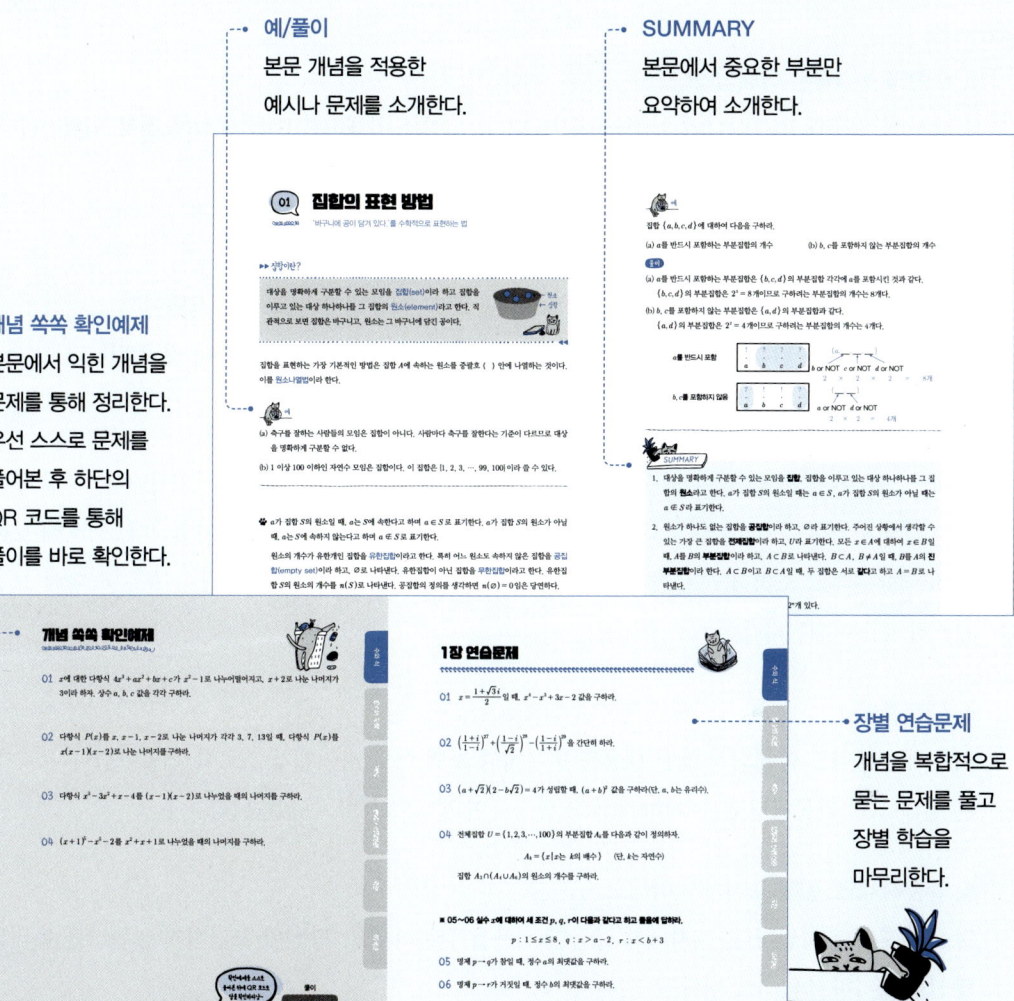

장별 연습문제
개념을 복합적으로 묻는 문제를 풀고 장별 학습을 마무리한다.

- **개념 쏙쏙 확인예제 풀이 다운로드**
  핸드폰 QR 코드 앱 실행 → 핸드폰 화면에 개념 쏙쏙 확인예제 하단 QR 코드가 보이도록 위치 → 풀이 파일로 이동
- **연습문제 해답 다운로드**
  한빛출판네트워크 접속(http://www.hanbit.co.kr) → [SUPPORT] 클릭 → [자료실] 클릭

이 책의 활용법

1. 수학의 첫걸음은 이해입니다.
수식은 암기의 대상이 아니라 이해의 대상입니다. 의미를 이해하면 많은 공식이 절로 외워집니다. 공식을 덮어놓고 외우지 말고, 왜 성립하는지 이해하려 노력해 보세요.

2. 수식의 의미를 이해했다면 예제를 통해 계산법을 익히세요.
수학은 手학이기도 합니다(手 : 손 수). 눈으로만 보고 이해된다며 고개만 끄덕이고 넘어가선 아무 것도 남지 않습니다. 내 손으로 답을 내며 근육에 기억을 남겨야 비로소 내 것이 됩니다.

3. 부분적으로 이해되지 않더라도 일단 이해되는 부분에 주목하며 일독하세요.
뼈대가 잡혀야 살을 붙일 수 있습니다. 큰 그림을 보면 작은 그림도 더 잘 이해됩니다. 특정 부분이 이해되지 않는다고 해서 그 내용만 붙잡고 있으면 학습 효율이 크게 떨어집니다. 이해해 보려고 노력했는데도 도저히 모르겠다면 일단 그 다음 내용을 공부하세요. 시간이 흐르고 다시 보면 신기하게도 이해됩니다.

4. 반복하세요.
처음에는 하나도 이해되지 않던 내용도 반복하다 보면 어느 사이엔가 스르륵 깨달아집니다. 수학은 원래 그런 과목입니다. 포기하지 않고 반복하면 결국 정복할 수 있습니다.

5. 질문하세요. 절대 포기하지 마세요.
당신은 혼자가 아닙니다. 저자에게 궁금한 내용을 질문하세요. 당신이 포기하지 않는다면 우리도 당신을 포기하지 않을 겁니다.

공부하다 막히면 여러분의 목소리를 들려주세요.

목차

지은이 머리말 ·· 004
베타리더 후기 ·· 006
미리보기 ·· 008
이 책의 활용법 ······································ 010

* 2~6장도 1장과 마찬가지로 소절을 학습한 뒤 개념 쏙쏙 확인예제를 풀어볼 수 있다.

1장 수와 식
기본이 서면 나아갈 길이 생긴다

1.1 수와 연산 ·· 016
   01 실수와 복소수 ···························· 017
      개념 쏙쏙 확인예제 ···················· 025
   02 p진법 ·· 026
      개념 쏙쏙 확인예제 ···················· 030

1.2 집합과 명제 ···································· 031
   01 집합의 표현 방법 ······················ 032
      개념 쏙쏙 확인예제 ···················· 039
   02 합집합과 교집합 ······················ 040
      개념 쏙쏙 확인예제 ···················· 043
   03 여집합과 차집합 ······················ 044
      개념 쏙쏙 확인예제 ···················· 045
   04 명제와 조건 ······························ 046
      개념 쏙쏙 확인예제 ···················· 051
   05 명제의 역과 대우 ···················· 052
      개념 쏙쏙 확인예제 ···················· 055

1.3 다항식 ·· 056
   01 곱셈공식과 인수분해 ·············· 057
      개념 쏙쏙 확인예제 ···················· 060
   02 나머지정리 ································ 061
      개념 쏙쏙 확인예제 ···················· 065
   03 인수정리 ···································· 066
      개념 쏙쏙 확인예제 ···················· 068

1장 연습문제 ·· 069

목차

2장 함수와 도형
식과 그림을 연결하는 아름다운 다리

- 2.1 함수 — **072**
  - 01 다항함수 — **073**
  - 02 합성함수와 역함수 — **083**
  - 03 유리함수와 방·부등식 — **092**
  - 04 무리함수와 방·부등식 — **099**
  - 05 삼각함수와 덧셈정리 — **103**
  - 06 지수함수와 로그함수 — **113**
- 2.2 도형의 방정식 — **120**
  - 01 점과 직선 — **121**
  - 02 원의 방정식 — **130**
  - 03 접선의 방정식 — **134**
  - 04 부등식의 영역 — **138**
- 2.3 복소수와 복소평면 — **143**
  - 01 복소평면 — **144**
  - 02 극형식과 복소수의 곱 — **147**
  - 03 드 므와브르 정리 — **153**
  - 04 $z^n = a$의 일반해 — **156**
- **2장 연습문제** — **159**

3장 벡터
현대 과학을 구성하는 가장 근본적인 블록

- 3.1 벡터 — **164**
  - 01 벡터의 기본 개념 — **165**
  - 02 벡터의 합, 차, 실수배 — **169**
  - 03 벡터의 내적 — **174**
- 3.2 공간벡터 — **179**
  - 01 공간좌표 — **180**
  - 02 직선의 방정식 — **184**
  - 03 평면의 방정식 — **188**
  - 04 점과 평면 사이의 거리 — **192**
  - 05 구의 방정식 — **194**
  - 06 벡터의 외적 — **198**
- **3장 연습문제** — **205**

4장

행렬과 선형변환

알파고는 어떻게 이세돌을 이겼을까?

4.1 행렬과 연립일차방정식	210
01 행렬의 합, 차, 실수배	211
02 행렬의 곱	217
03 역행렬과 행렬식	224
04 케일리–해밀턴 정리	228
05 연립일차방정식과 행렬의 관계	231
06 가우스 소거법	234
4.2 선형변환	238
01 선형변환	239
02 선형변환에 따른 도형의 변화	243
4장 연습문제	247

5장

극한

한없이 가까워짐을 수학적으로 표현하는 방법

5.1 수열과 급수	252
01 등차수열	253
02 등비수열	259
03 시그마의 성질	264
04 수열의 극한과 부등식	271
05 급수	279
06 교대급수	283
07 등비급수	285
5.2 함수의 극한과 연속	287
01 극한과 연속	288
02 사잇값 정리	295
03 최대·최소 정리	298
5장 연습문제	300

목차

6장 미적분
세상을 표현하는 아름다운 방법

6.1 미분 ········ 304
- 01 미분계수 ········ 305
- 02 도함수 ········ 309
- 03 함수의 사칙연산과 미분 ········ 313
- 04 연쇄법칙 ········ 319
- 05 다항함수의 미분 ········ 322
- 06 삼각함수의 극한과 미분 ········ 324
- 07 지수함수의 극한과 미분 ········ 328
- 08 역함수 미분법 ········ 332
- 09 음함수 미분법 ········ 336

6.2 미분의 활용 ········ 340
- 01 극대·극소 ········ 341
- 02 오목·볼록 ········ 347
- 03 접선의 방정식 ········ 349
- 04 평균값 정리 ········ 352
- 05 로피탈 정리 ········ 359
- 06 3차함수 ········ 362
- 07 최대·최소 ········ 366
- 08 이계도함수 극대·극소 판정법 ········ 369
- 09 곡률 ········ 373

6.3 부정적분과 정적분 ········ 378
- 01 역도함수 ········ 379
- 02 미분적분학의 기본정리 ········ 383
- 03 치환적분법 ········ 388
- 04 부분적분법 ········ 392

6.4 적분의 활용 ········ 396
- 01 넓이 ········ 397
- 02 부피 ········ 400
- 03 위치, 속도, 가속도 ········ 404

6장 연습문제 ········ 408

찾아보기 ········ 410

1장
수와 식

기본이 서면
나아갈 길이 생긴다

1.1 수와 연산

우리의 판단보다 대수적 계산을 믿어야 한다.
– 레온하르트 오일러(Leonhard Euler, 1707-1783)

이 책은 수학(數學)책이다. 다시 말해 수(numbers)를 다룬다. 기본적인 질문을 하나 생각해 보자.

수는 무엇일까?

지금 글을 쓰는 이는 위 질문을 5년쯤 전 김민형 교수님의 『수학의 수학』(은행나무, 2016)이란 책에서 처음 만났다. 부끄럽게도 이 질문에 답하기 쉽지 않았다. 학부와 대학원에서 수학을 전공하고, 중·고등학생들에게 수학을 10년 이상 가르쳤음에도 정작 이 질문을 깊이 생각한 적이 없었던 것 같다. 이 질문에 다양한 답이 존재하겠지만,

수는 계산할 수 있는 것이다.

이란 답변도 아주 훌륭한 대답이라고 생각한다. 사람이 홀로 살 수 없고 관계를 맺어야만 온전히 살 수 있는 것처럼 수도 외롭게 존재할 수 없다. 여러 수가 모이고 연산을 통해 이 수들이 관계를 맺을 때, 수는 단순한 기호(0, 1, 2, ⋯)를 뛰어넘어 수학이 될 수 있다.

Keyword

수의 체계, 실수, 허수 단위, 허수, 복소수, p진법, 몫, 나머지

 실수와 복소수

새로운 적(풀리지 않는 방정식)을 상대하기 위한 더 강력한 무기(수의 체계)!

🐾 수많은 수 중에서 가장 기본이 되는 수는 0과 1이다. 그 어떤 수를 가져오건,

$$\boxed{?} + 0 = 0 + \boxed{?} = \boxed{?}, \qquad \boxed{?} \times 1 = 1 \times \boxed{?} = \boxed{?}$$

항상 성립하는 식이니까 $\boxed{?}$가 어떤 수인지 몰라도 안심하고 사용할 수 있다.

❗ **주의** 수학에서 그 어떠한 경우에도 0으로 나눌 수 없다. 왜 그럴까?

 예를 들어 2를 0으로 나누어 어떤 값($\boxed{?}$)을 얻었다고 가정하자.

$$\frac{2}{0} = \boxed{?}$$

 양변에 0을 곱하자.

좌변 : $0 \times \frac{2}{0} = 2$ 우변 : $\boxed{?} \times 0 = 0$

그러므로 2 = 0이다? 아니다! 모순이다. 2뿐만이 아니라 0이 아닌 임의의 수에 대하여 이와 같은 방식으로 모순을 이끌어낼 수 있다. 다시 강조하지만 0으로 나누기는 규칙에 어긋난다.

▶▶ 실수(real numbers)란?

0(원점)과 1이 주어진 직선을 생각하자. 길이와 방향에 비례하여 이 직선의 모든 점에 수를 대응시킬 수 있다. 이 수를 통틀어 **실수**라 한다.

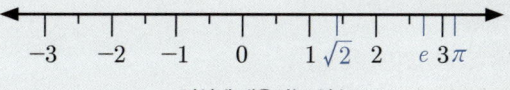

직선에 대응하는 실수

😺 실수는 다음과 같이 분류할 수 있다. 이를 **수의 체계**라 한다.

$$\text{실수} \begin{cases} \text{유리수} \begin{cases} \text{정수} \begin{cases} \text{양의 정수(자연수) } (1, 2, 3, \cdots) \\ \text{영 } (0) \\ \text{음의 정수 } (-1, -2, -3, \cdots) \end{cases} \\ \text{정수가 아닌 유리수} \begin{cases} \text{유한소수 } (\pm\dfrac{1}{2}, \pm 0.75, \cdots) \\ \text{순환소수 } (\pm 0.\dot{3}, \pm 0.6\dot{2}\dot{5}, \cdots) \end{cases} \end{cases} \\ \text{무리수(비순환 무한소수) } (\pm\sqrt{2}, \pm\pi, \pm\sin 10°, \cdots) \end{cases}$$

😺 자연수에서 출발하여 실수에 도달하는 과정을 간단히 복습해 보자.

가장 쉽게 떠올릴 수 있는 수와 연산은 **자연수**(1, 2, ⋯)와 덧셈이다. 두 자연수를 더하면 항상 자연수다. 덧셈과 반대인 연산으로 뺄셈을 생각할 수 있고, 뺄셈을 하다보면 자연히 0과 음의 정수가 필요하다.

$$3\text{에서 } 3\text{을 빼면?} \Rightarrow 0\text{의 등장}$$
$$5\text{에서 } 8\text{을 빼면?} \Rightarrow -3(\text{음의 정수})\text{의 등장}$$

😺 한 가지 중요한 점을 짚고 넘어가겠다. **홀수**(odd number)와 **짝수**(even number)는 자연수 범위가 아니라 정수 범위에서 정의한다. 이를 수학적으로 설명하면 다음과 같다.

$$2n+1 \text{ 꼴의 수를 홀수}, 2n \text{ 꼴의 수를 짝수라고 한다. (단, } n\text{은 정수)}$$

따라서 0은 짝수다. $0 = 2 \times 0$이니까!

🐾 덧셈을 반복하다 보면 곱셈을 생각할 수 있고, 곱셈에 반대인 연산으로 나눗셈을 생각할 수 있다. 나눗셈을 하다보면 자연히 유리수(분수)가 필요하다.

$$-4\text{를 }7\text{로 나누면?} \Rightarrow -\frac{4}{7}\text{(유리수)의 등장}$$

🐾 방금 확인했듯이 <u>유리수(rational numbers)</u>는 두 정수의 비(ratio)로 나타낼 수 있는 수다. 정수 a, b, c, d(단, $a \neq 0$, $c \neq 0$)에 대하여 다음 관계가 성립한다.

(1) $\dfrac{b}{a} \pm \dfrac{d}{c} = \dfrac{bc \pm ad}{ac}$

(2) $\dfrac{b}{a} \times \dfrac{d}{c} = \dfrac{bd}{ac}$

(3) $\dfrac{b}{a} \div \dfrac{d}{c} = \dfrac{b}{a} \times \dfrac{c}{d} = \dfrac{bc}{ad}$ (단, $d \neq 0$)

위 결과에 따르면 두 유리수를 더하거나 빼거나, 곱하거나 나누어도 여전히 유리수다. 유리수를 소수로 바꾸어 나타내면 유한소수 또는 순환소수가 된다. 다음 예를 확인해 보자.

(a) 유한소수인 유리수 : $\dfrac{1}{5} = \dfrac{2}{10} = 0.2$

(b) 순환소수인 유리수 : $\dfrac{1}{7} = 0.142857\,142857\,142857\cdots = 0.\dot{1}4285\dot{7}$

🐾 피타고라스(Pythagoras)는 이 세상의 모든 수는 유리수라고 믿었다. 아이러니하게도 피타고라스 정리를 이용하면 두 정수의 비로 나타낼 수 없는 실수를 아주 많이 찾을 수 있다. 예를 들어 빗변이 아닌 두 변의 길이가 1인 직각삼각형의 빗변의 길이($\sqrt{2}$)는 유리수가 아니다.

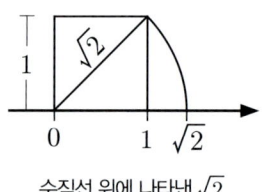

수직선 위에 나타낸 $\sqrt{2}$

이와 같이 실수 중 유리수가 아닌 수를 **무리수(irrational numbers)**라 한다. 무리수를 소수로 바꾸어 나타내면 비순환 무한소수가 된다.

$\sqrt{2} = 1.4142 \cdots$

🐾 이제 수직선을 빈틈없이 채웠으니 더 이상의 수는 필요하지 않다고 생각하기 쉽다. 아쉽게도 그렇지 않다.

 임의의(randomly pick) 실수를 제곱하면 0보다 크거나 같다. 예를 들어 확인해 보면

$$1^2 = 1, \, 0^2 = 0, \, (-2)^2 = 4$$

양수를 제곱하건 음수를 제곱하건 그 값은 항상 양수고, 영을 제곱할 때만 0이다. 그렇다면 방정식 $x^2 = -1$을 만족하는 실수는 존재하지 않는다.

(양수)² = (양수)　　　　　$0^2 = 0$　　　　　($\boxed{?}$)² = (음수)
(음수)² = (양수)

🐾 임의의 이차방정식을 풀기 위해서는 새로운 수가 필요하다! 방정식 $x^2 = -1$의 한 근을 i, **허수 (imaginary number) 단위**라 하자. 즉, $i^2 = -1$이고 i는 실수가 아니다.

$a > 0$일 때, $\sqrt{-a} = \sqrt{a}\,i$라 정의한다. 예를 들어 $\sqrt{-2} = \sqrt{2}\,i$이다.

- **근의 공식** $a(\neq 0)$, b, c가 실수일 때, x에 대한 이차방정식 $ax^2 + bx + c = 0$의 해는 다음과 같다.

$$x = \frac{-b \pm \sqrt{b^2 - 4ac}}{2a}$$ ← 이제 음수일 수 있다!

 예

이차방정식 $x^2 + x + 1 = 0$의 해는 $x = \dfrac{-1 \pm \sqrt{1-4}}{2} = \dfrac{-1 \pm \sqrt{3}\,i}{2}$ 이다.

- $a + bi$ (단, a, b는 실수) 꼴로 표현되는 수를 **복소수(complex numbers)** 라 한다. 이때, a를 실수부, b를 허수부라 하고, a와 b 값에 따라 $a + bi$를 다음과 같이 분류할 수 있다.

  (1) $b = 0$일 때 **실수**다.

  (2) $b \neq 0$일 때 **허수**다.

  (3) $a = 0$, $b \neq 0$일 때 **순허수**라 한다.

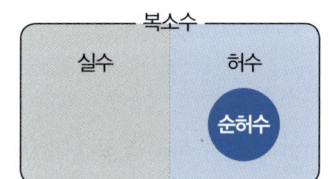

▶▶ 복소수란?

복소수는 실수 a와 순허수 bi, **두 개의 재료가 합쳐져** 만들어진 수다.
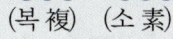
(복 複) (소 素)

- 두 복소수 $z = a + bi$, $w = c + di$ (단, a, b, c, d는 실수)에 대하여 $a = c$, $b = d$일 때, 두 복소수는 **같다**고 한다. 즉, 두 복소수가 같다는 것은 실수부와 허수부가 각각 같음을 의미한다.

😺 두 복소수 $z_1 = a+bi$, $z_2 = c+di$의 덧셈과 뺄셈은 다음과 같이 계산한다.

$$z_1 + z_2 = (a+c)+(b+d)i$$
$$z_1 - z_2 = (a-c)+(b-d)i$$

😺 두 복소수의 곱셈은 두 일차식을 곱하는 것과 같은 방식으로 계산하고 $i^2 = -1$로 바꾸어 준다. 즉, 다음과 같다.

$$(a+bi)(c+di) = ac+(bc+ad)i+bd \cdot i^2 = ac-bd+(bc+ad)i$$

$$(1+i)(3+5i) = 1 \times 3 + (3+5)i + 5i^2 = (3-5)+8i = -2+8i$$

😺 복소수 $z = a+bi$ (단, a, b는 실수)에 대하여 $a-bi$를 z의 **켤레복소수(conjugate complex number)**라 하고 $\bar{z}$로 나타낸다. 다음이 성립한다.

$$z\bar{z} = (a+bi)(a-bi) = a^2 - (bi)^2 = a^2 + b^2$$

즉, 두 켤레복소수의 곱은 항상 음이 아닌 실수다.

😺 켤레복소수의 성질을 이용하면 복소수의 나눗셈을 계산할 수 있다. 다음 예를 보자.

$$i \div (1+i) = \frac{i}{1+i} = \frac{i}{1+i} \times \frac{1-i}{1-i} = \frac{i \times (1-i)}{1^2 - i^2} = \frac{1+i}{2}$$

😺 **복소수의 사칙연산** 두 복소수 $z = a+bi$, $w = c+di$(단, a, b, c, d는 실수)에 대하여 다음과 같은 관계가 성립한다.

(1) $z+w = (a+bi)+(c+di) = (a+c)+(b+d)i$
   $z+\overline{z} = (a+bi)+(a-bi) = 2a$

(2) $z-w = (a+bi)-(c+di) = (a-c)+(b-d)i$
   $z-\overline{z} = (a+bi)-(a-bi) = 2bi$

(3) $zw = (a+bi)(c+di) = (ac-bd)+(bc+ad)i$
   $z\overline{z} = (a+bi)(a-bi) = a^2+b^2$

(4) $\dfrac{z}{w} = \dfrac{a+bi}{c+di} = \dfrac{z\overline{w}}{w\overline{w}} = \dfrac{(a+bi)(c-di)}{(c+di)(c-di)} = \dfrac{ac+bd}{c^2+d^2} + \dfrac{bc-ad}{c^2+d^2}i$ (단, $w \neq 0$)

SUMMARY

1. 수는 일반적으로 다음과 같은 순서로 확장된다.

   $$\text{자연수} \to \text{정수} \to \text{유리수} \to \text{실수} \to \text{복소수}$$

   (1) **유리수**는 두 정수의 비로 나타낼 수 있는 수다.

   (2) **실수**는 직선을 빈틈없이 채우는 수다.

   (3) **무리수**는 실수 중 유리수가 아닌 수다.

   (4) **복소수**는 $a+bi$(단, a, b는 실수, $i^2 = -1$) 꼴로 나타나는 수다.

2. 복소수의 사칙연산은 다음과 같이 정의한다.

   $$z = a+bi,\ w = c+di\ (\text{단, } a, b, c, d \text{는 실수})$$

   (1) 덧셈 : $z+w = (a+c)+(b+d)i$

   (2) 뺄셈 : $z-w = (a-c)+(b-d)i$

   (3) 곱셈 : $zw = (a+bi)(c+di) = (ac-bd)+(ad+bc)i$

   (4) 나눗셈 : $\dfrac{z}{w} = \dfrac{z\overline{w}}{w\overline{w}} = \dfrac{(a+bi)(c-di)}{(c+di)(c-di)} = \dfrac{ac+bd}{c^2+d^2} + \dfrac{bc-ad}{c^2+d^2}i$ (단, $w \neq 0$)

개념 쏙쏙 확인예제

※ 01~03 다음 진술의 참, 거짓을 판정하라.

01 $i > 0$이거나 $i < 0$ 혹은 $i = 0$이다.

02 $\sqrt{-2} \times \sqrt{-3} = \sqrt{6}$

03 $\dfrac{\sqrt{3}}{\sqrt{-2}} = \sqrt{\dfrac{3}{-2}}$

04 $\sqrt{3}$의 소수부분을 a, $\sqrt{2}$의 소수부분을 b라고 할 때, $\left(a - \dfrac{1}{a}\right)\left(b + \dfrac{1}{b}\right)$ 값을 구하라.

※ 05~07 다음을 간단히 하라.

05 $\sqrt{-8} + 3\sqrt{-50} - \sqrt{-18}$

06 $\dfrac{\sqrt{6} - \sqrt{-2}}{\sqrt{6} + \sqrt{-2}}$

07 $\dfrac{2+3i}{3-2i} + \dfrac{2-3i}{3+2i}$

08 두 복소수 α, β에 대하여 $\alpha + \beta = \dfrac{3}{2}(1+i)$, $\alpha\overline{\beta} = 1$일 때, $\dfrac{1}{\alpha} + \dfrac{1}{\beta}$ 값을 구하라.

풀이

p진법

수를 나타내는 방법

- 현대 사회는 **인도 – 아라비아식 숫자 표기법**을 사용한다. 이 표기법의 가장 큰 장점은 0이란 기호를 도입한 것이다. 우리는 0을 당연하게 사용하지만, 0이란 기호는 문명을 폭발적으로 발전시킨 어마어마한 발명이다. '없음'을 인식한 것이기 때문이다.

- **인도 – 아라비아식 숫자 표기법** 이전에 유럽에서 널리 사용하던 **로마식 숫자 표기**에는 0을 표현하는 방법이 없었다. 이 때문에 더 큰 수가 나올 때마다 새로운 기호를 고안해야 했다. 1은 I, 10은 X, 50은 L, 100은 C, 500은 D, 1000은 M으로 표기하는 식이다. 새로운 기호가 계속해서 나오기 때문에 수를 다루기가 무척 힘들었다.

- 지금은 수를 <u>10진법</u>으로 표기한다. 네 자리 자연수 1225는 다음 값을 간단히 표기한 결과다.

$$1 \times 10^3 + 2 \times 10^2 + 2 \times 10^1 + 5 \times 1$$

이처럼 10진법은 0부터 9까지 숫자(digit)를 써서 자리가 하나씩 올라갈 때마다 자릿값이 10배씩 커지도록 수를 나타낸다.

한편 컴퓨터에서 자주 사용하는 **2진법**은 밑으로 10대신 2를 사용한 기수법이다. 예를 들어 2진법 수 $1101_{(2)}$는 다음 값을 간단히 표기한 결과다.

$$1101_{(2)} = 1 \times 2^3 + 1 \times 2^2 + 0 \times 2^1 + 1 \times 1$$

이 식의 우변을 계산하면 10진법 수 11과 같다. 2진법에서는 0, 1 두 개의 숫자만 필요하다. 2진법에서는 덧셈과 곱셈의 규칙도 각각 $4(= 2 \times 2)$개씩만 기억하면 아무리 큰 수라 하더라도 더하거나 곱할 수 있다.

+	0	1
0	0	1
1	1	10

×	0	1
0	0	0
1	0	1

2진법에서 덧셈과 곱셈

+	0	1	2	3	4	5	6	7	8	9
0	0	1	2	3	4	5	6	7	8	9
1	1	2	3	4	5	6	7	8	9	10
2	2	3	4	5	6	7	8	9	10	11
3	3	4	5	6	7	8	9	10	11	12
4	4	5	6	7	8	9	10	11	12	13
5	5	6	7	8	9	10	11	12	13	14
6	6	7	8	9	10	11	12	13	14	15
7	7	8	9	10	11	12	13	14	15	16
8	8	9	10	11	12	13	14	15	16	17
9	9	10	11	12	13	14	15	16	17	18

×	0	1	2	3	4	5	6	7	8	9
0	0	0	0	0	0	0	0	0	0	0
1	0	1	2	3	4	5	6	7	8	9
2	0	2	4	6	8	10	12	14	16	18
3	0	3	6	9	12	15	18	21	24	27
4	0	4	8	12	16	20	24	28	32	36
5	0	5	10	15	20	25	30	35	40	45
6	0	6	12	18	24	30	36	42	48	54
7	0	7	14	21	28	35	42	49	56	63
8	0	8	16	24	32	40	48	56	64	72
9	0	9	18	27	36	45	54	63	72	81

10진법에서 덧셈과 곱셈

반면에 10진법에서는 덧셈과 곱셈을 수행하기 위해서는 각각 $100(= 10 \times 10)$개의 규칙을 기억해야 했다.

▶▶ p진법이란?

일반적으로 자리가 하나씩 올라갈 때마다 그 값이 p배($p \geq 2$)씩 커지도록 p개의 숫자 $0, 1, \cdots, p-1$을 써서 수를 나타내는 방법을 p**진법**(p-adic number system)이라고 한다. 예를 들어 $215_{(p)}$는 10진법에서 다음 값과 같다.

$$2 \times p^2 + 1 \times p^1 + 5 \times 1$$

10진법에서는 밑의 10을 생략한다. 즉 $37 = 37_{(10)}$이다.

(a) $10110_{(2)}$를 10진법으로 바꾸어 표현하면 22다.
$$10110_{(2)} = 1 \times 2^4 + 0 \times 2^3 + 1 \times 2^2 + 1 \times 2^1 + 0 \times 1 = 16 + 4 + 2 = 22$$

(b) 25를 2진법으로 바꾸어 표현하면 $11001_{(2)}$다.
$$25 = 2^4 + 9 = 2^4 + 2^3 + 1 = 1 \times 2^4 + 1 \times 2^3 + 0 \times 2^2 + 0 \times 2^1 + 1 \times 1 = 11001_{(2)}$$

🐾 정수 a와 자연수 b에 대하여 다음 조건을 만족하는 정수 q, r은 반드시 하나 존재한다.

$$\begin{array}{r} q \\ b\overline{\smash{)}a} \\ \underline{bq} \\ a-bq=r \end{array} \Leftrightarrow a = bq + r \,(0 \leq r < b)$$

이때 q는 a를 b로 나눈 **몫**(quotient), r은 a를 b로 나누었을 때의 **나머지**(remainder)라고 한다. 위 식에서 제일 중요한 부분은 나머지에 대한 조건 $0 \leq r < b$이다.

$7=3\times2+1$이므로 7을 3으로 나눈 몫은 2, 나머지는 1이다. $7=3\times3-2$이지만 7을 3으로 나눈 몫은 3, 나머지는 -2라 할 수 없다. -1은 0 이상 3 미만이 아니기 때문이다.

🐾 10진법으로 나타낸 수는 몫이 0이 될 때까지 2로 계속 나누고 나머지를 역순으로 써서 2진법으로 나타낼 수 있다. 예를 들어 25를 2진법으로 나타내 보자.

$$
\begin{array}{r|r}
2 & 25 \\ \hline
2 & 12 \ \cdots\ 1 \\ \hline
2 & 6 \ \cdots\ 0 \\ \hline
2 & 3 \ \cdots\ 0 \\ \hline
2 & 1 \ \cdots\ 1 \\ \hline
 & 0 \ \cdots\ 1
\end{array}
$$

25를 2로 나눈 몫 : 12, 나머지 : 1
12를 2로 나눈 몫 : 6, 나머지 : 0
6을 2로 나눈 몫 : 3, 나머지 : 0
3을 2로 나눈 몫 : 1, 나머지 : 1
1을 2로 나눈 몫 : **0**, 나머지 : 1

25를 몫이 0이 될 때까지 2로 계속 나눈 나머지는 각각 1, 0, 0, 1, 1이다. 이제 역순으로 써보면 $25=11001_{(2)}$이다.

1. 0부터 $p-1$까지 숫자를 써서 자릿값이 p배씩 커지도록 수를 나타내는 방법을 **p진법**이라고 한다.

2. 정수 a와 자연수 b에 대하여 $a=bq+r\,(0\leq r<b)$를 만족하는 정수 q, r이 유일하게 존재한다.

개념 쏙쏙 확인예제

※ 01~03 다음 진술의 참, 거짓을 판정하라.

01 $324_{(5)}$에서 2와, $211_{(3)}$에서 2는 모두 같은 값이다.

02 모든 정수는 3으로 나눈 나머지가 0, 1, 2인 수로 분류할 수 있다.

03 정수 a, b를 각각 5로 나눈 나머지가 서로 같다면 $a-b$는 5의 배수다.

04 252를 2진법, 3진법, 7진법으로 각각 나타내라.

1.2 집합과 명제

잘 표현된 문제는 반쯤 풀린 문제다.
– 찰스 F. 케터링(Charles F. Kettering, 1876-1958)

독자들은 플랫폼(platform)이란 단어를 들어본 적 있는가? 여러 상황에서 다양한 의미로 쓰이는 용어지만, 대표적으로는 컴퓨터 운영체제인 윈도우, 리눅스나 모바일 운영체제인 안드로이드, iOS처럼 다른 소프트웨어가 작동하는 바탕이 되는 소프트웨어를 가리키곤 한다. 또한 애플의 앱 스토어나 구글플레이처럼 여러 소비자와 생산자가 한곳에 모여 활발하게 거래하는 장터를 의미하기도 한다.

각 산업의 서비스는 플랫폼을 통해 소비자에게 전달된다. 즉, 어느 사업자이건 플랫폼으로 한 번 자리 잡게 되면 산업적 대격변이 일어나지 않는 한 계속하여 플랫폼 사업자로서 굳건한 지위를 유지하며 큰 이윤을 쉽게 향유할 수 있다. 이 때문에 세계적인 대기업은 지금 이 순간에도 플랫폼 사업자가 되기 위해 치열하게 경쟁하고 있다.

이번 절과 1.3절에서 배우는 집합과 함수는 수학이란 소프트웨어의 플랫폼이다. 이 내용을 이해하지 못한다면 이후에 펼쳐질 그 어떤 내용도 제대로 이해할 수 없다. 이 단원을 소홀히 넘어가지 말고 꼼꼼히 공부하고 모든 내용을 자신의 것으로 만들기 바란다.

 Keyword

집합, 원소, 원소나열법, 조건제시법, 벤 다이어그램, 공집합, 부분집합, 전체집합, 합집합, 교집합, 여집합, 차집합, 드 모르간 법칙, 명제, 조건, 진리집합, 부정, 반례, 역, 대우, 충분조건, 필요조건, 필요충분조건

 # 집합의 표현 방법

'바구니에 공이 담겨 있다.'를 수학적으로 표현하는 법

▶▶ 집합이란?

대상을 명확하게 구분할 수 있는 모임을 **집합(set)**이라 하고 집합을 이루고 있는 대상 하나하나를 그 집합의 **원소(element)**라고 한다. 직관적으로 보면 집합은 바구니고, 원소는 그 바구니에 담긴 공이다.

집합을 표현하는 가장 기본적인 방법은 집합 A에 속하는 원소를 중괄호 { } 안에 나열하는 것이다. 이를 **원소나열법**이라 한다.

 예

(a) 축구를 잘하는 사람들의 모임은 집합이 아니다. 사람마다 축구를 잘한다는 기준이 다르므로 대상을 명확하게 구분할 수 없다.

(b) 1 이상 100 이하인 자연수 모임은 집합이다. 이 집합은 $\{1, 2, 3, \cdots, 99, 100\}$이라 쓸 수 있다.

🐾 a가 집합 S의 원소일 때, a는 S에 속한다고 하며 $a \in S$로 표기한다. a가 집합 S의 원소가 아닐 때, a는 S에 속하지 않는다고 하며 $a \notin S$로 표기한다.

원소의 개수가 유한개인 집합을 **유한집합**이라고 한다. 특히 어느 원소도 속하지 않은 집합을 **공집합(empty set)**이라 하고, $\emptyset$로 나타낸다. 유한집합이 아닌 집합을 **무한집합**이라고 한다. 유한집합 S의 원소의 개수를 $n(S)$로 나타낸다. 공집합의 정의를 생각하면 $n(\emptyset) = 0$임은 당연하다.

● **주의** {0}, ∅, {∅}는 모두 다른 집합이다.

(1) {0}은 0을 원소로 가지는 집합이다.

(2) ∅는 그 무엇도 원소로 가지지 않은 집합, 공집합이다. 쉽게 말해 빈 바구니다.

(3) {∅}는 공집합을 원소로 가지는 집합이다. 쉽게 말해 빈 바구니 하나가 바구니에 담겨 있는 것이다.

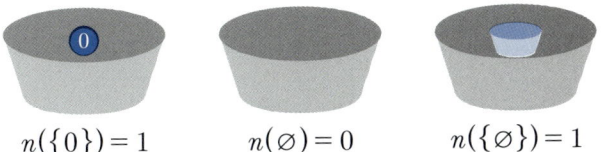

$n(\{0\}) = 1$ $n(\emptyset) = 0$ $n(\{\emptyset\}) = 1$

(a) 모든 자연수 1, 2, 3, …을 모은 집합은 $\mathbb{N}$으로 나타낸다.

(b) 모든 정수 0, ±1, ±2, …를 모은 집합은 $\mathbb{Z}$로 나타낸다.

(c) 유리수 집합은 $\mathbb{Q}$, 실수 집합은 $\mathbb{R}$, 복소수 집합은 $\mathbb{C}$로 나타낸다.

(d) $\mathbb{N}, \mathbb{Z}, \mathbb{Q}, \mathbb{R}, \mathbb{C}$는 무한집합이다.

(e) $0 \notin \mathbb{N}$, $0 \in \mathbb{Z}$이다.

(f) $A = \{1, 2, 3\}$은 유한집합이고, $n(A) = 3$이다.

(g) 1 초과 2 미만인 자연수의 모임은 공집합이다.

🐾 집합을 나타내는 방법에는 크게 3가지가 있다.

(1) **원소나열법** : 집합 A에 속하는 원소를 중괄호 { } 안에 나열한다.

(2) **조건제시법** : 이 집합의 원소가 되기 위한 조건 $p(x)$를 $\{x | x$는 $p(x)\}$ 꼴로 제시한다.

(3) **벤 다이어그램** : 집합을 원 또는 사각형으로 그리고, 이 집합의 원소를 도형 안에 있는 점으로 묘사한다.

집합을 처음 배울 때는 조건제시법보다 원소나열법이 편하게 느껴지겠지만 수학에 익숙해질수록 조건제시법의 매력에 빠져들 것이다. 특히 어떤 무한집합은 반드시 조건제시법으로 나타내야 한다.

 예

0이상 1 이하인 실수 집합을 조건제시법으로 나타내면 $\{x\,|\,0 \leq x \leq 1\}$이다. 이 집합은 원소나열법으로 나타낼 수 없다.

벤 다이어그램(Venn diagram)은 집합의 성질을 직관적으로 파악하는 데 도움을 준다.

 예

10 이하인 양의 홀수로 이루어진 집합을 3가지로 나타내자.

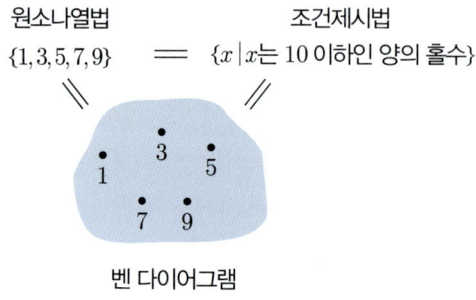

- 모든 $x \in A$에 대하여 $x \in B$일 때, A를 B의 **부분집합(subset)**이라 한다. 이 관계는 기호로 $A \subset B$라고 나타내며, 'A는 B에 포함된다.' 또는 'B는 A를 포함한다.'고 말한다. 다시 말해 A의 모든 원소가 B에 속하면 A는 B의 부분집합이다. 이 포함관계를 벤 다이어그램으로 나타내면 35쪽 첫 번째 그림과 같다.

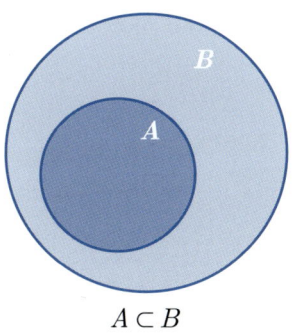

$A \subset B$

특히, $A \subset B$이고 $B \subset C$이면 $A \subset C$이다. 집합 A가 B의 부분집합이 아닐 때에는 $A \not\subset B$로 나타낸다.

🐾 주어진 집합에 대하여 그 부분집합만을 생각할 때, 처음 주어진 집합을 **전체집합**(universal set)이라 하고, 보통 U로 나타낸다. 임의의 집합 A에 대하여 다음 포함 관계가 성립한다.

$$\emptyset \subset A, \ A \subset A, \ A \subset U$$

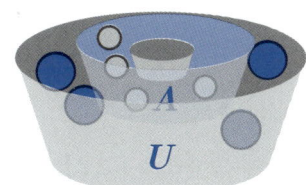

 예

주사위를 1번 던져 얻을 수 있는 숫자를 생각해 보자.

(a) 전체집합 U는 $\{1, 2, 3, 4, 5, 6\}$이다.

(b) $\{1\} \subset U$이다.

(c) $\{2, 3, 7\} \not\subset U$이다. $7 \notin U$이기 때문이다.

🐾 $A \subset B$이고 $B \subset A$일 때, 두 집합은 서로 **같다**고 하고 $A = B$로 나타낸다.

$\{1, 2\}$와 $\{2, 1\}$은 같은 집합일까?

풀이

(i) $\{1, 2\}$의 원소 1, 2는 모두 $\{2, 1\}$에 속하므로 $\{1, 2\} \subset \{2, 1\}$이다.

(ii) $\{2, 1\}$의 원소 2, 1은 모두 $\{1, 2\}$에 속하므로 $\{2, 1\} \subset \{1, 2\}$이다.

(i), (ii)로부터 $\{1, 2\} = \{2, 1\}$이다.

즉, 집합은 원소를 나열할 때 순서를 생각하지 않는다.

$\{1, 1, 2\}$와 $\{1, 2\}$는 같은 집합일까?

풀이

(i) $\{1, 1, 2\}$의 원소 1, 1, 2는 모두 $\{1, 2\}$에 속하므로 $\{1, 1, 2\} \subset \{1, 2\}$이다.

(ii) $\{1, 2\}$의 원소 1, 2는 모두 $\{1, 1, 2\}$에 속하므로 $\{1, 2\} \subset \{1, 1, 2\}$이다.

(i), (ii)로부터 $\{1, 1, 2\} = \{1, 2\}$이다.

두 예에서 알 수 있듯이 집합에서 **중복되는 원소는 한 번만** 쓰길 권장한다. 하지만 현실에서는 중복된다고 함부로 생략하면 곤란하다.

{저, 는, 신, 입, 입, 니, 다} = {저, 는, 신, 입, 니, 다}

🐾 $A \subset B$이고 $A \neq B$일 때, A를 B의 **진부분집합**(proper subset)이라고 한다. 다시 말해, 자기 자신을 제외한 부분집합은 모두 진부분집합이다.

 예

$\{1,2\}$의 부분집합은 $\varnothing, \{1\}, \{2\}, \{1,2\}$이고, 진부분집합은 $\varnothing, \{1\}, \{2\}$이다.

🐾 실수 a, b 사이의 모든 실수를 모은 집합을 **구간**(interval)이라고 한다. 구간은 양 끝 점 a, b가 포함되는지 여부에 따라 다음과 같이 분류할 수 있다. 실수 집합의 부분집합 $\{x \mid a < x < b\}$를 **열린구간**(open interval)이라 하고 간단히 (a,b)라 표기한다. 실수 집합의 부분집합 $\{x \mid a \leq x \leq b\}$를 **닫힌구간**(closed interval)이라 하고 간단히 $[a,b]$라 표기한다. 또한, 집합 $\{x \mid a \leq x < b\}$를 간단히 $[a,b)$, 집합 $\{x \mid a < x \leq b\}$를 간단히 $(a,b]$라 표기한다.

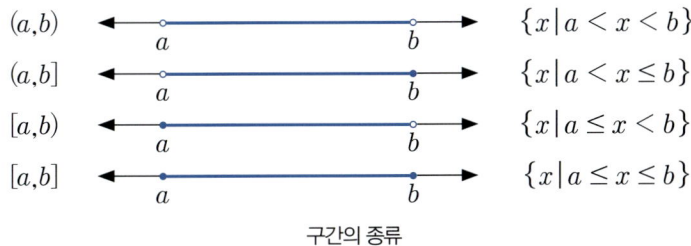

구간의 종류

🐾 원소의 개수가 n개인 집합 $\{a_1, \cdots, a_n\}$의 부분집합은 2^n개 있다.

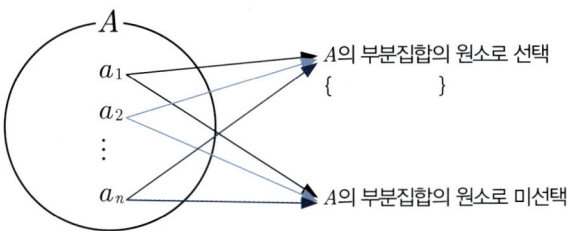

각 원소가 부분집합에 들어갈지 말지 선택하는 방법의 수는 2가지

 **예**

집합 $\{a,b,c,d\}$에 대하여 다음을 구하라.

(a) a를 반드시 포함하는 부분집합의 개수

(b) b, c를 포함하지 않는 부분집합의 개수

풀이

(a) a를 반드시 포함하는 부분집합은 $\{b,c,d\}$의 부분집합 각각에 a를 포함시킨 것과 같다.

$\{b,c,d\}$의 부분집합은 $2^3 = 8$개이므로 구하려는 부분집합의 개수는 8개다.

(b) b, c를 포함하지 않는 부분집합은 $\{a,d\}$의 부분집합과 같다.

$\{a,d\}$의 부분집합은 $2^2 = 4$개이므로 구하려는 부분집합의 개수는 4개다.

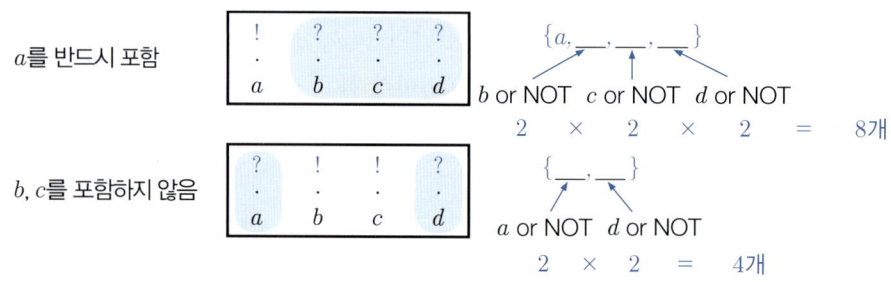

 SUMMARY

1. 대상을 명확하게 구분할 수 있는 모임을 **집합**, 집합을 이루고 있는 대상 하나하나를 그 집합의 **원소**라고 한다. a가 집합 S의 원소일 때는 $a \in S$, a가 집합 S의 원소가 아닐 때는 $a \notin S$라 표기한다.

2. 원소가 하나도 없는 집합을 **공집합**이라 하고, $\varnothing$라 표기한다. 주어진 상황에서 생각할 수 있는 가장 큰 집합을 **전체집합**이라 하고, U라 표기한다. 모든 $x \in A$에 대하여 $x \in B$일 때, A를 B의 **부분집합**이라 하고, $A \subset B$로 나타낸다. $B \subset A$, $B \neq A$일 때, B를 A의 **진부분집합**이라 한다. $A \subset B$이고 $B \subset A$일 때, 두 집합은 서로 **같다**고 하고 $A = B$로 나타낸다.

3. 원소의 개수가 n개인 집합의 부분집합은 2^n개 있다.

개념 쏙쏙 확인예제

※ 01~03 다음 진술의 참, 거짓을 판정하라.

01 집합 A, B에 대하여 $n(A) < n(B)$이면 $A \subset B$이다.

02 집합 A, B에 대하여 $A \subset B$이면 $n(A) < n(B)$이다.

03 $[a,b] \subset (c,d)$이면 $c < a$이고 $b < d$이다.

04 두 집합 $A = \{2a, a+5, 3\}$, $B = \{a^2 - 2a, -2, 4\}$에 대하여 $A = B$일 때, 상수 a 값을 구하라.

05 집합 $A = \{1, 2, 3, 4, 5, 6\}$에 대하여 $X \subset A$이고 $X \neq A$인 집합 X 중에서 1, 2를 반드시 포함하는 집합의 개수를 구하라.

06 다음 집합의 진부분집합을 나열하라.
$$A = \{x \mid x = 3n - 2, n \text{은 } 1 \leq n \leq 5 \text{인 소수}\}$$

02 합집합과 교집합

두 집합을 결합하여 새로운 집합을 얻는 방법

🐾 두 집합 A, B에 대하여 **합집합**과 **교집합**은 다음과 같이 정의한다.

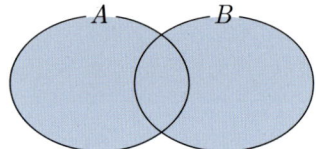 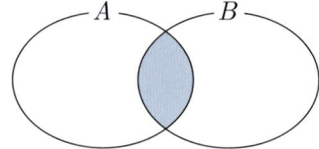

합집합 $A \cup B = \{x \mid x \in A \text{ 또는 } x \in B\}$ 교집합 $A \cap B = \{x \mid x \in A \text{ 그리고 } x \in B\}$

A, B의 교집합이 공집합일 때, 즉 $A \cap B = \emptyset$일 때 A와 B는 **서로소(disjoint)**라고 한다.

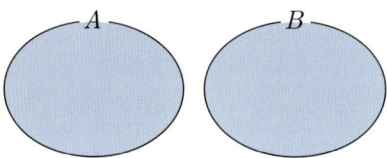

🐾 합집합과 교집합에 대하여 교환법칙이 성립한다.

$$A \cup B = B \cup A, \quad A \cap B = B \cap A$$

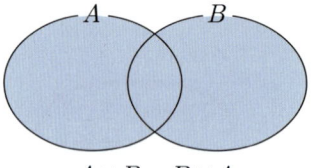 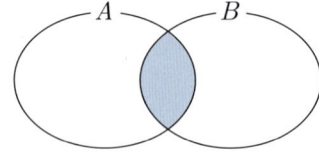

$A \cup B = B \cup A$ $A \cap B = B \cap A$

🐾 합집합과 교집합에 대하여 결합법칙이 성립한다.

$$(A \cup B) \cup C = A \cup (B \cup C), \quad (A \cap B) \cap C = A \cap (B \cap C)$$

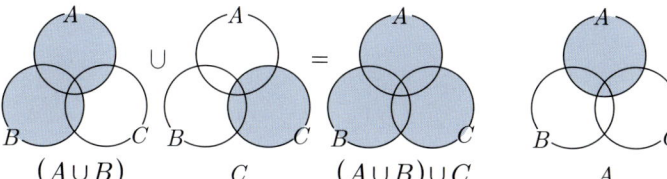
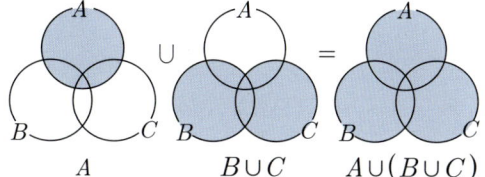

벤 다이어그램을 이용하면 $(A \cap B) \cap C = A \cap (B \cap C)$가 성립함을 확인할 수 있다.

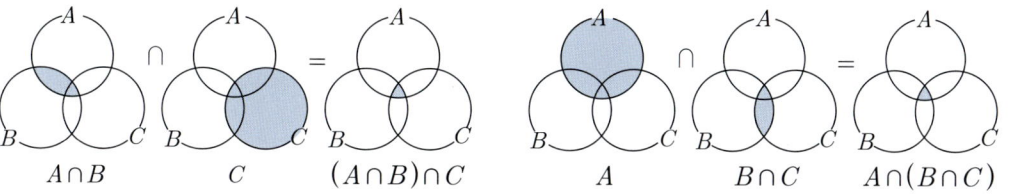

🐾 합집합과 교집합이 함께 있을 때, 분배법칙이 성립한다. 즉 다음이 성립한다.

$$A \cup (B \cap C) = (A \cup B) \cap (A \cup C), \quad A \cap (B \cup C) = (A \cap B) \cup (A \cap C)$$

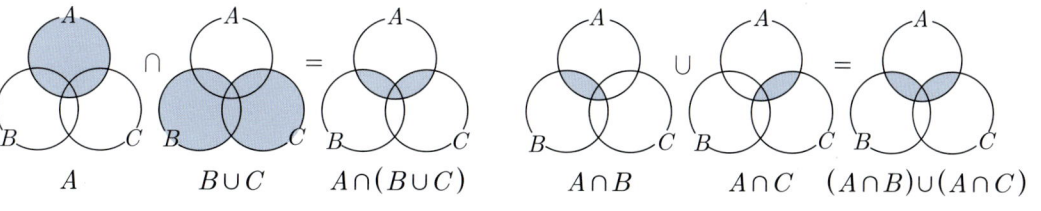

😺 유한집합 A, B에 대하여 $n(A \cup B) = n(A) + n(B) - n(A \cap B)$가 성립한다.

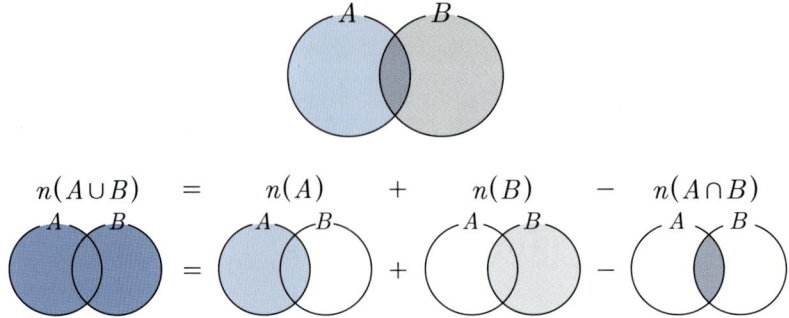

특히 A와 B가 서로소일 때, 즉 $A \cap B = \emptyset$일 때 $n(A \cup B) = n(A) + n(B)$다.

SUMMARY

1. 두 집합 A, B에 대하여 **합집합** $A \cup B$와 **교집합** $A \cap B$를 다음과 같이 정의한다.

    $A \cup B = \{x \mid x \in A \text{ 또는 } x \in B\}$, $A \cap B = \{x \mid x \in A \text{ 그리고 } x \in B\}$

2. 합집합과 교집합에 대하여 교환법칙, 결합법칙, 분배법칙이 성립한다.

    (1) 교환법칙 : $A \cup B = B \cup A$, $A \cap B = B \cap A$

    (2) 결합법칙 : $(A \cup B) \cup C = A \cup (B \cup C)$

    (3) 분배법칙 : $A \cup (B \cap C) = (A \cup B) \cap (A \cup C)$, $A \cap (B \cup C) = (A \cap B) \cup (A \cap C)$

3. 유한집합 A, B에 대하여 $n(A \cup B) = n(A) + n(B) - n(A \cap B)$이다.

개념 쏙쏙 확인예제

※ 01~02 전체집합 U의 두 부분집합 A, B에 대하여 다음 진술의 참, 거짓을 판정하라.

01 $A \subset B$일 때 $A \cup B = B$이다.

02 $A \subset B$일 때 $A \cap B = A$이다.

03 전체집합 $U = \{x \mid x$는 20 이하의 짝수$\}$의 두 부분집합 A, B가 다음과 같다고 하자.

$A = \{x \mid x$는 6의 배수가 아니다.$\}$, $B = \{x \mid x$는 20 미만이고 4의 배수다.$\}$

$A \cap B$와 $A \cup B$를 각각 구하라.

04 학생 60명을 대상으로 양념 치킨과 후라이드 치킨 중 좋아하는 치킨을 조사하였다. 양념 치킨을 좋아하는 학생이 36명, 후라이드 치킨을 좋아하는 학생이 40명, 양념과 후라이드 모두 모두 좋아하지 않는 학생이 8명이다. 이때 양념치킨만 좋아하는 학생의 수를 구하라.

풀이

 여집합과 차집합

판 뒤집혔다!

🐾 두 집합 A, B에 대하여 **여집합**과 **차집합**을 다음과 같이 정의한다.

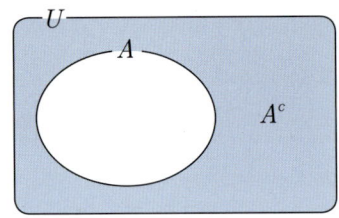

여집합 $A^c = \{x \mid x \in U \text{ 그리고 } x \notin A\}$ 차집합 $A - B = \{x \mid x \in A \text{ 그리고 } x \notin B\}$

이때 차집합은 교집합과 여집합을 사용하여 다음과 같이 표현할 수 있다.

$$A - B = A - (A \cap B) = (A \cup B) - B = A \cap B^c$$

벤 다이어그램을 그려보면 위 식이 성립함을 쉽게 확인할 수 있다.

🐾 다음을 **드 모르간 법칙**(De Morgan's law)이라고 한다.

$$(A \cup B)^c = A^c \cap B^c, \ (A \cap B)^c = A^c \cup B^c$$

좌변: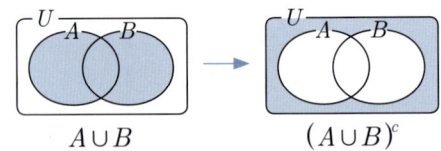

우변: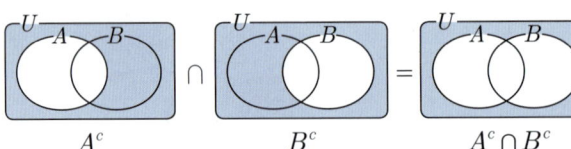

$$(A \cup B)^c = A^c \cap B^c$$

개념 쏙쏙 확인예제

※ 01~02 전체집합 U의 두 부분집합 A, B에 대하여 다음 진술의 참, 거짓을 판정하라.

01 $A \subset B$일 때, $B^c \subset A^c$이다.

02 $A \subset B$일 때, $A \cap B^c = \varnothing$이다.

03 두 집합 A, B에 대하여 벤 다이어그램을 사용하여 다음 등식이 성립함을 보여라.

$$(A-B) \cup (B-A) = (A \cup B) - (A \cap B)$$

풀이

 명제와 조건

이 문장은 피노키오의 코를 움직일 수 있는가?

😺 참인지 거짓인지 판별할 수 있는 문장이나 식을 **명제(proposition)**라고 한다.

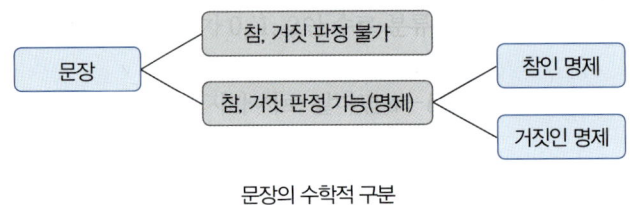

문장의 수학적 구분

(a) '$3+(-5) > 0$'은 거짓인 명제다.

(b) '숫자배열 999999가 원주율 π의 소수 표현에 나타난다.'는 쉽게 확인할 수는 없지만 참이거나 거짓이거나 둘 중 하나이므로 명제다.

(c) '$x^2 = 1$'은 x 값에 따라 참도 되고 거짓도 되므로 명제가 아니다.

😺 전체집합 U가 주어질 때, $x \in U$에 따라 참인지 거짓인지 판별할 수 있는 문장이나 식을 전체집합 U에서 정의된 **조건(condition)**이라 하고 흔히 $p(x)$, $q(x)$, …로 나타낸다.

전체집합 U의 원소 중 조건 $p(x)$가 참이 되는 원소 전체 집합 $P = \{x \mid p(x)\}$를 조건 $p(x)$의 **진리집합**이라 한다.

조건 $p(x) : x^2 = 4$의 진리집합은 $\{x \mid p(x)\} = \{x \mid x^2 = 4\} = \{-2, 2\}$이다.

😺 명제 또는 조건 p에 대하여 'p가 아니다.'를 p의 **부정(negation)**이라 하고 $\sim p$로 나타낸다. 기호 $\sim p$는 'p가 아니다.' 또는 'not p'라 읽는다.

명제 p와 $\sim p$의 참, 거짓은 서로 반대다. p가 참이면 $\sim p$는 거짓이고, p가 거짓이면 $\sim p$는 참이다.

조건 $p(x)$의 진리집합이 P일 때, 조건 $\sim p(x)$의 진리집합은 P^c이다.

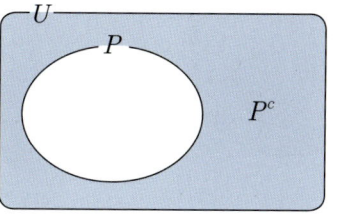

조건 $p(x)$와 조건 $\sim p(x)$의 진리집합

😺 'p이면 q이다.' 꼴의 명제를 **조건문**이라고 하며 $p \to q$로 나타낸다. 이때 p를 **가정**, q를 **결론**이라고 한다.

😺 '6의 배수면 3의 배수다.'라는 명제는 다음을 간단히 표현한 것이다.

$$p : x\text{가 6의 배수다.} \to q : x\text{가 3의 배수다.}$$

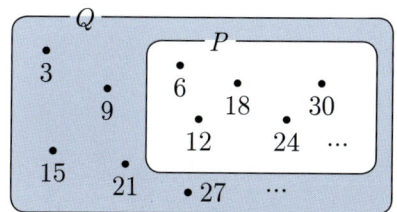

조건 p의 진리집합은 $P = \{6, 12, 18, \cdots\}$, 조건 q의 진리집합은 $Q = \{3, 6, 9, \cdots\}$이다. P의 원소는 모두 Q의 원소이기도 하므로 $P \subset Q$이다. 이와 같이 $P \subset Q$일 때, 주어진 조건문은 **참**이라 한다. 명제 $p \to q$가 참이면 $p \Rightarrow q$라 표기한다. 명제 $p \to q$와 명제 $q \to p$가 모두 참이면 이를 기호로 $p \Leftrightarrow q$라 표기한다. 또한, 이때 '두 명제 p, q는 서로 **동치(equivalence)**다.'라고 한다.

명제 '$x^2 = 1$이면 $x = 1$이다.'를 생각하자. 가정 p의 진리집합은 $P = \{-1, 1\}$, 결론 q의 진리집합은 $Q = \{1\}$이다. 이와 같이 $P \not\subset Q$일 때, 주어진 조건문은 **거짓**이라 한다. 명제 $p \to q$가 거짓이면 $p \not\Rightarrow q$라 표기한다.

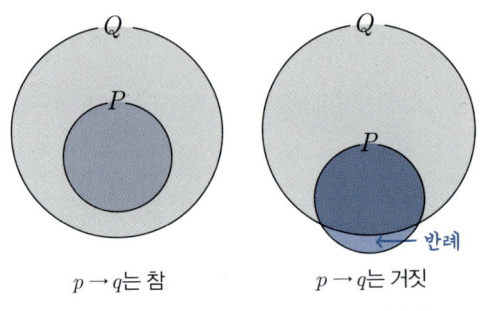

$p \to q$는 참 $p \to q$는 거짓

명제 $p \to q$의 참, 거짓과 진리집합의 포함관계

🐾 $p \to q$가 거짓이면 $P \not\subset Q$이다. P에는 속하지만 Q에는 속하지 않는 원소가 존재한다. 즉, 조건문 $p \to q$가 거짓임을 보이기 위해서는 집합 $P - Q$에 속하는 원소 x를 단 하나라도 찾아내면 된다. 이러한 x를 조건문 $p \to q$의 **반례(counterexample)**라고 한다.

 예

조건 p의 진리집합이 P, 조건 q의 진리집합이 Q라 하자. 다음 벤 다이어그램에서

(a) b는 명제 $q \to p$의 반례다.

(b) c는 명제 $p \Rightarrow q$의 근거 중 하나다.

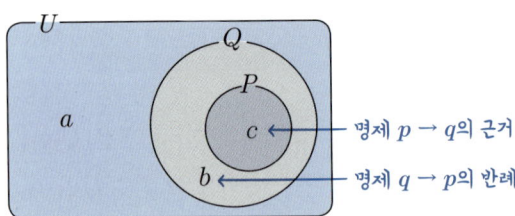

😺 조건 $p(x)$, $q(x)$의 진리집합을 각각 P, Q라고 하면 다음 관계가 성립한다.

$$\{x\,|\,p(x) \text{ 또는 } q(x)\} = P \cup Q$$
$$\{x\,|\,p(x) \text{ 그리고 } q(x)\} = P \cap Q$$

따라서 두 조건 p, q에 대하여 다음이 성립한다.

$$\sim(p \text{ 또는 } q) \Leftrightarrow (\sim p \text{ 그리고 } \sim q) \quad (\because (P \cup Q)^c = P^c \cap Q^c)$$
$$\sim(p \text{ 그리고 } q) \Leftrightarrow (\sim p \text{ 또는 } \sim q) \quad (\because (P \cap Q)^c = P^c \cup Q^c)$$

다음 조건의 부정을 구하라.

(a) $a \geq b$ \qquad (b) $a < b < c$

(a) $a \geq b$의 부정은 $a < b$이다.

(b) $a < b < c$의 부정은 '$a \geq b$ 또는 $b \geq c$'이다.

😺 '모든'이나 '어떤'을 포함하는 명제에 대하여 다음을 알 수 있다.

(1) 진리집합
- 명제 '모든 x에 대하여 $p(x)$'는 $P = U$일 때 참이고, $P \neq U$일 때 거짓이다.
- 명제 '어떤 x에 대하여 $p(x)$'는 $P \neq \varnothing$일 때 참이고, $P = \varnothing$일 때 거짓이다.

(2) 부정
- 명제 '모든 x에 대하여 $p(x)$'의 부정은 '어떤 x에 대하여 $\sim p(x)$'이다.
- 명제 '어떤 x에 대하여 $p(x)$'의 부정은 '모든 x에 대하여 $\sim p(x)$'이다.

다음 두 명제를 생각해 보자.

① : 모든 고양이는 귀염둥이다.

② : 어떤 고양이는 귀염둥이다.

①은 단 1마리라도 귀염둥이가 아닌 고양이가 있다면 거짓이고, ②는 그 어떤 고양이도 귀염둥이가 아닐 때 거짓이다. 즉, 두 문장의 부정은 다음과 같다.

~① : 어떤 고양이는 귀염둥이가 아니다.

~② : 모든 고양이는 귀염둥이가 아니다.

1. (1) **명제** : 참인지 거짓인지 판별할 수 있는 문장이나 식

   (2) **조건** : 변수에 대입되는 값에 따라 참, 거짓이 결정되는 문장이나 식

   (3) **진리집합** : 주어진 조건을 참이 되게 하는 원소의 집합

2. 명제 또는 조건 p에 대하여 'p가 아니다.'를 p의 **부정**이라 하고, 기호로 $\sim p$라 나타낸다.

   (1) $\sim(p$ 또는 $q) \Leftrightarrow \sim p$ 그리고 $\sim q$

   (2) $\sim(p$ 그리고 $q) \Leftrightarrow \sim p$ 또는 $\sim q$

   (3) $\sim($어떤 x에 대하여 $p(x)$이다.$) \Leftrightarrow$ 모든 x에 대하여 $p(x)$가 아니다.

   (4) $\sim($모든 x에 대하여 $p(x)$이다.$) \Leftrightarrow$ 어떤 x에 대하여 $p(x)$가 아니다.

3. 명제 'p이면 q이다.'를 기호로 $p \rightarrow q$로 나타내고, p를 가정, q를 결론이라 한다. 조건 p의 진리집합을 P, 조건 q의 진리집합을 Q라 하자. 명제 $p \rightarrow q$는 $P \subset Q$일 때 참이고, $P \not\subset Q$일 때 거짓이다.

개념 쏙쏙 확인예제

※ 01~03 다음 진술의 참, 거짓을 판정하라.

01 명제 p, q, r에 대하여 $p \Rightarrow q$이고 $q \Rightarrow r$이면 $p \Rightarrow r$이다.

02 조건 p를 만족하는 원소가 존재하지 않으면 $p \rightarrow q$는 항상 참이다.

03 조건 q를 만족하는 원소가 존재하지 않으면 $p \rightarrow q$는 항상 거짓이다.

04 두 조건 $p : |x-3| < k$, $q : -2 \leq x \leq 6$에 대하여 명제 $p \rightarrow q$가 참이 되도록 하는 양수 k의 최댓값을 구하라.

05 세 조건 p, q, r의 진리집합을 각각 P, Q, R이라 하자. 세 집합 P, Q, R 사이의 포함 관계가 오른쪽 그림과 같을 때 거짓인 명제는? (단, U는 전체집합)

① $q \rightarrow p$ ② $q \rightarrow r$ ③ $\sim p \rightarrow \sim q$
④ $\sim p \rightarrow \sim r$ ⑤ $\sim r \rightarrow \sim q$

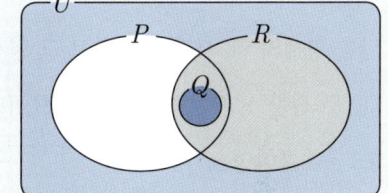

06 명제 '어떤 고등학생은 SNS를 이용한다.'의 부정을 말하고, 부정의 반례를 제시하라.

풀이

 ## 명제의 역과 대우

이 말과 저 말은 같은 말이 아니라 할 수 없지 않습니다.

🐾 명제 $p \to q$에 대하여 명제 $q \to p$를 명제 $p \to q$의 **역**(converse), 명제 $\sim q \to \sim p$를 명제 $p \to q$의 **대우**(contraposition)라고 한다.

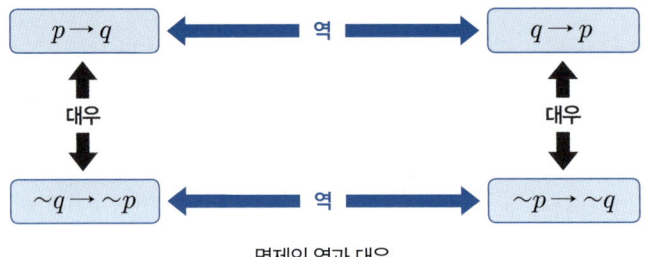

명제의 역과 대우

다음 명제의 역, 대우를 말하고 그 명제의 참, 거짓을 판별하라.

(a) 두 집합 A, B에 대하여 $A \subset B$이면 $A \cap B = A$이다.

(b) $x \geq 2$이면 $x^2 \geq 4$이다.

풀이

(a) 역 : 두 집합 A, B에 대하여 $A \cap B = A$이면 $A \subset B$이다. (참)

   대우 : 두 집합 A, B에 대하여 $A \cap B \neq A$이면 $A \not\subset B$이다. (참)

(b) 역 : $x^2 \geq 4$이면 $x \geq 2$이다. (거짓)

   대우 : $x^2 < 4$이면 $x < 2$이다. (참)

🐾 명제 $p \to q$와 대우 명제 $\sim q \to \sim p$의 참, 거짓은 반드시 일치한다. $P \subset Q$와 $Q^c \subset P^c$는 같은 말이기 때문이다.

하지만 명제 $p \to q$와 역 $q \to p$의 참, 거짓은 같을 수도 있고 다를 수도 있다. 왜 그럴까? $P \subset Q$라고 해서 반드시 $Q \subset P$인 것은 아니기 때문이다.

😺 $p \Rightarrow q$이면 p는 q이기 위한 **충분조건**, q는 p이기 위한 **필요조건**이라 한다. $p \Leftrightarrow q$일 때, p와 q는 서로에게 **필요충분조건** 또는 동치라 한다.

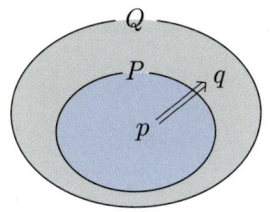

p가 보장되면 q도 저절로 보장된다.

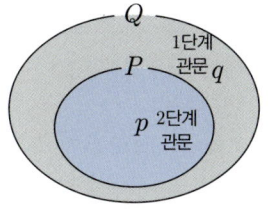

q는 p에 들어가기 위한 1단계 관문이다. 즉, p이기 위해 필요한 조건 중 하나일 뿐, 충분한 조건이라 할 수 없다.

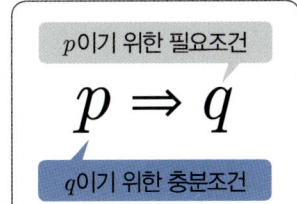

 예

(a) $x = 2$는 $x^2 - x - 2 = 0$이기 위한 충분조건이다. ($\because x = 2 \Rightarrow x^2 - x - 2 = 0$)

(b) $x^2 = y^2$은 $x = y$이기 위한 필요조건이다. ($\because x = y \Rightarrow x^2 = y^2$)

(c) '$x = 0$ 또는 $x = 3$'과 $x^2 - 3x = 0$은 서로 필요충분조건이다. ($\because x = 0$ 또는 $x = 3 \Leftrightarrow x^2 - 3x = 0$이고, $x^2 - 3x = x(x-3) = 0 \Rightarrow x = 0$ 또는 $x = 3$)

😺 **정의**(definition)란 용어의 뜻을 명확하게 정한 문장이다. 이미 알고 있는 참인 명제나 정의를 이용하여 어떤 명제가 참임을 논리적으로 밝히는 과정을 **증명**이라 하고, 증명된 참인 명제 중에서 기본이 되는 명제를 **정리**라고 한다.

명제가 참임을 밝히려면 증명을 하고, 명제가 거짓임을 밝히려면 반례를 찾으면 된다. 다시 말해, **가정은 만족**하지만 **결론을 만족하지 않는 예**가 하나라도 있음을 보이면 충분하다.

다음 그림의 첫 번째 벤 다이어그램에서 원소 x는 P와 Q에 모두 포함되므로 조건문 $p \to q$가 참임을 설명하는 원소 중 하나다. 두 번째와 세 번째 벤 다이어그램에서 원소 y는 P에는 포함되지만 Q에는 포함되지 않으므로 조건문 $p \to q$의 반례다.

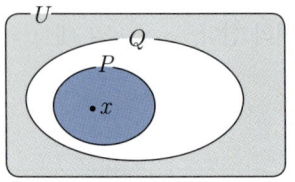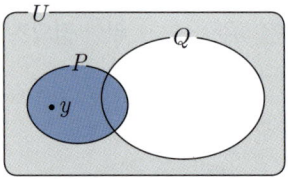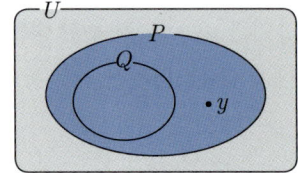

명제 $p \Rightarrow q$의 근거와 반례

명제 $p \to q$가 거짓이다. $\Leftrightarrow p \not\Rightarrow q \Leftrightarrow x \in P$이고 $x \notin Q$인 x가 존재한다.

즉, 명제 $p \to q$의 반례는 집합 $P - Q = P \cap Q^c$에서 찾는다.

'모든 고양이는 귀염둥이다.'라는 명제를 반박하고 싶다면 귀염둥이가 아닌 고양이를 제시해야 한다. 사자를 가져와 귀염둥이가 아니라고 아무리 주장해 봐도 이 명제를 흔들지 못한다.

1. 명제 $p \to q$에 대하여 $q \to p$를 명제의 역, $\sim q \to \sim p$를 명제의 대우라고 한다. 원 명제와 대우 명제의 참, 거짓은 항상 같다. 원 명제와 역 명제의 참, 거짓은 같을 수도 있고, 다를 수도 있다.

2. $p \Rightarrow q$일 때, p는 q이기 위한 충분조건, q는 p이기 위한 필요조건이라고 한다.

개념 쏙쏙 확인예제

※ 01~02 다음 진술의 참, 거짓을 판정하라.

01 명제 p, q에 대하여 $p \Rightarrow q$이면 $\sim p \Rightarrow \sim q$이다.

02 p는 q이기 위한 충분조건, q는 r이기 위한 필요조건이면 $p \Leftrightarrow r$이다.

03 n이 20보다 작은 자연수일 때, 다음 명제가 거짓임을 보이는 반례를 모두 구하라.

> n이 2의 배수이면 n은 3의 배수다.

04 명제 '두 자연수 m, n에 대하여 mn이 짝수이면 m 또는 n이 짝수다.'가 참임을 대우 명제를 써서 증명하라.

05 $\sqrt{2}$가 유리수가 아님을 증명하라.
　힌트 ▶ $\sqrt{2}$가 유리수라면 $\sqrt{2} = \dfrac{b}{a}$ (단, $a \neq 0$이고 a와 b는 서로소인 정수)와 같이 쓸 수 있다.

풀이

1.3 다항식

자연은 수학이라는 언어로 쓰여 있다.

– 갈릴레오 갈릴레이(Galileo Galilei, 1564–1642)

우리가 일상생활에서 원활한 의사소통을 위해 문법에 맞추어 말과 글을 구사해야 하는 것처럼, 자연을 이해하고 수학을 통해 의사소통하기 위해서는 수학의 문법에 맞추어 표현해야 한다. 이 절에서 다루는 내용은 일종의 문법이다. 특별히 창의적인 사고력을 요구하지 않는다. 하지만 아무리 간단한 규칙이더라도 내 두뇌와 손에 완전히 습득되어 있지 않으면 한없이 어렵기 마련이다. 수학에 왕도는 없지만, 가시밭길은 피할 수 있다. 이번 단원을 효과적으로 공부하기 위한 두 가지 팁을 소개한다.

(1) 문자는 방정식에 들어가야 할 적절한 수를 대신하여 사용한 기호다. 수식의 생소한 성질을 공부할 때, 수의 익숙한 성질을 대응하면 한결 매끄럽게 이해할 수 있다.

(2) 주어진 식을 무작정 외우지 말고 기억하기 좋은 형태로 정리하고 나름의 패턴을 만들어 보자. 예를 들어 다음 두 식은 모두 같은 내용을 담고 있지만, 두 번째 식은 합과 곱, 3이 반복해서 나오고 있으므로 기억하기 쉽다.

$$(a+b)^3 = a^3 + 3a^2b + 3ab^2 + b^3$$
$$(a+b)^3 = a^3 + b^3 + 3ab(a+b)$$

규칙을 완벽히 습득하기 위한 유일한 방법은 반복된 연습뿐이다. 독자들의 건투를 빈다!

Keyword

항등식, 방정식, 곱셈공식, 인수분해, 조립제법, 나머지정리, 인수정리

 곱셈공식과 인수분해

문자로 표현한 구구단

🐾 수에서 성립하는 연산의 기본법칙들은 다항식 $f(x)$, $g(x)$, $h(x)$에서도 여전히 성립한다.

(1) **교환법칙** : $f(x)+g(x) = g(x)+f(x)$, $f(x)g(x) = g(x)f(x)$

(2) **결합법칙** : $\{f(x)+g(x)\}+h(x) = f(x)+\{g(x)+h(x)\}$,
$\{f(x)g(x)\}h(x) = f(x)\{g(x)h(x)\}$

(3) **분배법칙** : $f(x)\{g(x)+h(x)\} = f(x)g(x)+f(x)h(x)$

이때 분배법칙은 → 방향으로 읽는 것뿐만 아니라 ← 방향으로도 읽을 줄 알아야 한다.

🐾 식의 문자에 어떤 값을 대입하더라도 항상 성립하는 등식을 그 문자에 대한 **항등식**, 식의 문자에 특정한 값을 대입할 때만 성립하는 등식을 그 문자에 대한 **방정식**이라 한다.

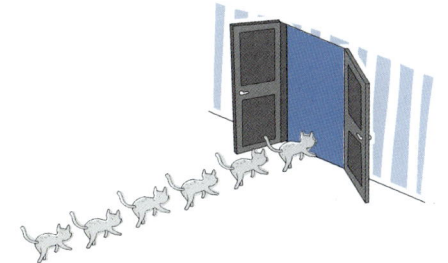 

어떤 값을 넣어도 성립한다. 등식을 성립하게 하는 값이 정해져 있다.
항등식   방정식

🐾 **곱셈공식**과 **인수분해 공식**은 대표적인 항등식이다. 주어진 항등식을 → 방향으로 읽으면 곱셈공식, ← 방향으로 읽으면 인수분해 공식이다.

(1) 문자 2개, 차수 2차

$(a \pm b)^2 = a^2 \pm 2ab + b^2$
$(a+b)(a-b) = a^2 - b^2$

$$(x+a)(x+b) = x^2 + (a+b)x + ab$$
$$(ax+b)(cx+d) = acx^2 + (ad+bc)x + bd$$

(2) 문자 2개, 차수 3차

$$(a+b)^3 = a^3 + 3a^2b + 3ab^2 + b^3$$
$$(a-b)^3 = a^3 - 3a^2b + 3ab^2 - b^3 \Rightarrow \text{이 식을 변형하면 } a^3 \pm b^3 = (a \pm b)^3 \mp 3ab(a \pm b)$$
$$(a+b)(a^2-ab+b^2) = a^3 + b^3$$
$$(a-b)(a^2+ab+b^2) = a^3 - b^3$$

(3) 문자 3개, 차수 2차

$$(a+b+c)^2 = a^2 + b^2 + c^2 + 2ab + 2bc + 2ca$$

(4) 문자 3개, 차수 3차

$$(x+a)(x+b)(x+c) = x^3 + (a+b+c)x^2 + (ab+bc+ca)x + abc$$
$$(a+b+c)(a^2+b^2+c^2-ab-bc-ca) = a^3 + b^3 + c^3 - 3abc$$

 예

$(a+b+c-d)(a+b-c+d)$를 전개하라.

 풀이

$A = a+b$, $B = c-d$ 라고 하면 주어진 식은 다음과 같다.

$$\begin{aligned}(a+b+c-d)(a+b-c+d) &= (A+B)(A-B) \\ &= A^2 - B^2 \\ &= (a+b)^2 - (c-d)^2 \\ &= (a^2 + 2ab + b^2) - (c^2 - 2cd + d^2) \\ &= a^2 + b^2 - c^2 - d^2 + 2ab + 2cd\end{aligned}$$

앞선 [예]와 같이 인수분해를 할 때는 전체를 훑으며 공통부분을 찾으려고 노력해야 한다. 특히 문자가 여러 개면 식을 차수가 낮은 문자에 대하여 내림차순으로(높은 차수부터 낮은 차수로) 정리한다.

$ab(a-b)+bc(b-c)+ca(c-a)$를 인수분해하라.

a에 대하여 내림차순으로 정리하면 공통부분이 보인다.

$$\begin{aligned}ab(a-b)+bc(b-c)+ca(c-a) &= (b-c)a^2 - (b^2-c^2)a + bc(b-c) \\ &= (b-c)a^2 - (b-c)(b+c)a + (b-c)bc \\ &= (b-c)\{a^2 - (b+c)a + bc\} \\ &= (b-c)(a-b)(a-c)\end{aligned}$$

1. 식의 문자에 어떤 값을 대입하더라도 항상 성립하는 등식을 그 문자에 대한 **항등식**, 식의 문자에 특정한 값을 대입할 때만 성립하는 등식을 그 문자에 대한 **방정식**이라 한다.

2. $(a \pm b)^2 = a^2 \pm 2ab + b^2$
   $(a+b)(a-b) = a^2 - b^2$
   $(x+a)(x+b) = x^2 + (a+b)x + ab$
   $(ax+b)(cx+d) = acx^2 + (ad+bc)x + bd$
   $(a \pm b)^3 = a^3 \pm 3a^2b + 3ab^2 \pm b^3$
   $(a \pm b)(a^2 \mp ab + b^2) = a^3 \pm b^3$
   $(a+b+c)^2 = a^2 + b^2 + c^2 + 2ab + 2bc + 2ca$
   $(a+b+c)(a^2+b^2+c^2-ab-bc-ca) = a^3+b^3+c^3-3abc$

개념 쏙쏙 확인예제

※ 01~03 다음 식을 전개하라.

01 $(x-1)(x-2)(x+3)(x+4)$

02 $(3x-4y+2z)^2$

03 $(a+2b)^3(a-2b)^3$

※ 04~05 $x+y+z=a$, $xy+yz+zx=b$, $xyz=c$일 때, 다음 식을 a, b, c로 나타내라.

04 $x^2+y^2+z^2$

05 $(x+y)(y+z)(z+x)$

※ 06~07 다음 식을 인수분해하라.

06 $(x^2+5x+4)(x^2+5x+6)-24$

07 $x(x+1)(x+2)(x+3)-15$

08 삼각형 세 변의 길이를 각각 a, b, c라 하자. 다음 관계를 만족하는 삼각형은 어떤 삼각형인지 판별하라.

$$a^4-ca^3+(b-c)ca^2-(b^2-c^2)ca-b^4+b^3c+b^2c^2-bc^3=0$$

풀이

 ## 나머지정리

수에서 성립하면 식에서도 성립한다.

🐾 임의의 다항식 $f(x)$, $g(x)$에 대하여 다음 관계식을 만족하는 다항식 $q(x)$와 $r(x)$가 **반드시** 그리고 **유일하게** 존재한다.

$$f(x) = g(x)q(x) + r(x) \text{ (단, } g(x)\text{의 차수} > r(x)\text{의 차수} \geq 0)$$

이때 $q(x)$는 $f(x)$를 $g(x)$로 나누었을 때의 몫, $r(x)$는 나머지라고 한다. 다시 말해, 나머지 항의 차수는 $g(x)$의 차수보다 작다.

❗ **주의** $x^3 - 1 = (x^2+1)(x-1) + x^2 - x$인데 $x^2 - x$와 $x^2 + 1$의 차수가 같다. $x^2 - x$는 나머지라 할 수 없다. 사실 $x^3 - 1 = (x^2+1)x - x - 1$이고 $x^2 + 1$은 이차식, $-x - 1$은 일차식이다. 즉 $x^3 - 1$을 $x^2 + 1$로 나눈 몫은 x이고, 나머지는 $-x - 1$이다.

🐾 몫과 나머지를 구하는 가장 기본적인 방법은 직접 나누어 보는 것이다.

다항식 $2x^3 - x^2 - 2x + 3$을 일차식 $x - 2$로 나누었을 때의 몫과 나머지를 각각 구하라.

풀이
다항식 $2x^3 - x^2 - 2x + 3$을 일차식 $x - 2$로 직접 나누면 오른쪽과 같다.

$$\begin{array}{r} 2x^2 + 3x + 4 \\ x-2 \overline{\smash{)}\, 2x^3 - x^2 - 2x + 3} \\ \underline{2x^3 - 4x^2} \\ 3x^2 - 2x + 3 \\ \underline{3x^2 - 6x} \\ 4x + 3 \\ \underline{4x - 8} \\ 11 \end{array}$$

← 몫
← $2(x^2$의 계수)
← $3(x$의 계수)
← 4(상수항)
← 나머지

따라서 몫은 $2x^2 + 3x + 4$이고, 나머지는 11이다.

❖ [예]의 도식을 더 간결하게 적을 수 없을까? 예를 들어 x^3, x^2, x 등의 문자는 몫과 나머지를 구하는 데 별 역할을 하지 않으니 생략하자. 다음의 왼쪽 도식처럼 적어도 큰 지장이 없다.

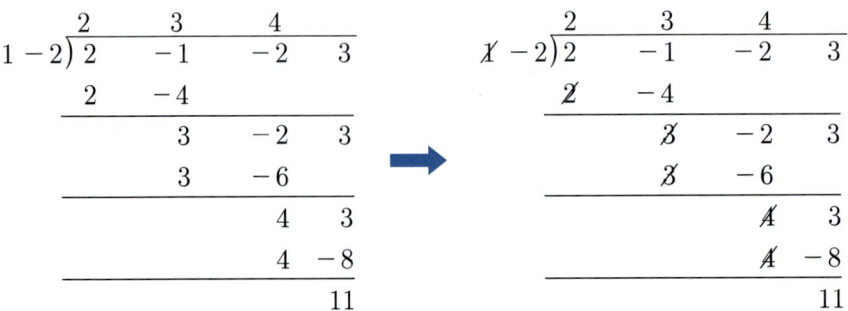

[예]의 나눗셈 다시 표현하기

왼쪽 도식을 더욱 간결하게 적을 수 있다! 나누는 다항식($x-2$)을 나타내는 1 −2에서 1은 별 역할이 없다. 지워버리자! 1을 지우면 −2의 배수를 빼는 것을 2의 배수를 더하는 것으로 바꿔 계산해도 문제없다. 즉 오른쪽 도식처럼 적을 수 있다. 오른쪽 도식에는 빈 공간이 많으니, 다음 도식처럼 적으면 단 두 줄 안에 필요한 계산을 간결하게 적을 수 있다.

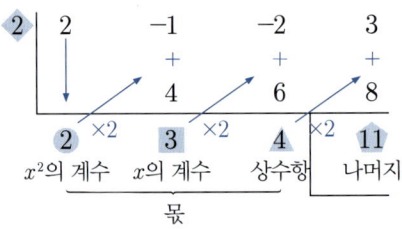

계수만 나타내어 몫과 나머지를 구하는 방법

이처럼 다항식을 일차식으로 나눌 때 계수만을 이용하여 몫과 나머지를 구하는 방법을 **조립제법**이라고 한다.

⚠️ **주의** 조립제법은 나누는 다항식이 일차식이고 일차항의 계수가 1일 때만 사용할 수 있다.

 **예**

조립제법을 이용하여 $4x^3 - 2x^2 + 5x - 3$을 $2x - 1$로 나누었을 때의 몫과 나머지를 각각 구하라.

 풀이

우선 조립제법을 이용하면 다음이 성립함을 쉽게 확인할 수 있다.

$$4x^3 - 2x^2 + 5x - 3 = \left(x - \frac{1}{2}\right)(4x^2 + 5) - \frac{1}{2}$$

$$\begin{array}{c|cccc}
\frac{1}{2} & 4 & -2 & 5 & -3 \\
 & & 2 & 0 & \frac{5}{2} \\
\hline
 & 4 & 0 & 5 & -\frac{1}{2}
\end{array}$$

하지만 문제는 $4x^3 - 2x^2 + 5x - 3$을 $2x - 1$로 나누었을 때의 몫과 나머지를 묻고 있다. 즉 다음 등식을 만족하는 다항식 $q(x)$와 상수 r을 구해야 한다.

$$4x^3 - 2x^2 + 5x - 3 = (2x - 1)q(x) + r$$

$2x - 1 = 2\left(x - \frac{1}{2}\right)$이므로 처음 결과를 응용하자. 다음과 같이 쓸 수 있다.

$$4x^3 - 2x^2 + 5x - 3 = \frac{1}{2} \times 2 \times \left(x - \frac{1}{2}\right)(4x^2 + 5) - \frac{1}{2}$$
$$= (2x - 1)\left(2x^2 + \frac{5}{2}\right) - \frac{1}{2}$$

따라서 몫은 $2x^2 + \frac{5}{2}$, 나머지는 $-\frac{1}{2}$이다.

🐾 만약 몫이 아닌 나머지에만 관심 있다면 더 쉬운 방법이 있다.

▶▶ 나머지정리란?

다항식 $f(x)$를 $x - \alpha$로 나눈 나머지는 $f(\alpha)$이다.

 **why?** $f(x)$를 일차식 $x-\alpha$로 나누었을 때 나머지 항은 상수항이다. 몫을 $q(x)$, 나머지를 r이라 하자.

$$f(x) = (x-\alpha)q(x) + r$$

이 식은 x에 대한 항등식이므로 양변에 $x = \alpha$를 대입하면 $f(\alpha) = r$이다.

 **예**

다항식 $f(x) = 4x^3 - 2x^2 + 5x - 3$을 $2x - 1$로 나눈 나머지를 구하라.

풀이

$f(x) = (2x-1)q(x) + r$이므로 나머지는 $f\left(\dfrac{1}{2}\right) = -\dfrac{1}{2}$이다.

 **SUMMARY**

1. 임의의 다항식 $f(x)$, $g(x)$에 대하여 다음 관계식을 만족하는 다항식 $q(x)$, $r(x)$가 반드시 그리고 유일하게 존재한다.

$$f(x) = g(x)q(x) + r(x) \text{ (단, } g(x)\text{의 차수} > r(x)\text{의 차수} \geq 0\text{)}$$

2. 다항식 $f(x)$를 일차식 $x-\alpha$로 나눈 나머지는 $f(\alpha)$이다.

개념 쏙쏙 확인예제

01 x에 대한 다항식 $4x^3 + ax^2 + bx + c$가 $x^2 - 1$로 나누어떨어지고, $x+2$로 나눈 나머지가 3이라 하자. 상수 a, b, c 값을 각각 구하라.

02 다항식 $P(x)$를 x, $x-1$, $x-2$로 나눈 나머지가 각각 3, 7, 13일 때, 다항식 $P(x)$를 $x(x-1)(x-2)$로 나눈 나머지를 구하라.

03 다항식 $x^3 - 3x^2 + x - 4$를 $(x-1)(x-2)$로 나누었을 때의 나머지를 구하라.

04 $(x+1)^5 - x^5 - 2$를 $x^2 + x + 1$로 나누었을 때의 나머지를 구하라.

03 인수정리

고차식을 인수분해하는 거의 유일한 방법

😺 나머지정리를 응용하여 고차식을 인수분해할 수 있다.

▶▶ 인수정리란?

다항식 $f(x)$에 대하여 다음이 성립한다.
$$f(x) = (x-\alpha)q(x) \Leftrightarrow f(\alpha) = 0$$

$f(x) = (x-\alpha)q(x) + r$이다. 이 식에 $x=\alpha$를 대입하면 $f(\alpha) = r$이다.
따라서 $f(\alpha) = 0$이면 $f(x)$는 $x-\alpha$로 나누어떨어지고, 반대로 $f(x)$가 $x-\alpha$로 나누어떨어지면 $f(\alpha) = 0$이다.

다항식 $f(x) = x^3 - 6x + a$가 $x-1$로 나누어떨어질 때, 상수 a 값을 구하라.

인수정리에 따르면 $f(1) = 0$이므로 $f(1) = 1 - 6 + a = 0 \Leftrightarrow a = 5$이다.

😺 인수정리는 고차식을 인수분해할 때 유용하다. 다항식 $f(x)$가 주어질 때, 다음과 같은 순서로 인수분해할 수 있다.

(1) $f(\alpha) = 0$인 α를 찾는다. 이때, α의 후보는 $\pm\left(\dfrac{\text{상수항의 약수}}{\text{최고차항 계수의 약수}}\right)$이다.

(2) $f(x) = (x-\alpha)g(x)$라 쓸 수 있다.

(3) $g(\beta) = 0$인 β를 찾는다.

066

(4) $g(x) = (x-\beta)h(x)$이므로 $f(x) = (x-\alpha)(x-\beta)h(x)$이다.

(5) 인수분해가 완료될 때까지 반복한다.

 예

$x^4 + x^3 - 3x^2 - x + 2$를 인수분해하라.

풀이

$f(x) = x^4 + x^3 - 3x^2 - x + 2$라 하고 $f(x)$가 0이 되는 값을 $\pm\left(\dfrac{2의\ 약수}{1의\ 약수}\right)$에서 찾으면 다음과 같이 $1, -1, 2$가 있다.

$$f(1) = 1 + 1 - 3 - 1 + 2 = 0$$
$$f(-1) = 1 - 1 - 3 + 1 + 2 = 0$$
$$f(-2) = 16 - 8 - 12 + 2 + 2 = 0$$
$$f(x) = (x-\square)(x-\triangle)(x-\star)(x-\diamond)$$

4개 찾는다!

$f(x)$는 4차식이므로 4개의 일차식의 곱으로 표현된다. 즉, 적절한 상수 α를 사용하여 다음과 같이 쓸 수 있다.

$$f(x) = (x-1)(x+1)(x+2)(x-\alpha)$$

위 식은 항등식이므로 양변에 $x=0$을 대입하면 다음이 성립한다.

$$2 = f(0) = (-1) \times 1 \times 2 \times (-\alpha) = 2\alpha \Leftrightarrow \alpha = 1$$

즉 $f(x) = (x-1)^2(x+1)(x+2)$이다.

다항식 $f(x)$가 $x-\alpha$로 나누어떨어진다. $\Leftrightarrow f(\alpha) = 0$이다.

개념 쏙쏙 확인예제

01 $P(x) = 6x^3 - 27x^2 + 36x + 1$에 대하여 서로 다른 세 실수 a, b, c가 $P(a) = P(b) = P(c) = 15$를 만족할 때, abc 값을 구하라.

02 $P(x) = x^3 - ax^2 + b$에 대하여 $P(-1) = -1$, $P(1) = 1$, $P(2) = 2$일 때, 실수 a, b 값을 각각 구하라.

03 최고차항의 계수가 1인 x에 대한 삼차다항식 $P(x)$가 있다. 서로 다른 세 자연수 a, b, c $(a < b < c)$에 대하여 다음이 성립한다고 하자.

$$P(a) = P(b) = P(c) = 0, \ P(0) = -8$$

다항식 $P(x)$를 $x - 10$으로 나눈 나머지를 구하라.

1장 연습문제

01 $x = \dfrac{1+\sqrt{3}\,i}{2}$ 일 때, $x^4 - x^3 + 3x - 2$ 값을 구하라.

02 $\left(\dfrac{1+i}{1-i}\right)^{27} + \left(\dfrac{1-i}{\sqrt{2}}\right)^{28} - \left(\dfrac{1-i}{1+i}\right)^{29}$ 을 간단히 하라.

03 $(a+\sqrt{2})(2-b\sqrt{2}) = 4$가 성립할 때, $(a+b)^2$ 값을 구하라(단, a, b는 유리수).

04 전체집합 $U = \{1, 2, 3, \cdots, 100\}$의 부분집합 A_k를 다음과 같이 정의하자.

$$A_k = \{x \mid x \text{는 } k \text{의 배수}\} \quad (\text{단, } k \text{는 자연수})$$

집합 $A_3 \cap (A_4 \cup A_6)$의 원소의 개수를 구하라.

※ 05~06 실수 x에 대하여 세 조건 p, q, r이 다음과 같다고 하고 물음에 답하라.

$$p : 1 \leq x \leq 8, \quad q : x > a-2, \quad r : x < b+3$$

05 명제 $p \to q$가 참일 때, 정수 a의 최댓값을 구하라.

06 명제 $p \to r$가 거짓일 때, 정수 b의 최댓값을 구하라.

07 전체집합 U의 두 부분집합 A, B에 대하여 $n(U) = 50$, $n(A \cap B) = 12$, $n(A^c \cap B^c) = 5$가 성립한다고 하자. 이때 $n((A-B) \cup (B-A))$ 값을 구하라.

08 여섯 사람 A, B, C, D, E, F 중 간식을 먹을 사람을 정하려고 한다. 다음 조건을 모두 만족할 때, 간식을 먹을 수 있는 사람을 바르게 짝지어라.

(가) A와 B가 간식을 먹는다면 C도 간식을 먹는다.
(나) C와 D 중 한 명이라도 간식을 먹으면 E도 간식을 먹는다.
(다) E가 간식을 먹으면 A와 F도 간식을 먹는다.
(라) F가 간식을 먹으면 E는 간식을 먹지 않는다.
(마) A가 간식을 먹으면 E도 간식을 먹는다.

09 실수 a, b, c가 $a^2+b^2+c^2=1$, $a+b+c=\sqrt{3}$을 만족할 때, a, b, c 값을 각각 구하라.

※ 10~11 $x+y+z=1$, $x^2+y^2+z^2=3$, $x^3+y^3+z^3=1$일 때, 다음 값을 구하라.

10 xyz

11 $\dfrac{1}{x^4}+\dfrac{1}{y^4}+\dfrac{1}{z^4}$

12 다항식 $f(x)=ax^4+bx^3+1$이 $(x-1)^2$으로 나누어떨어지도록 상수 a, b 값을 정하고, $f(x)$를 인수분해하라.

13 x에 관한 다항식 $x^3-3b^2x+2c^3$이 $(x-a)(x-b)$로 나누어떨어진다고 한다. a, b, c가 삼각형 세 변의 길이일 때, 이 삼각형은 어떤 삼각형인가?

14 $ab=4$, $(a+1)(b+1)=10$일 때, a^3-ab+b^3 값을 구하라.

15 $x^2+2x-3=0$일 때, $x^2-3x+\dfrac{9}{x}+\dfrac{9}{x^2}$ 값을 구하라.

2장
함수와 도형

식과 그림을 연결하는

아름다운 다리

2.1 함수

함수는 단지 기호적 수식이 아니다. 함수는 우주의 법칙이며 모래알부터 가장 먼 거리에 있는 별들의 동작까지 포괄한다. – 모리스 클라인(Morris Klein, 1908–1992)

몇 년 전 뉴스에서 아침밥을 챙겨먹었을 때 수능 성적이 6~8점 정도 더 높다는 연구를 접한 적 있다. 필자는 이 보도를 보고 실소를 금치 못했다. 이 연구에서는 상관관계를 제시할 뿐 인과관계를 전혀 설명하지 못했기 때문이다. 예를 들어 이 연구의 주장과는 다르게 다음과 같은 기전이 성립할 수도 있다. 아침밥을 꾸준히 챙겨주는 가정환경은 그렇지 않은 경우보다 학생이 공부에 더욱 전념할 수 있는 안정적인 환경이라 볼 수 있다. 아침밥을 꾸준히 먹었기 때문이 아니라, 근본적으로 가정환경이 안정적이기 때문에 성적이 더 잘 나왔을 수도 있다. 성적에 영향을 주는 다른 요소들을 통제하지 않은 채 단순히 아침밥을 꾸준히 먹으면 수능 성적이 6~8점 정도 오른다고 주장하면 대단히 위험하다!

조금 더 극단적인 예를 생각해 보자. 경기가 불황일수록 립스틱 판매량이 증가한다는 속설이 있다. 이러한 상관관계를 바탕으로 어느 나라 행정부에서 불황을 극복하겠다며 립스틱 판매를 제한한다면 이는 과연 온당한 일일까?

이와 같이 상관관계를 인과관계로 잘못 이해하면 개인적으로나 사회적으로도 큰 혼란을 겪는다. 우리가 이번 절에서 공부할 함수는 인류 지성이 고안해 낸, 인과관계를 계량적으로 정확히 파악하기 위한 최선의 도구다. 독자들이 대학에서 무엇을 전공하든 인과관계를 파악하는 바탕에는 함수의 개념이 깔려있을 것이다.

 Keyword

대응, 함수, 정의역, 공역, 치역, 그래프, 일대일함수, 일대일대응, 다항함수, 평행이동, 합성함수, 항등함수, 역함수, 유리식, 유리함수, 무리식, 무리함수, 호도법, 삼각함수, 삼각함수의 덧셈정리, 지수의 확장, 지수법칙, 지수함수, 로그함수, 로그의 성질

 # 다항함수

차수로 구분되는 함수

🐾 집합 X의 원소에 집합 Y의 원소를 어떤 관계를 이용하여 짝 지어주는 것을 집합 X에서 집합 Y로의 **대응**(correspondence)이라고 한다. 집합 X의 각 원소에 집합 Y의 원소가 하나씩 대응할 때, 이 대응을 집합 X에서 집합 Y로의 **함수**(function)라고 한다. 이 함수를 간단히 $f:X \to Y$로 나타낸다.

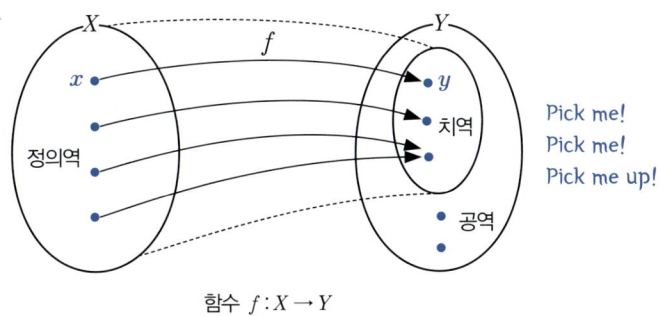

함수 $f:X \to Y$

🐾 함수 f에 의하여 $x \in X$에 $y \in Y$가 대응할 때 이를 $y=f(x)$로 나타낸다. 이때 $f(x)$는 x의 **함숫값**이라고 한다. 여기에서 x를 **독립변수**, y를 **종속변수**라고 한다. 집합 X를 함수 f의 **정의역**(domain), 집합 Y를 함수 f의 **공역**(codomain)이라고 한다. 집합 $\{f(x)|x \in X\}$를 함수 f의 **치역**(range)이라 하며 $f(X)$로 나타내기도 한다. 다시 말해, 치역은 함숫값의 모임이다. $f(X) \subset Y$임은 그 정의에 의해 당연하다.

 예

오른쪽 그림과 같은 함수 $f:X \to Y$에서

(a) 정의역 : $\{1, 2, 3\}$
(b) 공역 : $\{a, b, c\}$
(c) 치역 : $\{a, b\}$

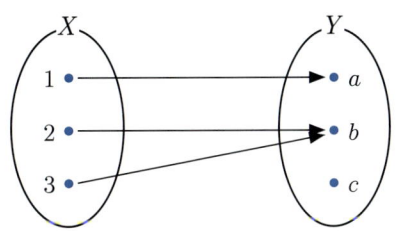

😺 정의역과 공역이 같은 두 함수 $f:X \to Y$, $g:X \to Y$를 생각하자. 정의역의 모든 원소 x에 대하여 $f(x) = g(x)$일 때, 두 함수는 **같다**고 하고 $f=g$로 나타낸다.

집합 $X = \{-1, 0, 1\}$에 대하여 두 함수 $f:X \to X$, $g:X \to X$를 다음과 같이 정의하자.
$$f(x) = |x|, \quad g(x) = x^2$$
$f(-1) = g(-1)$, $f(0) = g(0)$, $f(1) = g(1)$이므로 f와 g는 같은 함수다.

😺 함수 $f:X \to Y$에 대하여 순서쌍 전체 집합 $G = \{(x, f(x)) \mid x \in X\}$를 함수 f의 **그래프**(graph)라고 한다. 특히 X와 Y가 모두 실수 전체 집합 $\mathbb{R}$의 부분집합일 때 함수 $y = f(x)$의 그래프를 좌표평면 위에 그림으로 나타낼 수 있다.

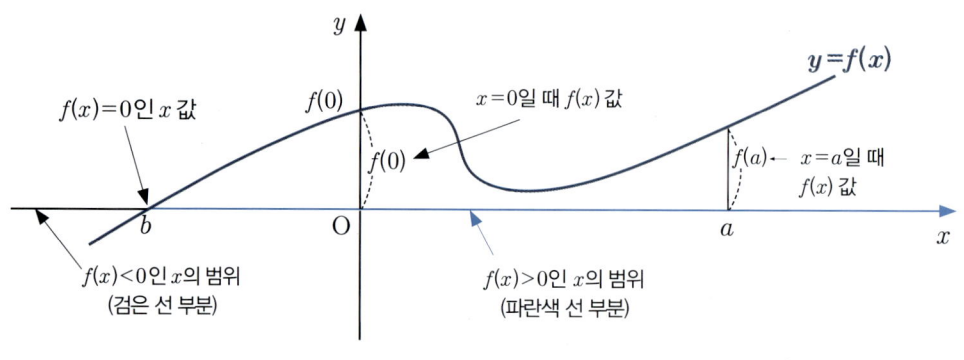

함수 $y = f(x)$의 그래프

😺 함수 $f:X \to Y$에 대하여 임의의 서로 다른 두 원소 x_1, x_2가 $f(x_1) \neq f(x_2)$를 만족하면 f는 **일대일함수**(injection)라고 한다. 일대일함수 중 치역과 공역이 같은 함수를 **일대일대응**(bijection)이라 한다.

함수 $f: X \to X$, $f(x) = x$를 **항등함수**(identity function)라 하고 I_X 또는 I로 나타낸다. 치역의

원소가 하나뿐인 함수를 **상수함수(constant function)**라고 한다. 예를 들어 함수 $f(x) = 0$은 상수함수다. 함숫값이 항상 0인 상수함수를 영함수라고 한다.

다음과 같이 정의된 세 함수 f, g, h를 생각하자.

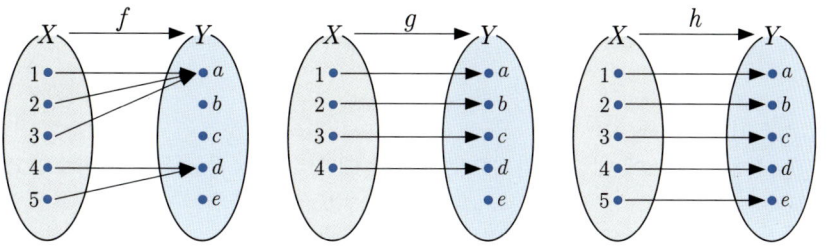

(a) f는 함수지만 일대일함수가 아니다. $f(1) = f(2)$이기 때문이다.

(b) g는 일대일함수지만 일대일대응이 아니다. 치역 $\{a, b, c, d\}$와 공역 $\{a, b, c, d, e\}$가 다르기 때문이다.

(c) h는 일대일대응이다.

🐾 그래프를 그릴 수 있다면 함수의 그래프를 보고 일대일함수인지 판별할 수 있다. 먼저 정의역 안에서 함수의 그래프는 y축에 평행한 직선과 오직 한 점에서 만난다. 따라서 다음 오른쪽 그림과 같은 대응은 함수가 아니다.

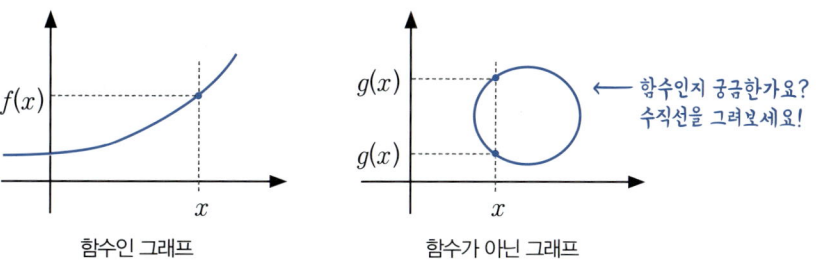

함수인 그래프   함수가 아닌 그래프

← 함수인지 궁금한가요?
수직선을 그려보세요!

치역 안에서 일대일함수의 그래프는 x축에 평행한 직선과 오직 한 점에서 만난다.

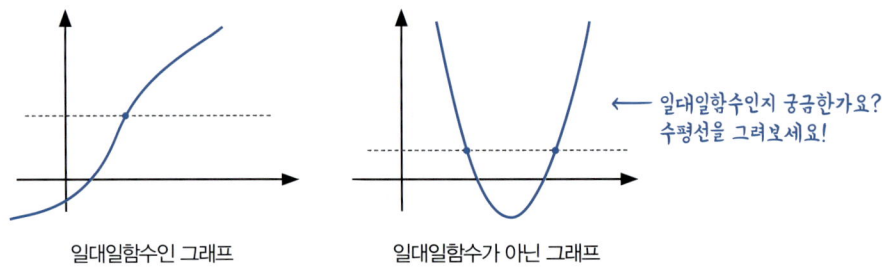

일대일함수인 그래프   일대일함수가 아닌 그래프

 함수 $y=f(x)$에서 y가 x에 대한 일차식으로 나타날 때 함수 $y=f(x)$를 일차함수라고 한다.

$$y = ax+b \ (a \neq 0, \ a, b \text{는 상수})$$

일반적으로 y가 x에 대한 다항식으로 나타날 때 함수 $y=f(x)$를 **다항함수**(polynomial function)라고 하며, 차수를 강조하여 n차함수라고 부르기도 한다.

$$y = a_n x^n + a_{n-1} x^{n-1} + \cdots + a_1 x + a_0 \ (a_n \neq 0, \ a_0, a_1, \cdots, a_n \text{은 상수})$$

 함수의 그래프에서 x 값의 증가량 Δx에 대한 y 값의 증가량 Δy의 비율 $\dfrac{\Delta y}{\Delta x}$를 **기울기**(slope)라고 한다. 특히 일차함수 $y=ax+b$에서 a는 기울기를 의미한다.

---

why? 일차함수 $y=ax+b$ 위의 두 점 $(x_0, y_0), (x_1, y_1)$에 대하여 다음이 성립한다.

$$y_0 = ax_0 + b, \ y_1 = ax_1 + b$$

기울기 정의에 위 식을 대입하면 $\dfrac{\Delta y}{\Delta x} = \dfrac{y_1 - y_0}{x_1 - x_0} = \dfrac{a(x_1 - x_0)}{x_1 - x_0} = a$ 이다.

예를 들어 일차함수 $y=2x+1$의 기울기는 2이다. 77쪽 그림에서도 이를 확인할 수 있다.

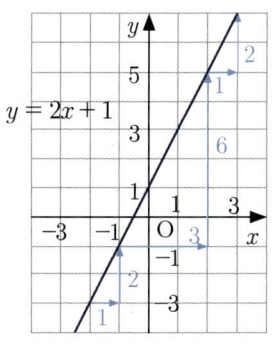

일차함수 $y=2x+1$의 기울기

함수의 그래프가 x축과 만나는 점의 x좌표를 그래프의 **x절편**, y축과 만나는 점의 y좌표를 그래프의 **y절편**이라고 한다. 특히 일차함수 $y=ax+b$에서 b는 y절편을 의미한다.

 y축과 만나는 점의 x좌표는 0이므로 $y=ax+b$에 $x=0$을 대입하면 $y=b$이다.

다음을 구하라.

(a) 기울기가 3이고 점 $(-1, 2)$를 지나는 일차함수

(b) 두 점 $(1, 4)$, $(3, 0)$을 지나는 일차함수

풀이

(a) 기울기가 3이므로 구하는 일차함수는 $y=3x+b$ 꼴이다. 이때 점 $(-1, 2)$를 지나므로 $2=3\times(-1)+b$에서 $b=5$이다. 따라서 구하는 일차함수는 $y=3x+5$이다.

(b) 두 점 $(1, 4)$, $(3, 0)$을 지나므로 기울기는 $\dfrac{0-4}{3-1}=-2$이다. 구하는 일차함수는 $y=-2x+b$ 꼴이다. 이때 점 $(3, 0)$을 지나므로 $0=(-2)\times 3+b$에서 $b=6$이다. 따라서 구하는 일차함수는 $y=-2x+6$이다.

🐾 일차항의 계수가 모두 2이므로 기울기도 2이다. 일차함수 $y=2x$와 $y=2x+6$은 기울기가 모두 2로 같다. 따라서 $y=2x$의 그래프를 적당히 움직여 $y=2x+6$의 그래프와 포개지도록 할 수 있다.

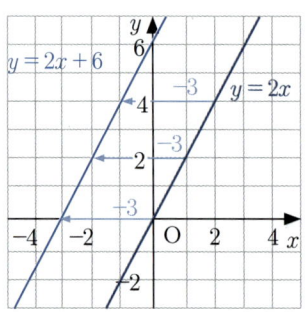

일차함수 $y=2x$와 $y=2x+6$의 그래프

정확히는 $y=2x$의 그래프를 x축으로 -3만큼 움직이거나 y축으로 6만큼 움직이면 $y=2x+6$의 그래프다. 이처럼 어떤 도형을 일정한 방향으로 일정한 거리만큼 옮기는 것을 **평행이동**(translation) 이라고 한다. 일반적으로 함수 $y=f(x)$의 그래프를 x축으로 a만큼, y축으로 b만큼 평행이동하면 함수 $y-b=f(x-a)$의 그래프다.

$y=2x$의 그래프를 x축으로 -3만큼 평행이동하면 $y=2(x+3)$
　　　　　　　　　y축으로 　6만큼 평행이동하면 $y-6=2x$

🐾 일차함수 끝났으니 이차함수 $y=ax^2+bx+c$ ($a \neq 0$, a, b, c는 상수) **(드루와! 드루와!)**
이차함수 중 가장 기본 꼴은 $y=ax^2$이다. 그래프는 다음 그림과 같이 포물선 모양이다.

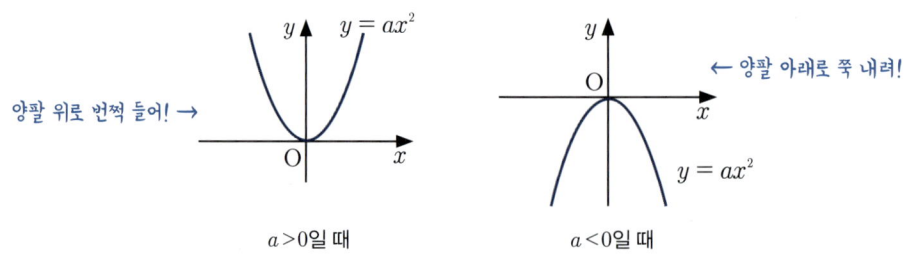

이차함수 $y=ax^2$의 그래프

이차함수 $y=ax^2$의 그래프에서 알 수 있는 특징은 다음 표와 같다.

	꼭짓점	대칭축	최대와 최소
$y=ax^2$	(0, 0)	$x=0$	$a>0$일 때, 최댓값 : 없음, 최솟값 : 0
			$a<0$일 때, 최댓값 : 0, 최솟값 : 없음
|a| 값이 커질수록 포물선의 폭이 좁아진다.			

🐾 이차함수 $y=a(x-p)^2+q$의 그래프는 $y=ax^2$의 그래프를 x축으로 p만큼, y축으로 q만큼 평행이동한 것이다.

$$y=ax^2 \xrightarrow[y\text{축으로 }q\text{만큼 평행이동}]{x\text{축으로 }p\text{만큼}} y=a(x-p)^2+q$$

이차함수 $y=ax^2$의 평행이동

이차함수 $y=a(x-p)^2+q$의 그래프에서 알 수 있는 특징은 다음 표와 같다.

	꼭짓점	대칭축	최대와 최소
$y=a(x-p)^2+q$	(p, q)	$x=p$	$a>0$일 때, 최댓값 : 없음, 최솟값 : q
			$a<0$일 때, 최댓값 : q, 최솟값 : 없음

이차함수 $y=ax^2+bx+c$는 반드시 $y=a(x-p)^2+q$ 꼴로 바꿀 수 있다. 예를 들면 다음과 같다.

$$y=x^2-4x+7=(x^2-4x+4)-4+7=(x-2)^2+3$$

$y = ax^2 + bx + c$ 를 $y = a(x-p)^2 + q$ 꼴로 바꾸는 공식은 외울 필요가 없지만, 유도할 줄은 알아야 한다. 4장에서 미분을 배우면 더 쉽게 이차함수의 대칭축을 구할 수 있다.

점 $(4, -1)$을 지나고 꼭짓점의 좌표가 $(2, 3)$인 이차함수 $y = ax^2 + bx + c$ 식을 구해 보자. 이차함수 그래프의 꼭짓점 좌표가 $(2, 3)$이므로 구하는 이차함수는 $y = a(x-2)^2 + 3$ 꼴로 나타낼 수 있다. 이차함수 그래프가 점 $(4, -1)$을 지나므로 다음이 성립한다.
$$-1 = a(4-2)^2 + 3 \Leftrightarrow a = -1$$
따라서 구하는 이차함수의 식은 다음과 같다.
$$y = -(x-2)^2 + 3 \Leftrightarrow y = -(x^2 - 4x + 4) + 3 = -x^2 + 4x - 1$$

😺 닫힌구간에서 이차함수의 최대·최소는 구간의 양 끝점과 꼭짓점에서 함숫값을 비교하여 구할 수 있다.

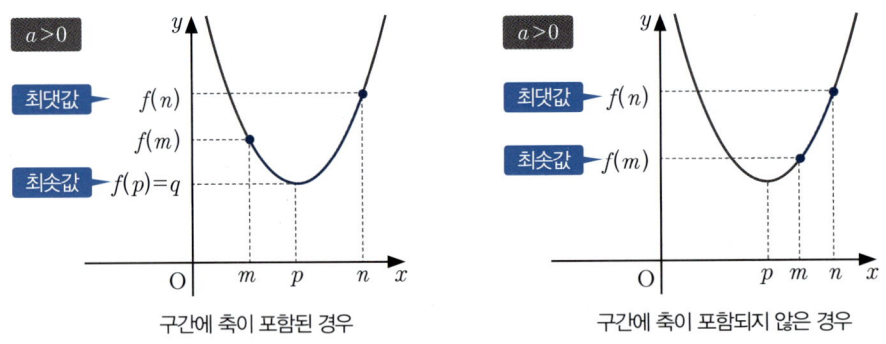

구간에 축이 포함된 경우   구간에 축이 포함되지 않은 경우

$a > 0$일 때 이차함수의 최대·최소

$m \leq x \leq n$일 때, 이차함수 $y = a(x-p)^2 + q$의 최댓값과 최솟값은 다음과 같이 구한다.

(1) $m \leq p \leq n$일 때 : $f(m)$, $f(p)$, $f(n)$ 중에서 가장 큰 값이 최댓값, 가장 작은 값이 최솟값

(2) $p < m$ 또는 $n < p$일 때 : $f(m)$, $f(n)$ 중에서 큰 값이 최댓값, 작은 값이 최솟값

이 결과를 응용하면 조금 더 복잡한 함수의 최대·최소도 구할 수 있다. 다음 예를 보자.

함수 $y = (x^2+1)^2 - 2(x^2+1) + 3$의 최솟값을 구하라.

풀이

$t = x^2 + 1$로 치환하면 $y = t^2 - 2t + 3 = (t-1)^2 + 2$ $(t \geq 1)$이다. 따라서 구간 $[1, \infty)$에서 함수 $y = (t-1)^2 + 2$의 최솟값은 $t = 1(\Leftrightarrow x = 0)$일 때의 함숫값 2이다.

1. 집합 X의 각 원소 x에 집합 Y의 원소 y가 하나씩 대응한다고 하자.

    이 대응을 집합 X에서 집합 Y로의 **함수**라고 하며, 간단히 $f : X \to Y$, $y = f(x)$로 나타낸다. $f(x)$는 x의 **함숫값**이라고 한다. x를 **독립변수**, y를 **종속변수**라고 한다. 함수 f의 **정의역**은 집합 X, 함수 f의 **공역**은 집합 Y, f의 **치역**은 집합 $\{f(x) | x \in X\}$이다.

2. 함수 $f : X \to Y$를 생각하자.

    (1) **일대일함수** : 임의의 서로 다른 $x_1, x_2 \in X$에 대하여 $f(x_1) \neq f(x_2)$인 함수 f

    (2) **항등함수** : 함수 $f : X \to X$, $f(x) = x$로, I_X 또는 I로 표현

    (3) **상수함수** : 치역의 원소가 하나뿐인 함수

3. 함수의 그래프가 x축과 만나는 점의 x좌표를 그래프의 **x절편**, y축과 만나는 점의 좌표를 그래프의 **y절편**이라고 한다. 함수의 그래프에서 x 값의 증가량 Δx에 대한 y 값의 증가량 Δy의 비율 $\dfrac{\Delta y}{\Delta x}$를 **기울기**라고 한다. 특히 일차함수 $y = ax + b$에서 a는 기울기를 의미한다.

4. 이차함수 $y = ax^2 + bx + c$는 항상 $y = a(x-p)^2 + q$ 꼴로 표현할 수 있다. 이차함수 $y = a(x-p)^2 + q$의 그래프는 꼭짓점이 (p, q)이고 직선 $x = p$에 대칭이다. 또한 이 그래프는 $a > 0$일 때 $\cup$ 모양, $a < 0$일 때, $\cap$ 모양이다.

개념 쏙쏙 확인예제

※ 01~03 다음 명제의 참, 거짓을 판정하라.

01 두 자연수 m, n에 대하여 'm은 n의 약수'일 때 대응 $m \to n$은 함수 관계다.

02 좌표평면 위의 모든 직선은 일차함수로 표현된다.

03 이차함수 $y = 2x^2$과 $y = 2x^2 - 4x + 9$의 그래프는 평행이동하여 겹칠 수 있다.

04 두 집합 $X = \{1, 2, 3, 4\}$, $Y = \{1, 3, 5, 7\}$에서 함수 f는 X에서 Y로의 일대일대응이고 $f(2) = 5$, $f(1) - f(4) = 4$일 때, $f(3) + f(4)$ 값을 구하라.

05 $\{x \mid 1 \leq x \leq 3\}$에서 정의된 함수 $y = ax + b$의 치역이 $\{y \mid 1 \leq y \leq 5\}$일 때, 상수 a, b 값을 각각 구하라.

※ 06~07 이차함수 $y = 2x^2 - 4ax + 2a^2 - b^2 - 4b$가 있다. 다음 물음에 답하라.

06 이 이차함수의 꼭짓점이 $(3, 4)$일 때, 실수 a, b 값을 각각 구하라.

07 이 이차함수의 꼭짓점이 이차함수 $y = x^2 + 2x + 5$ 위에 있도록 실수 a, b 값을 정하라.

풀이

02 합성함수와 역함수

멀리서 보면 한 단계지만, 확대하여 보면 여러 단계다.

▶▶ 합성함수란?

두 함수 $f:X\to Y$, $g:Y\to Z$를 생각하자. $x\in X$에 $g(f(x))\in Z$를 대응하면 정의역이 X, 공역이 Z인 새로운 함수를 얻는다. 이 함수를 f와 g의 **합성함수**(composite function)라 하고, $g\circ f$로 나타낸다. 이를 식으로 나타내면 다음과 같다.

$$g\circ f : X \to Z, \quad (g\circ f)(x) = g(f(x))$$

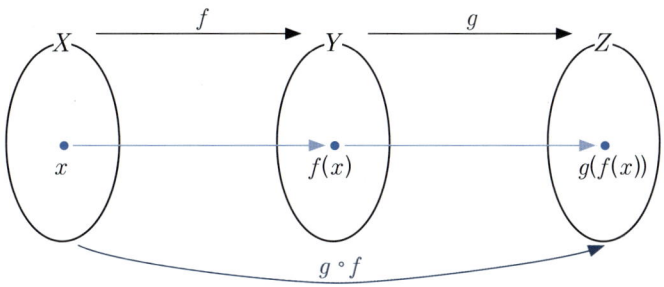

합성함수 $g\circ f : X \to Z$

 예

두 함수 $f(x)=x+3$, $g(x)=2x-5$에 대하여 $g\circ f$와 $f\circ g$를 구하라.

풀이

$(g\circ f)(x) = g(f(x)) = g(x+3) = 2(x+3)-5 = 2x+1$

$(f\circ g)(x) = f(g(x)) = f(2x-5) = (2x-5)+3 = 2x-2$

😺 일반적으로 $g \circ f \neq f \circ g$이다. 다시 말해, 함수의 합성에서는 교환법칙이 성립하지 않는다. 순서가 달라지면 당연히 결과가 달라진다. 버터 바르고 구운 빵과 굽고 버터 바른 빵은 다르다.

버터 바르고 굽기

굽고 버터 바르기

출처 : http://pixabay.com

😺 교환법칙이 성립하지 않는다는 말을 '반드시 $g \circ f \neq f \circ g$'라는 뜻으로 오해해선 곤란하다. 어떤 함수쌍 f, g를 잘 선택하면 $g \circ f = f \circ g$가 성립한다. 대표적인 경우가 바로 항등함수다.

모든 $f : X \to X$와 항등함수 $I_X(x) = x$에 대하여 $f \circ I_X = I_X \circ f = f$이다.

😺 세 함수 $f : X \to Y, g : Y \to Z, h : Z \to W$에 대하여 항상 결합법칙이 성립한다. 즉, 다음이 성립한다.

$$h \circ (g \circ f) = (h \circ g) \circ f$$

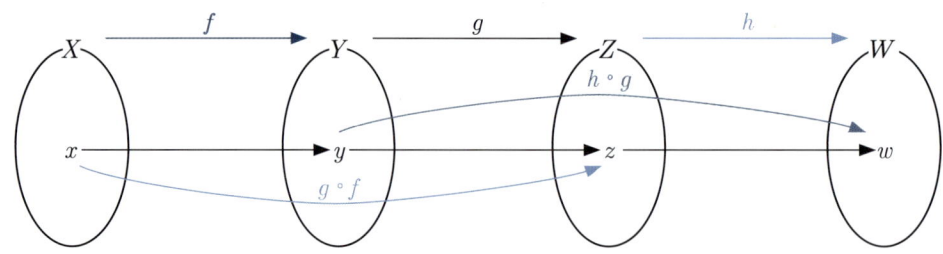

함수 $h \circ (g \circ f)$와 함수 $(h \circ g) \circ f$

▶▶ 역함수란?

일대일대응인 함수 $f: X \to Y$를 생각하자. $y \in Y$에 $f(x) = y$인 $x \in X$가 대응하는 관계는 Y에서 X로의 함수다. 이 함수를 함수 $f: X \to Y$의 **역함수**(inverse function)라 하고, $f^{-1}: Y \to X$로 나타낸다. 이를 식으로 나타내면 다음과 같다.

$$f^{-1}: Y \to X, \quad x = f^{-1}(y)$$

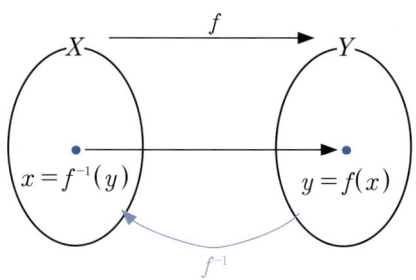

함수 $f: X \to Y$의 역함수 $f^{-1}: Y \to X$

오른쪽 그림의 함수 $f: A \to B$에서 역함수를 정할 수 있을까?

풀이

$f^{-1}(a) = 0$, $f^{-1}(c) = 2$는 어렵지 않게 정의할 수 있다. 그러나 $f^{-1}(b)$는 -1과 1 중 무엇일지 결정할 수 없다.

즉, **일대일대응이 아닌 함수는 역함수가 존재하지 않는다.**

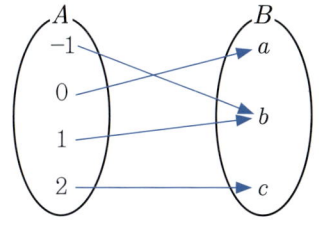

오른쪽 그림의 함수 $f: A \to B$에서 다음 값을 구하라.

(a) $f^{-1}(0)$

(b) $f^{-1}(a) = 0$을 만족하는 상수 a 값

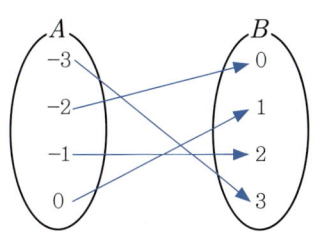

> **풀이**
>
> (a) $f(-2)=0$이므로 $f^{-1}(0)=-2$
>
> (b) $f(0)=1$이므로 $f^{-1}(1)=0$이다. 즉, $a=1$

😺 함수 $f:X\to Y$, $g:Y\to Z$가 일대일대응이면 다음 성질이 성립한다.

(1) 역함수 $f^{-1}:Y\to X$가 존재한다.

(2) $y=f(x) \Leftrightarrow x=f^{-1}(y)$

(3) 모든 $x\in X$, $y\in Y$에 대하여 $f^{-1}(f(x))=x$, $f(f^{-1}(y))=y$이다.

(4) $(f^{-1})^{-1}=f$

(5) $(g\circ f)^{-1}=f^{-1}\circ g^{-1}$

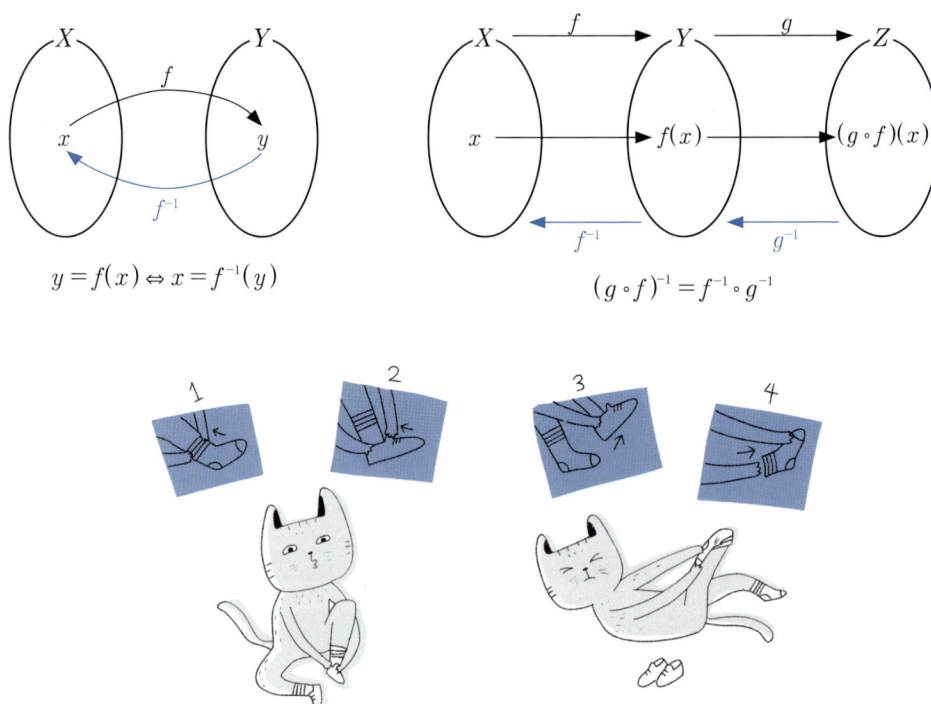

입을 때는 양말 신고 신발 신지만, 벗을 때는 거꾸로 신발 벗고 양말 벗는다.

🐾 역함수는 다음 순서로 구할 수 있다.

(1) 주어진 함수가 일대일대응인지 확인한다.

(2) $y = f(x)$를 $x = g(y)$ 꼴로 고친다.

(3) 역함수의 정의역에 속하는 y를 x로, 역함수의 치역에 속하는 x를 y로 바꾸어 $y = g(x)$라 한다.

 예

함수 $y = 2x + 1$의 역함수를 구하라.

풀이

함수 $y = 2x + 1$은 일대일대응이므로 역함수가 존재한다. $y = 2x + 1$을 x에 대하여 나타내면 $x = \dfrac{1}{2}y - \dfrac{1}{2}$이고, x와 y를 서로 바꾸면 구하는 역함수는 $y = \dfrac{1}{2}x - \dfrac{1}{2}$이다.

 예

두 함수 $f(x) = 2x + 3$, $g(x) = -x + 1$에 대하여 $(g \circ f)^{-1}$, f^{-1}, g^{-1}를 구하라.

풀이

$(g \circ f)^{-1}$를 구해 보자. $(g \circ f)(x) = g(f(x)) = g(2x + 3) = -(2x + 3) + 1 = -2x - 2$이다. $y = -2x - 2 \Leftrightarrow x = -\dfrac{1}{2}y - 1$이므로 $(g \circ f)^{-1}(x) = -\dfrac{1}{2}x - 1$이다.

이번에는 $f^{-1} \circ g^{-1}$를 구해 보자. $y = 2x + 3 \Leftrightarrow x = \dfrac{1}{2}y - \dfrac{3}{2}$에서 $f^{-1}(x) = \dfrac{1}{2}x - \dfrac{3}{2}$이고, $y = -x + 1 \Leftrightarrow x = -y + 1$에서 $g^{-1}(x) = -x + 1$이므로 구하려는 함수는 다음과 같다.

$$(f^{-1} \circ g^{-1})(x) = f^{-1}(g^{-1}(x)) = f^{-1}(-x + 1)$$
$$= \dfrac{1}{2}(-x + 1) - \dfrac{3}{2}$$
$$= -\dfrac{1}{2}x - 1$$

 **예**

역함수가 존재하는 함수 $f\left(\dfrac{3-x}{2}\right) = 4x+1$에 대하여 $f^{-1}(0)$ 값을 구하라.

풀이

$f\left(\dfrac{3-x}{2}\right) = 4x+1 \Leftrightarrow f^{-1}(4x+1) = \dfrac{3-x}{2}$이고, $x = -\dfrac{1}{4}$일 때 $4x+1 = 0$이므로 구하려는 값은 다음과 같다.

$$f^{-1}(0) = \dfrac{3-\left(-\dfrac{1}{4}\right)}{2} = \dfrac{12-(-1)}{8} = \dfrac{13}{8}$$

🐾 좌표평면 위의 그래프에서 역함수란 원함수 대응에서 화살표의 시점과 종점만 뒤바꾼 것이다. 즉, $y = f(x)$의 그래프에서 y축을 정의역 취급하고, x축을 공역 취급하면 역함수 $x = f^{-1}(y)$의 그래프다.

또는 세로축(y축)을 가로축(x축)으로 옮겨주면, 다시 말해 직선 $y = x$에 대칭이동하면 우리가 흔히 보는 역함수의 그래프를 얻는다.

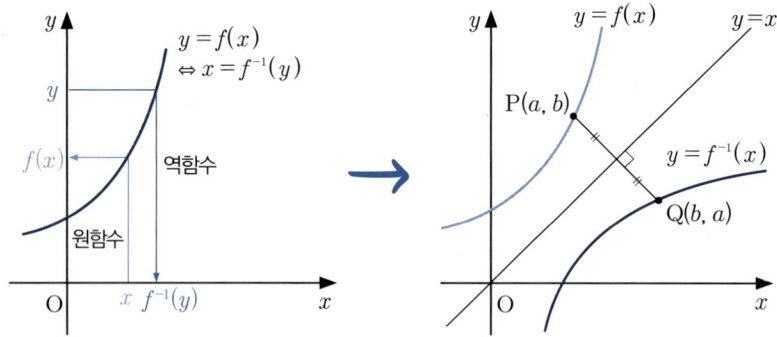

역함수의 그래프 그리기

🐾 일반적으로 $\{x\,|\,f(x)=f^{-1}(x)\} \supset \{x\,|\,f(x)=x\}$이다. 즉, '원함수 f와 항등함수 $y=x$의 교점'은 '원함수 f와 역함수 f^{-1}의 교점'이지만, 그 역은 성립하지 않는다. 다음 [예]를 참고하라.

그러나 f가 증가함수이면 $\{x\,|\,f(x)=f^{-1}(x)\}=\{x\,|\,f(x)=x\}$이다. 즉, '원함수와 역함수의 교점'은 '원함수와 항등함수의 교점'과 같다.

(a) 감소함수 $f(x)=-x$와 그 역함수를 생각해 보자. f의 역함수를 구해 보면 $f^{-1}(x)=-x$이다. 즉, $f=f^{-1}$이다. 이제 다음을 확인할 수 있다.
$$\{x\,|\,f(x)=f^{-1}(x)\}=\{x\,|\,-x=-x\}=\mathbb{R}$$
$$\{x\,|\,f(x)=x\}=\{x\,|\,-x=x\}=\{0\}$$

'원함수와 역함수의 교점'이 '원함수와 항등함수의 교점'이라 단언할 수 없다.

(b) 증가함수 $g(x)=\dfrac{1}{2}x+1$과 그 역함수를 생각해 보자. g의 역함수는 $g^{-1}(x)=2(x-1)$이다. 즉, $g(x)=g^{-1}(x) \Leftrightarrow \dfrac{1}{2}x+1=2x-2 \Leftrightarrow x=2$이다.

한편, $g(x)=x \Leftrightarrow \dfrac{1}{2}x+1=x \Leftrightarrow x=2$이다.

$\{x\,|\,g(x)=g^{-1}(x)\}=\{2\}$, $\{x\,|\,g(x)=x\}=\{2\}$이므로 두 집합은 같다.

다시 말해 증가함수에서는 '원함수와 역함수의 교점'이 '원함수와 항등함수의 교점'과 같다.

두 함수 $y=f(x)$와 $y=x$ 그래프가 오른쪽 그림과 같다고 하자. 함수 f의 역함수가 존재할 때 다음을 구하라. 단, 모든 점선은 x축 또는 y축에 평행하다.

(a) $(f \circ f)(d)$ (b) $f^{-1}(c)$ (c) $(f \circ f)^{-1}(a)$

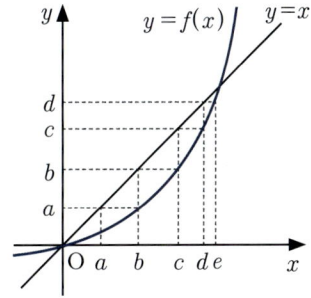

풀이

(a) $(f \circ f)(d) = f(f(d)) = f(c) = b$

(b) y축 위의 c에서 ⌐ 방향으로 읽으면 $f^{-1}(c) = d$이다.

(c) y축 위의 a에서 ⌐ 방향으로 차례로 읽으면 다음과 같다.
$$(f \circ f)^{-1}(a) = f^{-1}(f^{-1}(a)) = f^{-1}(b) = c$$

SUMMARY

1. 두 함수 $f: X \to Y$, $g: Y \to Z$를 생각하자. $x \in X$에 $g(f(x)) \in Z$를 대응하면 정의역이 X, 공역이 Z인 새로운 함수를 얻는다. 이 함수를 f와 g의 **합성함수**라 하고 $g \circ f$로 나타낸다.

2. 합성함수의 성질

   (1) $g \circ f \neq f \circ g$ (교환법칙 ×)

   (2) $h \circ (g \circ f) = (h \circ g) \circ f$ (결합법칙)

3. 일대일대응인 함수 $f: X \to Y$를 생각하자. $y \in Y$에 $f(x) = y$인 $x \in X$가 대응하는 관계는 Y에서 X로의 함수다. 이 함수를 함수 $f: X \to Y$의 **역함수**라 하고 $f^{-1}: Y \to X$로 나타낸다.

4. 역함수의 성질

   (1) $f^{-1}(b) = a \Leftrightarrow f(a) = b$

   (2) $(f^{-1} \circ f)(x) = x$, $(f \circ f^{-1})(y) = y$

   (3) $(f \circ g)^{-1} = g^{-1} \circ f^{-1}$

   (4) 일대일대응인 함수 $f: \mathbb{R} \to \mathbb{R}$에 대하여 원함수 f의 그래프와 역함수 f^{-1}의 그래프는 직선 $y = x$에 대칭이다.

개념 쏙쏙 확인예제

※ 01~02 다음 명제의 참, 거짓을 판정하라.

01 두 함수 f, g에 대하여 $g \circ f = f \circ g$이면 $(f \circ g)^{-1} = f^{-1} \circ g^{-1}$이다.

02 $\{x \mid f(x) = f^{-1}(x)\} = \{x \mid f(x) = x\}$라면 함수 f는 증가함수다.

03 함수 $f(x) = \begin{cases} x+1 & (x \leq 1) \\ -2x+4 & (x > 1) \end{cases}$에 대하여 $f = f^1, f \circ f = f^2, \cdots, f \circ f^n = f^{n+1}$ (n은 자연수)이라 정의하자. $f^{100}\left(\dfrac{3}{2}\right)$ 값을 구하라.

04 두 집합 $X = \{x \mid 2 \leq x \leq 6\}$, $Y = \{y \mid a \leq y \leq b\}$에 대하여 X에서 Y로의 함수 $f(x) = 3x - 2$를 생각하자. $f(x)$의 역함수가 존재할 때, a, b를 각각 구하라(단, a, b는 상수).

05 함수 $f(x)$의 역함수를 $g(x)$라고 할 때, 함수 $y = f(2x+3)$의 역함수를 $g(x)$에 대한 식으로 나타내라.

풀이

 # 유리함수와 방·부등식

그 값이 되지는 않지만, 한없이 가까워지는 경우가 있다?

🐾 두 다항식 $f(x)$, $g(x)$의 비, 다시 말해 분수 $\dfrac{f(x)}{g(x)}$ 꼴로 나타나는 식을 **유리식**이라고 한다. 특히 $f(x) = \dfrac{f(x)}{1}$이므로 모든 다항식은 유리식이다. 유리식 중 다항식이 아닌 식을 **분수식**이라 한다. 다항식과 유리식의 관계는 정수와 유리수의 관계와 비슷하다.

수의 확장		식의 확장	
유리수		유리수	
정수	정수가 아닌 유리수	다항식	분수식
$-3,\ 0,\ 5$	$\dfrac{1}{2},\ 1.4,\ 2.32$	$\dfrac{x-1}{2},\ 3x^2-1$	$\dfrac{1}{x^2-1},\ \dfrac{x+1}{x^2+x+1}$

유리수와 유리식 비교

유리식의 사칙연산은 유리수의 사칙연산과 비슷하다.

(1) $\dfrac{f(x)}{g(x)} + \dfrac{q(x)}{p(x)} = \dfrac{f(x)p(x)+g(x)q(x)}{g(x)p(x)}$

(2) $\dfrac{f(x)}{g(x)} - \dfrac{q(x)}{p(x)} = \dfrac{f(x)p(x)-g(x)q(x)}{g(x)p(x)}$

(3) $\dfrac{f(x)}{g(x)} \times \dfrac{q(x)}{p(x)} = \dfrac{f(x)q(x)}{g(x)p(x)}$

(4) $\dfrac{f(x)}{g(x)} \div \dfrac{q(x)}{p(x)} = \dfrac{\dfrac{f(x)}{g(x)}}{\dfrac{q(x)}{p(x)}} = \dfrac{\dfrac{f(x)}{g(x)} \times g(x)p(x)}{\dfrac{q(x)}{p(x)} \times g(x)p(x)} = \dfrac{f(x)p(x)}{q(x)g(x)}$

😺 $f(x)$가 x에 대한 유리식일 때 함수 $y=f(x)$를 **유리함수**, $f(x)$가 x에 대한 분수식일 때 함수 $y=f(x)$를 **분수함수**라고 한다. 분수함수의 정의역은 분모가 0이 되지 않는 실수의 집합이다.

😺 분수함수 $y=\dfrac{k}{x}(k\neq 0)$의 그래프는 다음과 같은 성질을 가진다.

(1) 정의역과 치역은 0이 아닌 실수 전체의 집합이다.

(2) $k>0$이면 그래프는 제1, 3사분면에 있고, $k<0$이면 그래프는 제2, 4사분면에 있다.

(3) 원점에 대하여 대칭이고, 직선 $y=x$, $y=-x$에 대하여 대칭이다.

(4) 수직점근선은 $x=0$이고 수평점근선은 $y=0$이다.

(5) $|k|$ 값이 클수록 원점에서 멀어진다.

여기서 **점근선**은 곡선이 어떤 직선에 한없이 가까워질 때의 직선을 의미한다.

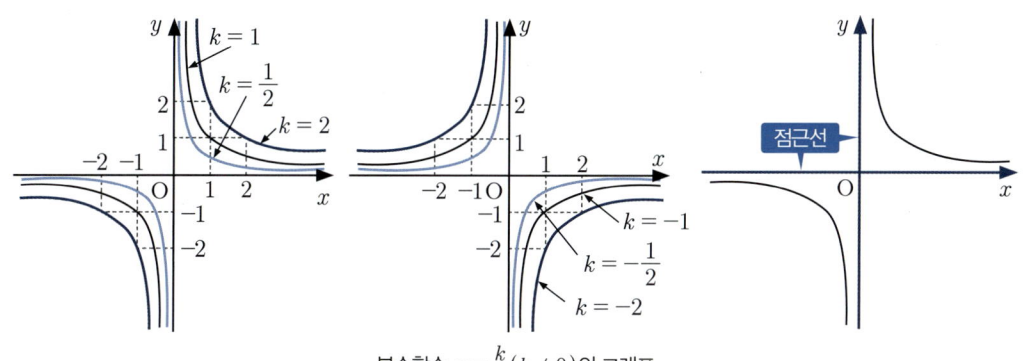

분수함수 $y=\dfrac{k}{x}(k\neq 0)$의 그래프

😺 분수함수 $y=\dfrac{k}{x-p}+q\,(k\neq 0)$의 그래프는 $y=\dfrac{k}{x}$의 그래프를 x축으로 p만큼, y축으로 q만큼 평행이동한 것이다. 분수함수 $y=\dfrac{k}{x-p}+q$의 그래프는 다음 성질을 가진다.

(1) 정의역은 $\{x|x\neq p$인 실수$\}$, 치역은 $\{y|y\neq q$인 실수$\}$이다.

(2) 점 (p,q)에 대하여 대칭이고 직선 $y=\pm(x-p)+q$에 대하여 대칭이다.

(3) 수직점근선은 $x=p$이고 수평점근선은 $y=q$이다.

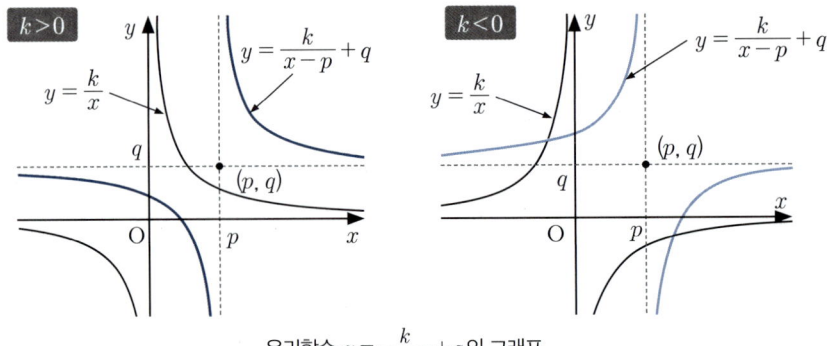

유리함수 $y=\dfrac{k}{x-p}+q$의 그래프

- 😺 유리함수 $y=\dfrac{ax+b}{cx+d}\,(c\neq 0, ad-bc\neq 0)$ 그래프는 $y=\dfrac{k}{x-p}+q\,(k\neq 0)$로 변형해 그린다.

(i) $c=0$이면 $y=\dfrac{ax+b}{cx+d}=\dfrac{ax+b}{d}$이므로 일차함수다.

(ii) $ad-bc=0$이면 다음과 같이 상수함수다.

$$y=\dfrac{ax+b}{cx+d}=\dfrac{b(ax+b)}{b(cx+d)}=\dfrac{b(ax+b)}{bcx+bd}=\dfrac{b(ax+b)}{adx+bd}=\dfrac{b(ax+b)}{d(ax+b)}=\dfrac{b}{d}$$

- 😺 유리함수 $y=\dfrac{ax+b}{cx+d}\,(c\neq 0, ad-bc\neq 0)$의 역함수는 $y=\dfrac{-dx+b}{cx-a}$이다.

x에 대하여 정리하면 $(cx+d)y=ax+b \Leftrightarrow (cy-a)x=-dy+b \Leftrightarrow x=\dfrac{-dy+b}{cy-a}$이다.

이제 x와 y를 서로 바꾸면 $y=\dfrac{-dx+b}{cx-a}$이다.

- 😺 유리식으로 이루어진 방정식을 **유리방정식**이라고 한다. 유리방정식을 풀 때는 다음을 생각하여 그래프를 통해 해결하면 편하다.

$$\text{방정식 } f(x)=g(x)\text{의 근} \Leftrightarrow y=f(x)\text{와 } y=g(x) \text{ 그래프 교점의 } x\text{좌표}$$

방정식 $\dfrac{3}{x+1} + \dfrac{3}{x-3} = 2$를 풀어라.

풀이

$\dfrac{3}{x+1} = 2 - \dfrac{3}{x-3}$으로 놓고 $y = \dfrac{3}{x+1}$과 $y = -\dfrac{3}{x-3} + 2$의 그래프를 그리면 다음과 같다.

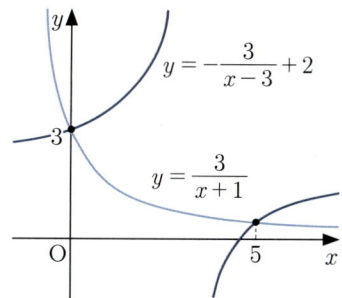

방정식 $\dfrac{3}{x+1} = 2 - \dfrac{3}{x-3}$에서 양변에 $(x+1)(x-3)$을 곱하고 정리하면 다음과 같다.

$$3(x-3) = 2(x+1)(x-3) - 3(x+1) \Leftrightarrow 3x - 9 = 2x^2 - 7x - 9 \Leftrightarrow 2x(x-5) = 0$$

구하는 근은 $x=0$ 또는 $x=5$이다.

🐾 유리방정식을 풀 때는 구한 해가 유리함수의 정의역에 포함되는지 항상 확인해야 한다.

방정식 $\dfrac{1}{x-1} - \dfrac{2}{x^2-1} = \dfrac{1}{3}$을 풀어라.

풀이

먼저 $\dfrac{2}{x^2-1} = \dfrac{1}{x-1} - \dfrac{1}{x+1}$이므로 주어진 방정식은 $\dfrac{1}{x+1} = \dfrac{1}{3}$과 같다. 이제 $y = \dfrac{1}{x+1}$과 $y = \dfrac{1}{3}$의 그래프를 그려보면 $x=2$에서 만난다. 즉, 구하는 근은 $x=2$이다.

한편 $\dfrac{1}{x-1} - \dfrac{2}{x^2-1} = \dfrac{1}{3}$ 에서 양변에 $3(x^2-1)$을 곱하여 정리하면 다음과 같다.

$$3(x+1) - 6 = x^2 - 1 \Leftrightarrow x^2 - 3x + 2 = 0 \Leftrightarrow (x-1)(x-2) = 0$$

방정식의 해는 $x=1$ 또는 $x=2$이다. 그러나 $x=1$은 $\dfrac{1}{x-1} - \dfrac{2}{x^2-1} = \dfrac{1}{3}$ 의 분모를 0이 되게 하므로 $x=2$만이 주어진 방정식의 근이다.

🐾 부등식 $f(x) < g(x)$를 풀 때는 $y=f(x)$의 그래프보다 $y=g(x)$의 그래프가 더 위에 있게 하는 x를 찾는다. 따라서 유리함수의 그래프는 부등식 문제를 풀 때도 유용하다.

부등식 $\dfrac{1}{x} + \dfrac{2}{x(x+2)} < \dfrac{1}{3}$ 을 풀어라.

풀이

$\dfrac{2}{x(x+2)} = \dfrac{1}{x} - \dfrac{1}{x+2}$ 이므로 주어진 부등식은 다음과 같이 고칠 수 있다.

$$\dfrac{1}{x} + \dfrac{2}{x(x+2)} < \dfrac{1}{3} \Leftrightarrow \dfrac{2}{x} < \dfrac{1}{x+2} + \dfrac{1}{3}$$

$y = \dfrac{2}{x}$ 와 $y = \dfrac{1}{x+2} + \dfrac{1}{3}$ 의 그래프는 다음과 같다.

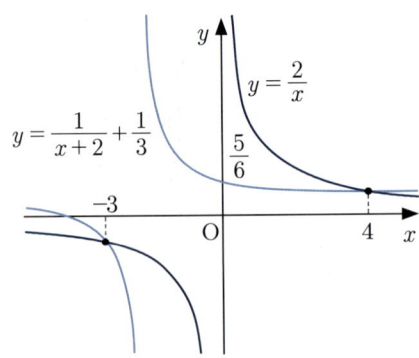

방정식 $\dfrac{2}{x} = \dfrac{1}{x+2} + \dfrac{1}{3}$에서 양변에 $3x(x+2)$를 곱하여 정리하면 다음과 같다.

$$6(x+2) = 3x + x(x+2) \Leftrightarrow x^2 - x - 12 = (x-4)(x+3) = 0$$

$y = \dfrac{2}{x}$와 $y = \dfrac{1}{x+2} + \dfrac{1}{3}$의 그래프는 $x = -3$과 $x = 4$에서 만난다. 그래프에서 $x < -3$ 또는 $x > 4$일 때 $y = \dfrac{1}{x+2} + \dfrac{1}{3}$의 그래프가 $y = \dfrac{2}{x}$의 그래프보다 위쪽에 위치한다. 따라서 부등식의 해는 $x < -3$ 또는 $x > 4$이다.

SUMMARY

1. 함수 $y = f(x)$에서 $f(x)$가 x에 대한 유리식일 때 이 함수를 **유리함수**, $f(x)$가 x에 대한 분수식일 때 이 함수를 **분수함수**라고 한다.

2. 유리함수 $y = \dfrac{k}{x-p} + q$ 그래프는 $y = \dfrac{k}{x}$ 그래프를 x축으로 p만큼, y축으로 q만큼 평행이동한 것이다.

    (1) 정의역은 $\{x \in \mathbb{R} \mid x \neq p\}$, 치역은 $\{y \in \mathbb{R} \mid y \neq q\}$이다.

    (2) 점 (p, q)에 대하여 점대칭이고, 직선 $y = \pm(x-p) + q$에 대하여 선대칭이다.

    (3) 수직점근선은 $x = p$이고, 수평점근선은 $y = q$이다.

3. 유리함수의 그래프를 이용하면 유리방정식이나 부등식을 실수하지 않고 풀 수 있다.

개념 쏙쏙 확인예제

01 유리함수 $y = \dfrac{bx+c}{x+a}$ 의 그래프가 다음 그림과 같을 때, 상수 a, b, c 값을 각각 구하라.

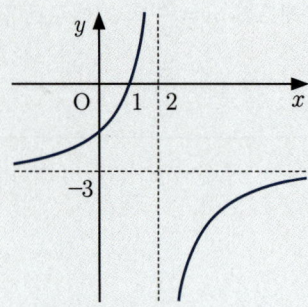

02 두 유리함수 $y = \dfrac{6x+1}{ax+6}$, $y = \dfrac{bx+1}{3x-6}$ 의 그래프가 직선 $y=x$ 에 대하여 대칭일 때, 상수 a, b 값을 각각 구하라.

03 방정식 $x^2 - 3x + 4 + \dfrac{4}{x^2 - 3x} = 0$ 을 풀어라.

04 부등식 $\dfrac{x^2 + 9}{x+3} < 3x - 6$ 을 풀어라.

풀이

04 무리함수와 방·부등식

이차함수의 역함수가 존재한다???

🐾 **무리식**은 근호 안에 문자를 포함한 식 중에서 유리식으로 나타낼 수 없는 식이다. 예를 들어 $\sqrt{2x}$, $\sqrt{x}+x$ 등은 무리식이다. 또한 $f(x)$가 x에 대한 무리식일 때 함수 $y=f(x)$를 **무리함수**라고 한다.

🐾 무리함수 $y=\sqrt{ax}\ (a\neq 0)$는 정의역 $\{x|x\geq 0\}$에서 공역 $\{y|y\geq 0\}$으로의 일대일대응이므로 역함수가 존재한다. 역함수를 구해 보자.

$y=\sqrt{ax}$를 x에 대하여 정리하면 $x=\dfrac{y^2}{a}\ (x\geq 0)$이고, x와 y를 서로 바꾸면 $y=\dfrac{x^2}{a}\ (x\geq 0)$이다. 즉, $y=\sqrt{ax}$의 그래프는 $y=\dfrac{x^2}{a}\ (x\geq 0)$의 그래프를 직선 $y=x$에 대하여 대칭이동한 것이다.

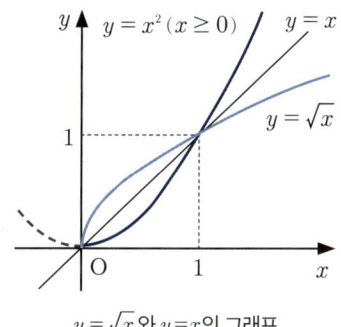

$y=\sqrt{x}$와 $y=x$의 그래프

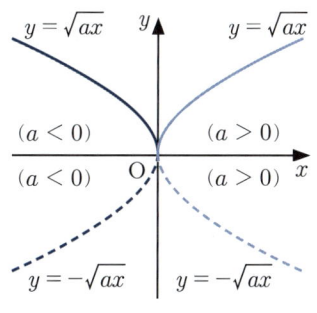

a 범위에 따른 $y=\sqrt{ax}$의 그래프

		정의역	치역
$y=\sqrt{ax}$	$a>0$	$\{x|x\geq 0\}$	$\{y|y\geq 0\}$
	$a<0$	$\{x|x\leq 0\}$	$\{y|y\geq 0\}$

$|a|$값이 클수록 함수의 그래프가 x축에서 멀어진다.

🐾 무리함수 $y = \sqrt{a(x-p)} + q$의 그래프는 $y = \sqrt{ax}$의 그래프를 x축으로 p만큼, y축으로 q만큼 평행이동한 것이다. 무리함수 $y = \sqrt{ax+b} + c$ (단, b, c는 상수)의 그래프는 $y = \sqrt{a\left(x + \dfrac{b}{a}\right)} + c$로 변형하여 그릴 수 있다.

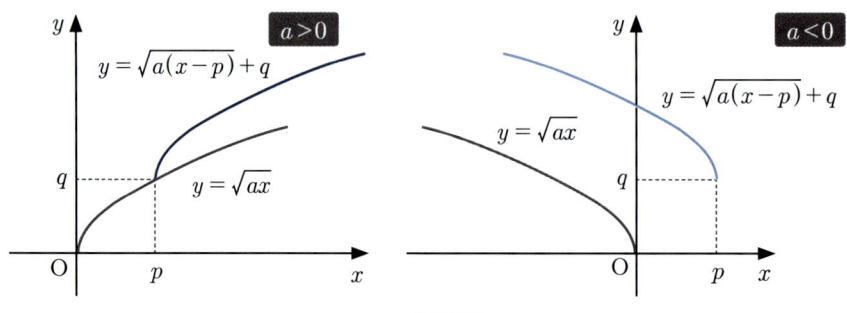

a 범위에 따른 $y = \sqrt{a(x-p)} + q$의 그래프

		정의역	치역
$y = \sqrt{a(x-p)} + q$	$a > 0$	$\{x \mid x \geq p\}$	$\{y \mid y \geq q\}$
	$a < 0$	$\{x \mid x \leq p\}$	$\{y \mid y \geq q\}$

🐾 무리식을 포함한 방정식을 **무리방정식**이라고 한다. 무리방정식과 무리부등식도 무리함수의 그래프를 그려 근을 찾을 수 있다.

 예

방정식 $\sqrt{x} + 2 = x$를 풀어라.

풀이

$\sqrt{x} + 2 = x \Leftrightarrow \sqrt{x} = x - 2$이다.
이제 $y = \sqrt{x}$와 $y = x - 2$의 그래프를 그리면 오른쪽과 같다.

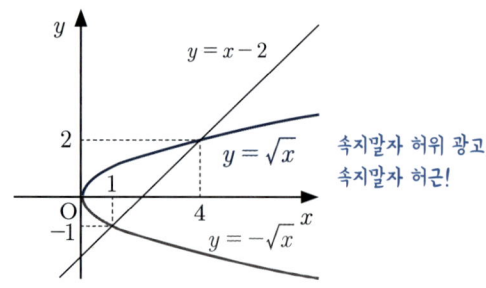

속지말자 허위 광고!
속지말자 허근!

방정식 $\sqrt{x} = x - 2$에서 양변을 제곱하자.

$$x = (x-2)^2$$

이차방정식을 정리하면 다음과 같다.

$$x^2 - 5x + 4 = 0$$
$$(x-1)(x-4) = 0$$

이 방정식의 근은 $x=1$ 또는 $x=4$이다. 그래프에서 알 수 있듯이 주어진 방정식의 근은 $x=4$이다. 또한 그래프에서 $x=1$은 방정식 $-\sqrt{x} = x - 2$의 근임을 알 수 있다.

SUMMARY

1. 근호 안에 문자가 포함된 식 중 유리식으로 나타낼 수 없는 식을 무리식이라고 하며, 함수 $y = f(x)$에서 $f(x)$가 x에 대한 무리식일 때, 이 함수를 **무리함수**라고 한다.

2. 무리함수 $y = \sqrt{ax}$는 $y = \dfrac{x^2}{a}$ $(x \geq 0)$의 역함수다.

    (1) $y = \sqrt{ax}$의 정의역 : $a > 0$일 때 $\{x | x \geq 0\}$, $a < 0$일 때 $\{x | x \leq 0\}$

    (2) $y = \sqrt{ax}$의 치역 : $\{y | y \geq 0\}$

3. 무리함수 $y = \sqrt{a(x-p)} + q$는 $y = \sqrt{ax}$를 x축으로 p만큼, y축으로 q만큼 평행이동한 것이다. 무리함수 $y = \sqrt{ax + b} + c$의 그래프는 $y = \sqrt{a\left(x + \dfrac{b}{a}\right)} + c$로 변형하여 그린다.

4. 무리식을 포함한 방정식을 **무리방정식**이라 한다. 무리방정식을 풀 때는 무리함수의 그래프를 이용해 푼다. 무작정 제곱하다 보면 잘못된 근을 얻을 수 있다.

개념 쏙쏙 확인예제

01 정의역이 $\{x \mid 5 \leq x \leq 8\}$인 다음 두 함수의 그래프가 한 점에서 만날 때, 상수 k의 최댓값을 구하라.

$$y = \frac{-2x+7}{x-2},\ y = \sqrt{5x} + k$$

02 무리함수 $f(x) = \sqrt{2-x} + 1$과 일차함수 $g(x) = -3x + 2\ (x \geq 0)$에 대하여 합성함수 $(f \circ g)(x)$의 역함수를 구하라.

03 방정식 $\sqrt{3-x} - \sqrt{2x+3} = 1$을 풀어라.

04 부등식 $2x - 5 \leq \sqrt{2x+1}$을 풀어라.

풀이

 삼각함수와 덧셈정리

어떻게 하나~ 우리 만남은 빙글빙글 돌고

🐾 평면 위의 두 반직선 OX, OP로 이루어진 도형을 ∠XOP라고 한다. 반직선 OX를 고정하고, 반직선 OX와 포개진 반직선 OP가 점 O를 중심으로 회전할 때, 그 회전량을 ∠XOP의 **크기**라고 한다. 이때 반직선 OX를 **시초선**, 반직선 OP를 **동경**이라고 한다. 동경 OP가 회전할 때, 시계 반대 방향을 **양의 방향**, 시계 방향을 **음의 방향**이라고 한다.

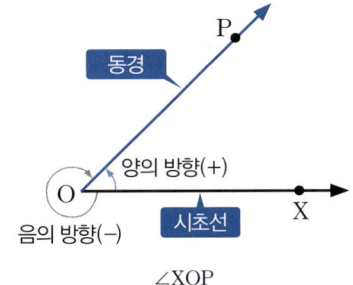

🐾 동경 OP의 위치는 같지만 ∠XOP의 크기는 다를 수 있다. 즉, 동경 OP의 위치만으로는 얼마나 회전했는지 알 수 없다.

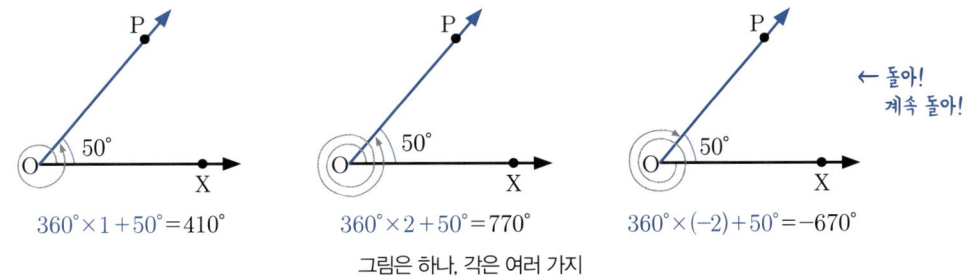

그림은 하나, 각은 여러 가지

동경 OP가 시초선 OX와 이루는 각의 크기를 $\alpha°$라 하자. ∠XOP의 크기는 $360° \times n + \alpha°$(단, n은 정수, $0° \le \alpha < 360°$)와 같이 나타내고, 동경 OP의 **일반각**이라고 한다.

 예

반직선 OX가 시초선일 때, 동경 OP의 일반각은 다음과 같다.
$$360° \times n + (-50)°$$
$-50° = -360° + 310°$이므로 일반각을 $360° \times n + 310°$라고도 나타낼 수 있다.

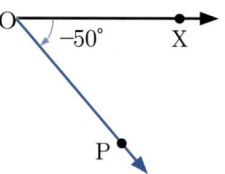

🐾 반지름 r이 일정할 때, 호의 길이 l과 중심각의 크기 θ는 정비례한다. 이러한 비례관계를 이용하여 각의 크기를 $\theta = \dfrac{l}{r}$로 측정하는 방법을 **호도법**(radian measure)이라고 한다.

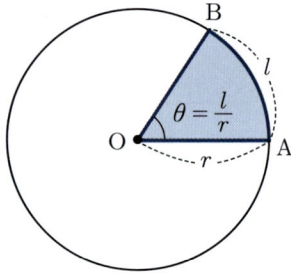

🐾 호도법으로 측정한 각임을 나타내고 싶으면 rad란 단위를 붙인다. rad는 라디안이라 읽는다.

 예

반지름의 길이가 r인 원에서 중심각의 크기가 $60°$인 호의 길이는 다음과 같다.
$$2\pi r \times \frac{60°}{360°} = \frac{\pi}{3}r$$

반지름의 길이 r에 대한 호의 길이의 비는 $\dfrac{\pi}{3}$이다.
따라서 $60°$는 $\dfrac{\pi}{3}(\text{rad})$와 같다.

😺 일반적으로 각의 크기 $\alpha°$를 호도법으로 나타내면 $\dfrac{\pi}{180} \times \alpha$ (rad)이다.

 예

다음 각을 호도법으로 나타내라.

(a) $90°$

(b) $-150°$

풀이

(a) $\dfrac{\pi}{180} \times 90 = \dfrac{\pi}{2}$

(b) $\dfrac{\pi}{180} \times (-150) = -\dfrac{5\pi}{6}$

😺 굳이 호도법을 도입한 이유가 뭘까? 도(°)보다 여러 공식이 간편하게 표현되기 때문이다. 반지름의 길이가 r이고 중심각의 크기가 θ인 부채꼴에서 호의 길이와 부채꼴의 길이는 다음과 같다.

호의 길이 $l = r\theta$, 부채꼴의 넓이 $S = \dfrac{1}{2}rl = \dfrac{1}{2}r^2\theta$

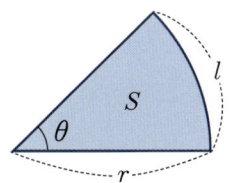

반지름의 길이가 r이고 중심각의 크기가 θ인 부채꼴

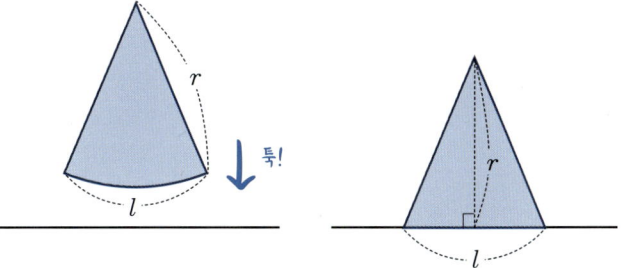

(부채꼴 넓이) = (삼각형 넓이)

60분법(°)으로 표현하면 호의 길이는 $\dfrac{\alpha°}{360°} \times 2\pi r$ 이고 부채꼴의 넓이는 $\dfrac{\alpha°}{360°} \times \pi r^2$ 인데, 호도법이 한결 간편함을 알 수 있다.

🐾 단위원은 중심이 원점이고 반지름이 1인 원임을 상기하자. 그림과 같이 단위원 위 한 점을 $\mathrm{P}(x, y)$ 라 하고 동경 OP가 나타내는 일반각의 크기를 θ라고 하자.

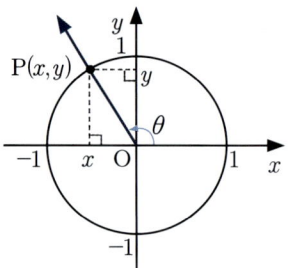

반지름의 길이가 1인 원

다음에 소개하는 대응은 모두 θ에 대한 함수다.

$$\text{코사인함수} : \theta \mapsto (\text{점 P의 } x\text{좌표})$$
$$\text{사인함수} : \theta \mapsto (\text{점 P의 } y\text{좌표})$$
$$\text{탄젠트함수} : \theta \mapsto (\text{반직선 OP의 기울기})$$

세 함수를 순서대로 **코사인함수**, **사인함수**, **탄젠트함수**라고 하며 기호로 다음과 같이 나타낸다.

$$\cos\theta, \ \sin\theta, \ \tan\theta$$

$\cos\theta, \sin\theta, \tan\theta$의 역수로 정의되는 함수를 각각 **시컨트함수**, **코시컨트함수**, **코탄젠트함수**라 하며 기호로 다음과 같이 나타낸다.

$$\sec\theta, \ \csc\theta, \ \cot\theta$$

즉, $\sec\theta = \dfrac{1}{\cos\theta}$, $\csc\theta = \dfrac{1}{\sin\theta}$, $\cot\theta = \dfrac{1}{\tan\theta}$ 이다. 이와 같은 6가지 함수를 가리켜 θ에 대한 **삼각함수**(trigonometric function)라고 한다.

 **예**

$\theta = \dfrac{5}{4}\pi$ 일 때, $\cos\theta$, $\sin\theta$, $\tan\theta$, $\sec\theta$, $\csc\theta$, $\cot\theta$ 값을 각각 구하라.

풀이

오른쪽 그림에서 $\angle POP' = \dfrac{\pi}{4}$ 이므로 삼각형 OPP'은 이등변삼각형이다.

점 P의 좌표는 $\left(-\dfrac{\sqrt{2}}{2}, -\dfrac{\sqrt{2}}{2}\right)$ 이므로 다음이 성립한다.

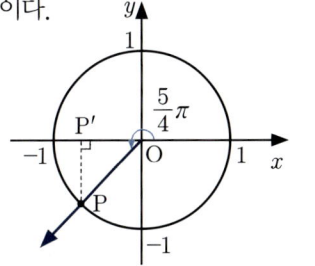

$$\cos\theta = -\dfrac{\sqrt{2}}{2},\ \sin\theta = -\dfrac{\sqrt{2}}{2},\ \tan\theta = 1$$

$$\sec\theta = -\sqrt{2},\ \csc\theta = -\sqrt{2},\ \cot\theta = 1$$

😺 다음 표에 소개한 삼각함수 값은 반드시 기억하자! 표 다음에 위치한 그림과 같이 정삼각형과 이등변삼각형을 생각하면 쉽다.

삼각함수 \ θ	0	$\dfrac{\pi}{6}$	$\dfrac{\pi}{4}$	$\dfrac{\pi}{3}$	$\dfrac{\pi}{2}$
$\cos\theta$	1	$\dfrac{\sqrt{3}}{2}$	$\dfrac{\sqrt{2}}{2}$	$\dfrac{1}{2}$	0
$\sin\theta$	0	$\dfrac{1}{2}$	$\dfrac{\sqrt{2}}{2}$	$\dfrac{\sqrt{3}}{2}$	1
$\tan\theta$	0	$\dfrac{\sqrt{3}}{3}$	1	$\sqrt{3}$	정의되지 않음

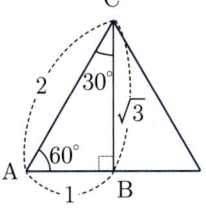 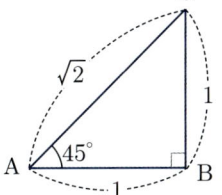

삼각함수 값에서 잘 등장하는 특수한 삼각형

🐾 삼각함수 cos, sin, tan에 대하여 다음 관계가 성립한다.

(1) $\cos^2\theta + \sin^2\theta = 1$ ← $(\cos\theta)^2, (\sin\theta)^2$을 간단히 $\cos^2\theta, \sin^2\theta$로 나타낸다.

(2) $\tan\theta = \dfrac{\sin\theta}{\cos\theta}$

---

(1) 반지름의 길이가 1인 원 위의 점 $P(x, y)$에 대하여 $x^2 + y^2 = 1$이다.
(2) 단위원 위 점 $P(x, y)$에 대하여 반직선 OP의 기울기는 $\dfrac{y}{x}$이다.

$\cos\theta + \sin\theta = -\dfrac{1}{3}$일 때, $\cos\theta\sin\theta$ 값을 구하라.

$\cos\theta + \sin\theta = -\dfrac{1}{3}$의 양변을 제곱하면 다음과 같다.

$$\cos^2\theta + 2\cos\theta\sin\theta + \sin^2\theta = \dfrac{1}{9}$$

$\cos^2\theta + \sin^2\theta = 1$이므로 $1 + 2\cos\theta\sin\theta = \dfrac{1}{9}$에서 $\cos\theta\sin\theta = -\dfrac{4}{9}$이다.

🐾 함수 $f(x)$의 정의역에 속하는 모든 x에 대하여 다음 관계식을 만족하고 0이 아닌 상수 p가 존재할 때, 함수 $f(x)$를 **주기함수**(periodic function)라고 한다.

$$f(x + p) = f(x)$$

이러한 상수 p 중 가장 작은 양수를 함수 $f(x)$의 **주기**(period)라고 한다.

함수 $y=\cos\theta$, $y=\sin\theta$, $y=\tan\theta$의 그래프와 성질은 다음 표와 같다.

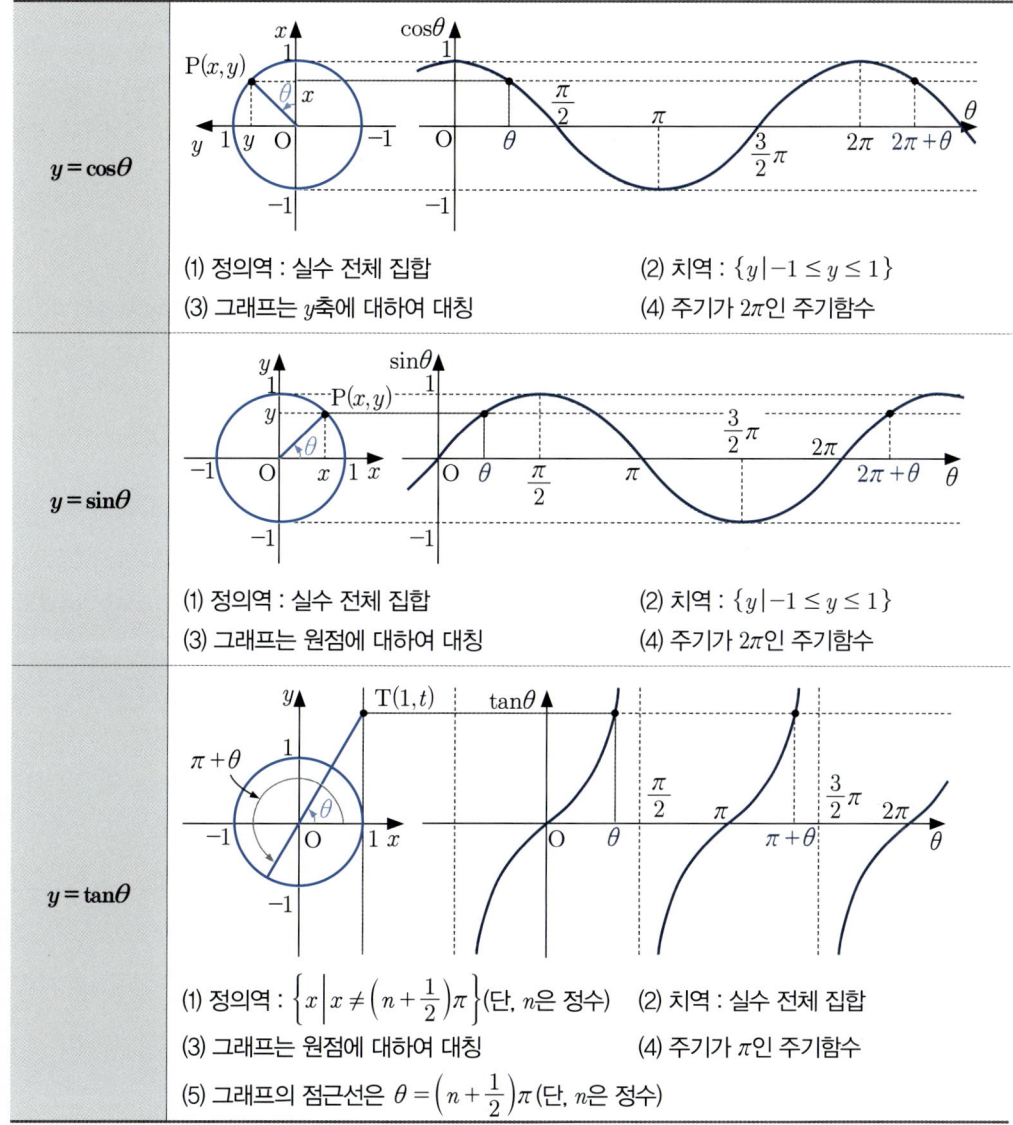

$y=\cos\theta$	(1) 정의역 : 실수 전체 집합 (3) 그래프는 y축에 대하여 대칭	(2) 치역 : $\{y\,|\,-1\leq y\leq 1\}$ (4) 주기가 2π인 주기함수
$y=\sin\theta$	(1) 정의역 : 실수 전체 집합 (3) 그래프는 원점에 대하여 대칭	(2) 치역 : $\{y\,|\,-1\leq y\leq 1\}$ (4) 주기가 2π인 주기함수
$y=\tan\theta$	(1) 정의역 : $\left\{x\,\middle|\,x\neq\left(n+\dfrac{1}{2}\right)\pi\right\}$ (단, n은 정수) (3) 그래프는 원점에 대하여 대칭 (5) 그래프의 점근선은 $\theta=\left(n+\dfrac{1}{2}\right)\pi$ (단, n은 정수)	(2) 치역 : 실수 전체 집합 (4) 주기가 π인 주기함수

🐾 다음 두 식을 **삼각함수의 덧셈정리**라고 한다.

$$\cos(\alpha \pm \beta) = \cos\alpha\cos\beta \mp \sin\alpha\sin\beta \quad \textbf{코코싸싸}$$
$$\sin(\alpha \pm \beta) = \sin\alpha\cos\beta \pm \cos\alpha\sin\beta \quad \textbf{싸코코싸}$$

특히 $\alpha = \beta$일 때, 배각공식이라고 한다.

$$\cos 2\alpha = \cos^2\alpha - \sin^2\alpha = 2\cos^2\alpha - 1 = 1 - 2\sin^2\alpha$$
$$\sin 2\alpha = 2\sin\alpha\cos\alpha$$

cos에 대한 배각공식은 $\cos^2\alpha = \dfrac{1 - \cos 2\alpha}{2}$나 $\sin^2\alpha = \dfrac{1 + \cos 2\alpha}{2}$처럼 변형하여 사용한다.

$\tan(\alpha + \beta)$를 $\tan\alpha$, $\tan\beta$로 나타내라.

풀이

$\tan(\alpha + \beta) = \dfrac{\sin(\alpha + \beta)}{\cos(\alpha + \beta)} = \dfrac{\sin\alpha\cos\beta + \cos\alpha\sin\beta}{\cos\alpha\cos\beta - \sin\alpha\sin\beta}$ 에서 분모, 분자를 각각 $\cos\alpha\cos\beta$로 나누면 다음과 같다.

$$\tan(\alpha + \beta) = \dfrac{\dfrac{\sin\alpha}{\cos\alpha} + \dfrac{\sin\beta}{\cos\beta}}{1 - \dfrac{\sin\alpha}{\cos\alpha}\dfrac{\sin\beta}{\cos\beta}} = \dfrac{\tan\alpha + \tan\beta}{1 - \tan\alpha\tan\beta}$$

삼각함수의 덧셈정리를 이용하면 $\cos\left(\dfrac{\pi}{2} - x\right)$를 다음과 같이 전개할 수 있다.

$$\cos\left(\dfrac{\pi}{2} - x\right) = \cos\dfrac{\pi}{2}\cos x + \sin\dfrac{\pi}{2}\sin x = 0 \times \cos x + 1 \times \sin x = \sin x$$

즉 $\cos\left(\dfrac{\pi}{2} - x\right) = \sin x$이다. 같은 방식으로 $\sin\left(\dfrac{\pi}{2} \pm x\right)$, $\cos(\pi \pm x)$, $\sin(\pi \pm x)$도 간단히 정리할 수 있다.

🐾 벡터의 내적을 이용하면 $a\cos\theta + b\sin\theta\,(a \neq 0, b \neq 0)$를 cos에 대해 정리할 수 있다(3.1절을 공부하고 다시 학습하기 바란다).

$$a\cos\theta + b\sin\theta = (a,b)\cdot(\cos\theta, \sin\theta) = \sqrt{a^2 + b^2}\cos(\theta - \alpha)$$

α는 점 $P(a,b)$에 대하여 $\overrightarrow{OP}$가 x축의 양의 방향과 이루는 각이다. 이처럼 $a\cos\theta + b\sin\theta\,(a \neq 0, b \neq 0)$를 $r\cos(\theta - \alpha)\,(r > 0)$ 꼴로 나타내는 것을 **삼각함수의 합성**이라 한다.

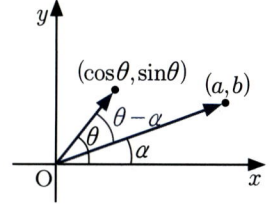

1. 부채꼴이 주어질 때 중심각 θ의 크기를 다음과 같이 측정하는 방법을 **호도법**이라 한다.

   $$\theta = \frac{l}{r}\,(r: \text{반지름},\ l: \text{호의 길이})$$

   호의 길이는 $l = r\theta$이고, 부채꼴의 넓이는 $S = \frac{1}{2}rl = \frac{1}{2}r^2\theta$이다.

2. 단위원 위 한 점을 $P(x, y)$라 하고 동경 OP가 나타내는 일반각의 크기를 θ라고 하자. 코사인함수, 사인함수, 탄젠트함수를 다음과 같이 정의한다.

   (1) $\cos : \theta \mapsto$ (점 P의 x좌표)

   (2) $\sin : \theta \mapsto$ (점 P의 y좌표)

   (3) $\tan : \theta \mapsto$ (반직선 OP의 기울기)

3. 삼각함수의 성질

   (1) $\cos^2\theta + \sin^2\theta = 1$이다.

   (2) $y = \sin\theta$, $y = \cos\theta$는 최댓값이 1, 최솟값이 -1, 주기가 2π인 함수다.

   (3) $y = \tan\theta$는 최댓값과 최솟값이 존재하지 않고, 주기가 π인 함수다. $\theta = \frac{\pi}{2} + \pi n$ (단, n은 정수)일 때 함숫값이 정의되지 않는다.

4. 삼각함수의 덧셈정리

   (1) $\cos(\alpha \pm \beta) = \cos\alpha\cos\beta \mp \sin\alpha\sin\beta$

   (2) $\sin(\alpha \pm \beta) = \sin\alpha\cos\beta \pm \cos\alpha\sin\beta$

개념 쏙쏙 확인예제

01 함수 $y = a\sin(bx+c)$의 그래프가 오른쪽 그림과 같을 때, 세 상수 a, b, c 값을 구하라(단, $a>0$, $b>0$, $0 \leq c < \pi$).

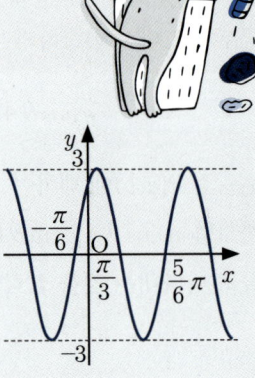

02 원 $x^2 + y^2 = 1$과 반직선 $y = \dfrac{1}{2}x\,(x \geq 0)$, $y = -2x\,(x \leq 0)$의 교점을 각각 P, Q라고 하자. 점 A(1,0)에 대하여 $\angle AOP = \alpha$, $\angle AOQ = \beta$라고 할 때, $\sin\alpha\cos\beta$ 값을 구하라.

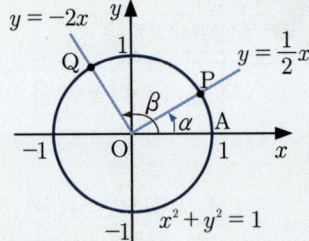

※ 03~04 배각공식을 사용하여 다음 물음에 답하라.

03 $3\theta = \theta + 2\theta$임을 이용하여 $\cos 3\theta$를 $\cos\theta$에 대한 식으로 나타내라.

04 $\cos\left(\dfrac{\pi}{2} + \theta\right) = -\sin\theta$임을 이용하여 $\sin 3\theta$를 $\sin\theta$에 대한 식으로 나타내라.

05 $\sin x + \cos y = \dfrac{1}{\sqrt{3}}$, $\cos x + \sin y = 1$일 때, $\sin(x+y)$ 값을 구하라.

풀이

 지수함수와 로그함수

곱셈을 덧셈으로, 덧셈을 곱셈으로

🐾 실수 a와 자연수 n에 대하여 a를 n번 곱한 것 $\overbrace{a \times a \times \cdots \times a}^{n\text{번}}$를 **$a$의 n제곱**이라 한다. 기호로는 a^n으로 나타낸다. $a, a^2, a^3, \cdots$을 통틀어 a의 거듭제곱이라 한다. a^n에서 a를 거듭제곱의 **밑**, n을 거듭제곱의 **지수**라고 한다.

$n \geq 2$인 자연수 n에 대하여 x에 대한 방정식 $x^n = a$의 해를 **a의 n제곱근**이라 한다. a의 제곱근, a의 세제곱근, $\cdots$을 통틀어 **a의 거듭제곱근**이라고 한다.

방정식 $x^n = a$는 복소수 범위에서 해가 n개 있다. 이 중에서 좌표평면에 나타낼 수 있는 실근을 관심 있게 살필 것이다. 방정식 $x^n = a$의 실근은 다음 그림과 같이 함수 $y = x^n$의 그래프와 $y = a$의 교점의 x좌표와 같다.

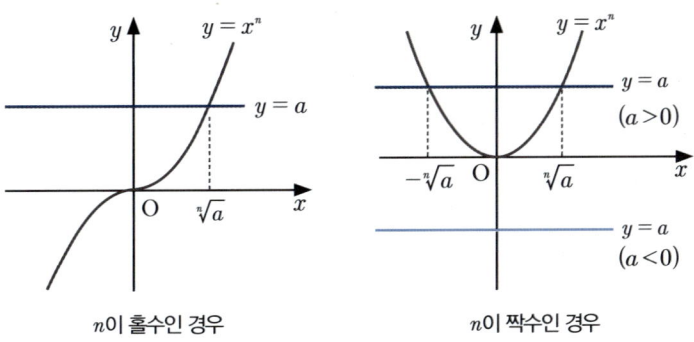

방정식 $x^n = a$의 실근

n이 홀수라 가정하자. a의 n제곱근 중 실수는 오직 하나뿐이고, 이를 기호로 $\sqrt[n]{a}$로 나타낸다. $\sqrt[n]{a}$는 'n제곱근 a'라고 읽는다.

이번에는 n이 짝수라 가정하자. $a > 0$이면 a의 n제곱근 중 실수는 양수와 음수가 한 개씩 존재한다. 이를 기호로 각각 $\sqrt[n]{a}$, $-\sqrt[n]{a}$로 나타낸다.

$a = 0$이면 a의 n제곱근 중 실수는 0 하나뿐이다. 즉, $\sqrt[n]{0} = 0$이다.

$a < 0$이면 a의 n제곱근 중 실수는 없다.

😺 지수는 자연수에서 정수, 유리수로 다음 표와 같이 확장할 수 있다.

$n \in \mathbb{N}$	$n \in \mathbb{Z}$	$n \in \mathbb{Q}$
모든 a에 대하여 $a^n = a \times \cdots \times a$ $a^2 = a \times a$	$a \neq 0$, $m \in \mathbb{N}$일 때 $a^0 = 1, a^{-m} = \dfrac{1}{a^m}$ $a^{-2} = \dfrac{1}{a^2}$	$a > 0$, $k, m(m \geq 2) \in \mathbb{Z}$일 때 $a^{\frac{k}{m}} = \sqrt[m]{a^k}$ $a^{\frac{2}{3}} = \sqrt[3]{a^2}$

❗ 주의 $a < 0$, $b < 0$일 때 $\sqrt{a}\sqrt{b} = -\sqrt{ab}$ 임을 기억하는가? 이 식에서 제곱근을 억지로 유리수 지수로 바꾸면 $a^{\frac{1}{2}}b^{\frac{1}{2}} = -(ab)^{\frac{1}{2}}$ 이 되어 지수법칙이 성립하지 않는다. 이와 같이 밑이 음수일 때 유리수 지수를 정의하면 모순이 발생한다. 때문에 현대 수학에서 <u>유리수 지수는 밑이 양수일 때만 정의한다.</u>

다시 말해 $\sqrt[3]{-1}(=-1)$을 $(-1)^{\frac{1}{3}}$ 이라 바꾸어 쓸 수 없다!

😺 지수가 무리수일 때는 극한을 통해 정의한다(극한은 5.1절 참고). 예를 들어 $\sqrt{2} = 1.4142135\cdots$ 이므로 다음 수열이 한없이 가까워지는 수를 $2^{\sqrt{2}}$ 으로 정의한다.

$$2^1,\ 2^{1.4},\ 2^{1.41},\ 2^{1.414},\ 2^{1.4142},\ 2^{1.41421},\ 2^{1.414213},\ 2^{1.4142135},\ \cdots$$

이제 $a > 0$일 때 임의의 실수 x에 대하여 a^x을 정의할 수 있다.

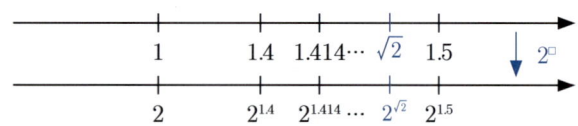

😺 지수법칙은 지수가 실수일 때도 잘 성립한다. $a, b > 0$이고 x, y가 실수일 때, 지수법칙은 다음과 같다.

(1) $a^x a^y = a^{x+y}$ (2) $\dfrac{a^x}{a^y} = a^{x-y}$ (3) $(a^x)^y = a^{xy}$ (4) $(ab)^x = a^x b^x$

▶▶ 지수함수란?

$a>0$이고 $a \neq 1$일 때, 실수 x에 a^x을 대응시키면 x 값에 따라 a^x 값이 하나로 정해지므로 이 대응은 함수다. 이 함수를 $y=a^x$으로 나타낸다. 다음과 같이 정의역이 실수 전체의 집합인 함수를 밑이 a인 **지수함수(exponential function)**라고 한다.

$$y = a^x \ (a>0, a \neq 1)$$

🐾 지수함수 $y=a^x$의 그래프는 다음과 같은 성질이 있다.

(1) 정의역 : 실수 전체의 집합

(2) 치역 : $\{y|y>0\}$

(3) 그래프는 항상 점 $(0,1)$을 지난다.

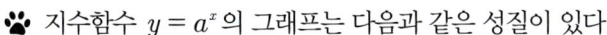

(4) 수평점근선은 x축$(y=0)$이다.

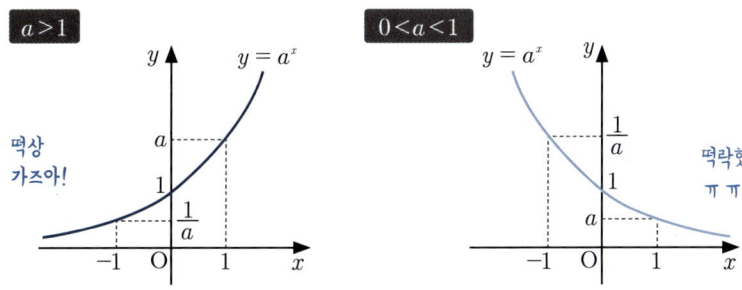

지수함수 $y=a^x$의 그래프

▶▶ 로그함수란?

지수함수 $y=a^x \ (a>0, a \neq 1)$은 실수 전체의 집합에서 양의 실수 전체의 집합으로의 일대일대응이므로 역함수가 존재한다. 이 역함수를 $y=\log_a x$로 나타낸다. 이처럼 지수함수의 역함수 $y=\log_a x \ (a>0, a \neq 1)$를 밑이 a인 **로그함수(logarithmic function)**라고 한다.

지수함수와 로그함수의 정의역과 치역은 다음 표와 같다.

	지수함수 $y = a^x$ $(a > 0, a \neq 1)$	로그함수 $y = \log_a x$ $(a > 0, a \neq 1)$
정의역	실수 전체 집합	양의 실수 전체 집합
치역	양의 실수 전체 집합	실수 전체 집합

🐾 로그함수 $y = \log_a x$ 의 그래프는 다음과 같은 성질이 있다.

(1) 지수함수 $y = a^x$ 의 그래프와 직선 $y = x$ 에 대하여 대칭이다.

(2) 그래프는 항상 점 $(1, 0)$ 을 지난다.

(3) 수직점근선은 y축 $(x=0)$ 이다.

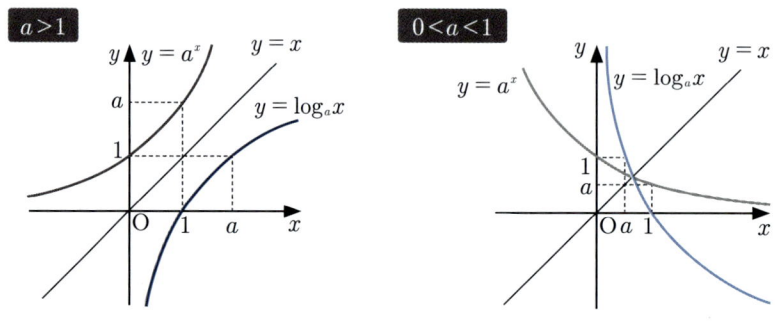

로그함수 $y = \log_a x$ 의 그래프

🐾 $a > 0, a \neq 1$ 인 실수 a 에 대하여 $f(x) = a^x$, $g(x) = \log_a x$ 라 하면 $f(x)$ 와 $g(x)$ 는 서로 역함수 관계다. 지수법칙에 의해 $a^x a^y = a^{x+y}$ 이므로 다음이 성립한다.

$$f(x)f(y) = f(x+y)$$

이때 x 대신 $g(x)$, y 대신 $g(y)$를 대입하면 다음과 같다.

$$f(g(x))f(g(y)) = f(g(x)+g(y))$$
$$xy = f(g(x)+g(y)) \quad (\because g\text{는 }f\text{의 역함수})$$
$$g(xy) = g(x)+g(y) \quad \leftarrow \text{양변에 } g\text{를 합성}$$

따라서 $g(xy) = g(x)+g(y)$이다. 같은 방법으로 로그의 다른 성질도 알 수 있다.

$a > 0$, $a \neq 1$, $M, N > 0$일 때, **로그의 성질**은 다음과 같다.

(1) $\log_a 1 = 0, \log_a a = 1$

(2) $\log_a MN = \log_a M + \log_a N$

(3) $\log_a \dfrac{M}{N} = \log_a M - \log_a N$

(4) $\log_{a^{k_1}} M^{k_2} = \dfrac{k_2}{k_1} \log_a M$ (단, k는 실수)

(5) $b > 0, c > 0, c \neq 1$일 때 $\log_a b = \dfrac{\log_c b}{\log_c a}$이다. 특히 $\log_a b = \dfrac{1}{\log_b a}$ $(b \neq 1)$

(6) $x > 0$일 때, $a^{\log_a x} = x$

(7) $b > 0, c > 0, b \neq 1$일 때, $a^{\log_b c} = c^{\log_b a}$

 예

(a) $\log_4 2x = 2 \Leftrightarrow 4^2 = 2x \Leftrightarrow x = 8$

(b) $\log_6 9 + \log_6 4 = \log_6 (9 \times 4) = \log_6 6^2 = 2\log_6 6 = 2$

(c) $\log_{10} 500 - \log_{10} 5 = \log_{10} \dfrac{500}{5} = \log_{10} 100 = \log_{10} 10^2 = 2\log_{10} 10 = 2$

(d) $\log_{\frac{1}{2}} 8 = \log_{2^{-1}} 2^3 = \dfrac{3}{-1} \log_2 2 = -3$

(e) $\log_5 16 \times \log_2 5 = \dfrac{\log_2 16}{\log_2 5} \times \log_2 5 = \log_2 16 = \log_2 2^4 = 4$

(f) $5^{\log_{25} 2} = 2^{\log_{25} 5} = 2^{\frac{1}{2}\log_5 5} = \sqrt{2}$

1. $n \geq 2$인 자연수 n에 대하여 x에 대한 방정식 $x^n = a$의 해를 **a의 n제곱근**이라 한다. a의 제곱근, a의 세제곱근, …을 통틀어 a의 **거듭제곱근**이라고 한다.

   n이 홀수일 때, a의 n제곱근 중 실수는 오직 하나뿐이고 이를 기호로 $\sqrt[n]{a}$로 나타낸다. $\sqrt[n]{a}$는 'n제곱근 a'라고 읽는다.

   n이 짝수일 때, $a>0$이면 a의 n제곱근 중 실수는 양수와 음수가 한 개씩 존재한다. 이를 기호로 각각 $\sqrt[n]{a}$, $-\sqrt[n]{a}$로 나타낸다. 또 $a=0$이면 a의 n제곱근 중 실수는 0 하나뿐이다. 즉, $\sqrt[n]{0} = 0$이다. $a<0$이면 a의 n제곱근 중 실수는 없다.

2. a^n에서 지수에 따라 가능한 밑의 조건은 다음과 같다.

n	자연수	정수	실수
a	임의의 실수	0이 아닌 실수	양수

3. 지수법칙 : $a, b > 0$이고 x, y가 실수일 때, 다음이 성립한다.

   (1) $a^x a^y = a^{x+y}$ (2) $\dfrac{a^x}{a^y} = a^{x-y}$ (3) $(a^x)^y = a^{xy}$ (4) $(ab)^x = a^x b^x$

4. 지수함수 $y = a^x$ ($a > 0, a \neq 1$)은 $\mathbb{R}$에서 양수 집합 $\mathbb{R}^+ = \{x \in \mathbb{R} | x > 0\}$으로 가는 일대일대응이고 반드시 점 $(0, 1)$을 지난다. $a > 1$일 때 증가함수고, $0 < a < 1$일 때 감소함수다. 로그함수 $y = \log_a x$ ($a > 0, a \neq 1$)는 지수함수 $y = a^x$의 역함수다.

5. 로그의 성질 : $a > 0$, $a \neq 1$, $M, N > 0$일 때 다음이 성립한다.

   (1) $\log_a 1 = 0, \log_a a = 1$ (2) $\log_a MN = \log_a M + \log_a N$

   (3) $\log_a \dfrac{M}{N} = \log_a M - \log_a N$ (4) $\log_{a^{k_1}} M^{k_2} = \dfrac{k_2}{k_1} \log_a M$ (단, k는 실수)

   (5) $b > 0, c > 0, c \neq 1$일 때 $\log_a b = \dfrac{\log_c b}{\log_c a}$이다. 특히 $\log_a b = \dfrac{1}{\log_b a}$ ($b \neq 1$)

   (6) $x > 0$일 때, $a^{\log_a x} = x$

   (7) $b > 0, c > 0, b \neq 1$일 때, $a^{\log_b c} = c^{\log_b a}$

개념 쏙쏙 확인예제

01 다음 식에서 처음으로 틀린 등호를 찾고, 이유를 설명하라.

$$-1 \underset{①}{=} i \times i \underset{②}{=} \sqrt{-1}\sqrt{-1} \underset{③}{=} (-1)^{\frac{1}{2}}(-1)^{\frac{1}{2}} \underset{④}{=} \{(-1)\times(-1)\}^{\frac{1}{2}} \underset{⑤}{=} 1^{\frac{1}{2}} \underset{⑥}{=} 1$$

02 $5^x = 81$, $45^y = 27$ 일 때, $\dfrac{4}{x} - \dfrac{3}{y}$ 값을 구하라.

03 이차방정식 $x^2 - 6x + 4 = 0$의 두 근이 $\log_2 \alpha$, $\log_2 \beta$ 일 때, $\alpha\beta$ 값을 구하라.

04 $-1 \leq x \leq 2$에서 정의된 함수 $y = 2^{x-1} \times 3^{-x+1}$의 최댓값과 최솟값을 각각 구하라.

05 함수 $y = \log_3(x^2 - 4x + 13)$의 최솟값을 구하라.

2.2 도형의 방정식

만약 당신이 간절히 진리를 추구하는 사람이라면, 생에 한 번은 가능한 모든 것을 깊게 의심해 봐야 한다. – 르네 데카르트(René Descartes, 1596-1650)

수학에서 문제에 접근하는 방식은 크게 2가지, 식과 도형으로 분류할 수 있다. 방정식이나 부등식을 풀어 답을 찾기도 하지만 합동이나 닮음, 수직이나 평행을 이용하여 문제를 풀기도 한다.

수학사를 살펴보면 큰 도약을 이룬 거인이 여럿 존재한다. 이러한 거인을 꼽을 때 르네 데카르트를 결코 **빼놓을** 수 없다. 데카르트가 도입한 좌표평면을 통해 이전에는 남남이었던 그림과 식이 연결되었기 때문이다. 그림으로 풀기 어려운 문제는 식으로 바꾸어 쉽게 풀 수 있고, 반대로 식으로 풀기 어려운 문제는 그림으로 바꾸어 쉽게 풀 수 있다.

르네 데카르트(René Descartes, 1596-1650)
출처 : www.flickr.com

좌표 개념은 현대사회로 올수록 더욱 중요해졌다. 0과 1밖에 모르는 바보인 컴퓨터에게 어떻게 그림을 이해시킬 수 있을까? 좌표 개념을 사용하여 그림을 식으로 변환하는 기법이 자주 사용된다. 또한 여러 변수가 어우러진 최적화 문제를 풀 때에도 이번 절에서 배우는 부등식의 영역이 매우 중요하게 사용된다.

 Keyword

내분점, 외분점, 직선의 방정식, 점과 직선 사이의 거리, 신발끈 공식, 원의 방정식, 원과 직선의 위치 관계, 접선의 방정식, 부등식의 영역, 제약조건 아래에서 최대·최소

 # 점과 직선

매우 반듯한 세계

🐾 수직선 위의 두 점 $A(x_1)$, $B(x_2)$ 사이의 거리는 $\overline{AB} = |x_1 - x_2|$이다.

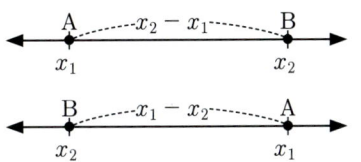

두 점 A, B의 위치에 관계없이 거리는 $|x_1 - x_2|$

🐾 좌표평면 위의 두 점 $A(x_1, y_1)$, $B(x_2, y_2)$ 사이의 거리는 $\overline{AB} = \sqrt{(x_2-x_1)^2 + (y_2-y_1)^2}$이다.

 오른쪽 그림과 같은 직각삼각형 ABC를 생각하자.
피타고라스 정리에 의해 다음이 성립한다.

$$\overline{AB}^2 = \overline{AC}^2 + \overline{CB}^2 = |x_2-x_1|^2 + |y_2-y_1|^2 = (x_2-x_1)^2 + (y_2-y_1)^2$$

이를 정리하면 $\overline{AB} = \sqrt{(x_2-x_1)^2 + (y_2-y_1)^2}$이다.

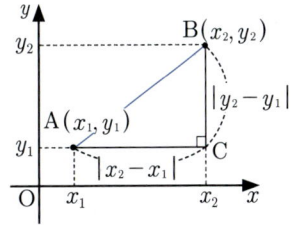

세 점 $A(5,4)$, $B(-3,2)$, $C(6,0)$을 꼭짓점으로 하는 삼각형 ABC는 어떤 삼각형인지 판별하라.

풀이

$$\overline{AB} = \sqrt{(-3-5)^2 + (2-4)^2} = \sqrt{68}$$
$$\overline{BC} = \sqrt{(6+3)^2 + (0-2)^2} = \sqrt{85}$$
$$\overline{CA} = \sqrt{(5-6)^2 + (4-0)^2} = \sqrt{17}$$

세 길이는 $\overline{AB}^2 + \overline{CA}^2 = \overline{BC}^2$을 만족하므로 삼각형 ABC는 $\angle A = 90°$인 직각삼각형이다.

😺 선분 AB 위의 점 P에 대하여 $\overline{AP} : \overline{PB} = m : n \ (m, n > 0)$일 때 점 P는 선분 AB를 $m : n$으로 **내분**한다고 한다. 또 점 P를 선분 AB의 **내분점**이라고 한다.

두 점 $A(x_1, y_1)$, $B(x_2, y_2)$를 이은 선분 AB를 $m : n$으로 내분하는 점 $P(x, y)$의 좌표는 다음과 같다.

$$P\left(\frac{mx_2 + nx_1}{m + n}, \frac{my_2 + ny_1}{m + n}\right)$$

특히, $m = n$일 때 선분 AB의 내분점을 **중점**이라고 하고 좌표는 $\left(\dfrac{x_1 + x_2}{2}, \dfrac{y_1 + y_2}{2}\right)$이다.

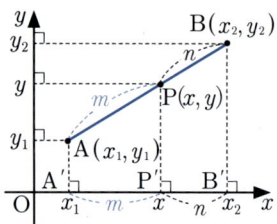

선분 AB를 $m : n$으로 내분하는 점 P

😺 선분 AB의 연장선 위의 점 Q에 대하여 $\overline{AQ} : \overline{QB} = m : n \ (m, n > 0, \ m \neq n)$일 때 점 Q는 선분 AB를 $m : n$으로 **외분**한다고 한다. 또 점 Q를 선분 AB의 **외분점**이라고 한다.

두 점 $A(x_1, y_1)$, $B(x_2, y_2)$를 이은 선분 AB를 $m : n$으로 외분하는 점 $Q(x, y)$의 좌표는 다음과 같다.

$$Q\left(\frac{mx_2 - nx_1}{m - n}, \frac{my_2 - ny_1}{m - n}\right)$$

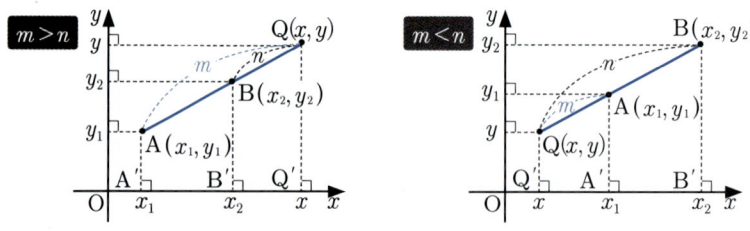

선분 AB를 $m : n$으로 외분하는 점 Q

 예

좌표평면 위에 있는 두 점 A(−1, 2)와 B(5, −1)를 생각하자.

(a) 선분 AB의 1 : 2 내분점 P는 $\left(\dfrac{1 \times 5 + 2 \times (-1)}{1+2}, \dfrac{1 \times (-1) + 2 \times 2}{1+2} \right) = (1, 1)$이다.

(b) 선분 AB의 4 : 1 외분점 Q는 $\left(\dfrac{4 \times 5 - 1 \times (-1)}{4-1}, \dfrac{4 \times (-1) - 1 \times 2}{4-1} \right) = (7, -2)$이다.

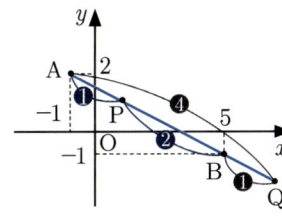

삼각형의 한 꼭짓점과 마주 보는 변의 중점을 이은 선분을 중선이라 한다. 세 중선은 한 점에서 만나는데 이 점을 **무게중심(centroid)**이라 한다. 무게중심은 각 중선을 꼭짓점으로부터 2 : 1로 내분한다.

 예

세 점 $A(x_1, y_1)$, $B(x_2, y_2)$, $C(x_3, y_3)$가 꼭짓점인 삼각형 ABC의 무게중심 G의 좌표를 구하라.

 풀이

선분 BC의 중점을 M이라 하면 $M\left(\dfrac{x_2 + x_3}{2}, \dfrac{y_2 + y_3}{2} \right)$이다. 무게중심 $Q(x, y)$는 선분 AM을 2 : 1로 내분하는 점이므로 x좌표는 다음과 같다.

$$x = \dfrac{2 \times \dfrac{x_2 + x_3}{2} + 1 \times x_1}{2 + 1} = \dfrac{x_1 + x_2 + x_3}{3}$$

같은 방법으로 $y = \dfrac{y_1 + y_2 + y_3}{3}$이다. 따라서 $G\left(\dfrac{x_1 + x_2 + x_3}{3}, \dfrac{y_1 + y_2 + y_3}{3} \right)$이다.

😺 좌표평면 위의 모든 직선은 x, y에 대한 일차방정식 $ax+by+c=0$ 꼴로 나타낼 수 있다. 특히 y축에 평행한 직선($b=0$)을 제외한 모든 직선은 $y=mx+n$ 꼴로 나타낼 수 있다. 이처럼 직선을 나타내는 방정식을 **직선의 방정식**이라고 한다.

😺 좌표평면 위의 직선의 기울기는 크게 3가지 방법으로 구할 수 있다.

(1) 직선의 방정식 $y=mx+n$에서 일차항의 계수 m을 읽는다.

(2) 직선이 지나는 두 점 (x_1, y_1), (x_2, y_2)를 알 때 $\dfrac{\Delta y}{\Delta x} = \dfrac{y_2 - y_1}{x_2 - x_1}$을 구한다(단, $x_1 \neq x_2$).

(3) 직선이 x축의 양의 방향과 이루는 각 θ를 알 때 $\tan\theta$를 구한다.

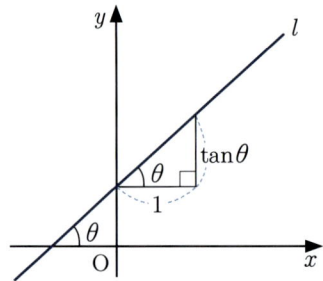

직선 l이 x축의 양의 방향과 이루는 각이 θ

(a) 직선 $y=x-3$의 기울기는 1이다.

(b) 두 점 $(1,-2)$와 $(4,1)$을 지나는 직선의 기울기는 $\dfrac{1-(-2)}{4-1} = 1$이다.

(c) x축의 양의 방향과 이루는 각의 크기가 $45°$인 직선의 기울기는 $\tan 45° = 1$이다.

😺 기울기가 m이고 점 (x_0, y_0)를 지나는 직선의 방정식은 $y = m(x-x_0) + y_0$이다.

😺 두 직선 $l : y = mx + n$, $l' : y = m'x + n'$이 서로 평행하거나 수직일 조건은 다음과 같다.

(1) 두 직선 l과 l'이 서로 평행 $\Leftrightarrow m = m', n \neq n'$

(2) 두 직선 l과 l'이 서로 수직 $\Leftrightarrow mm' = -1$

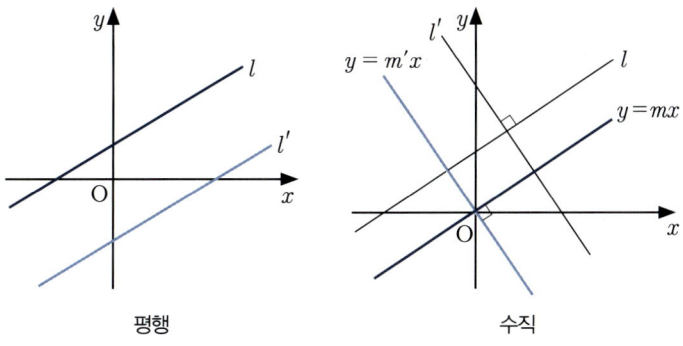

평행　　　　　　　　　　　수직

두 직선 l과 l'이 서로 평행하거나 수직인 경우

 예

점 $(-2, 1)$을 지나고 직선 $y = -\frac{2}{3}x$에 평행하거나 수직인 직선을 구하라.

풀이

직선 $y = -\frac{2}{3}x$에 평행한 직선의 방정식은 $y = -\frac{2}{3}\{x - (-2)\} + 1 = -\frac{2}{3}x - \frac{1}{3}$이다.

직선 $y = -\frac{2}{3}x$에 수직인 직선의 방정식은 $y = \frac{3}{2}\{x - (-2)\} + 1 = \frac{3}{2}x + 4$이다.

 예

두 직선 $ax + by + c = 0$과 $a'x + b'y + c' = 0$이 서로 수직일 조건은 $aa' + bb' = 0$임을 보여라 (단, $ab \neq 0, a'b' \neq 0$).

풀이

$ax + by + c = 0$과 $a'x + b'y + c' = 0$이 서로 수직 $\Leftrightarrow y = -\frac{a}{b}x - \frac{c}{b}$와 $y = -\frac{a'}{b'}x - \frac{c'}{b'}$이 서로 수직 $\Leftrightarrow \left(-\frac{a}{b}\right)\left(-\frac{a'}{b'}\right) = -1 \Leftrightarrow aa' + bb' = 0$

🐾 좌표평면 위의 점 $P(x_1, y_1)$과 점 P를 지나지 않는 직선 $l : ax + by + c = 0$ ($a \neq 0$ 또는 $b \neq 0$) 사이의 거리 d는 다음과 같다.

$$d = \frac{|ax_1 + by_1 + c|}{\sqrt{a^2 + b^2}}$$

이 공식은 반드시 외워야 한다! 밑에는 $\sqrt{}$, 위에는 $||$

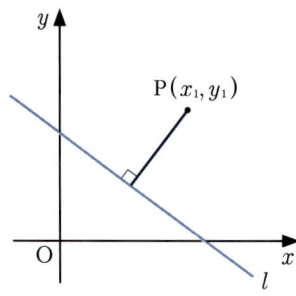

점 P와 직선 l 사이의 거리

평행한 두 직선 $2x - 3y - 2 = 0$, $2x - 3y + 6 = 0$ 사이의 거리를 구하라.

풀이

직선 $2x - 3y - 2 = 0$ 위의 한 점과 또 다른 직선 $2x - 3y + 6 = 0$ 사이의 거리를 재면 된다.

아무 점이나 택해도 무관하지만 기왕이면 계산이 간편한 점을 택하자.

점 $(1,0)$과 직선 $2x - 3y + 6 = 0$ 사이의 거리는

$$\frac{|2 \times 1 - 3 \times 0 + 6|}{\sqrt{2^2 + (-3)^2}} = \frac{8}{\sqrt{13}}$$ 이다.

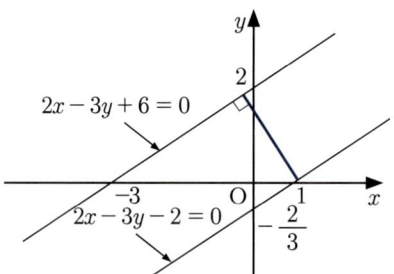

🐾 좌표평면 위의 세 점 $A(x_1, y_1)$, $B(x_2, y_2)$, $C(x_3, y_3)$의 좌표를 알면 삼각형 ABC의 넓이를 다음과 같이 쉽게 계산할 수 있다. 이를 **신발끈 공식**이라 한다.

$$S = \frac{1}{2}\begin{vmatrix} x_1 & x_2 & x_3 & x_1 \\ y_1 & y_2 & y_3 & y_1 \end{vmatrix}$$
$$= \frac{1}{2}|x_1y_2 + x_2y_3 + x_3y_1 - x_2y_1 - x_3y_2 - x_1y_3|$$

 예

좌표평면 위 삼각형의 넓이는 꼭짓점 좌표만 알면 구할 수 있다. 오른쪽 그림과 같이 세 점 $O(0,0)$, $A(x_1, y_1)$, $B(x_2, y_2)$를 꼭짓점으로 하는 삼각형 OAB를 생각하자.

삼각형 OAB의 넓이는 그림에서 보듯이 삼각형 GAB, GOB, GOA의 넓이의 합이다.

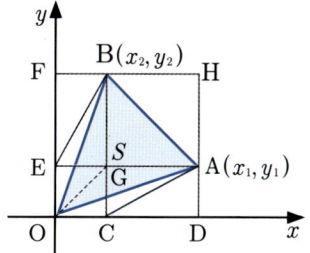

(i) 삼각형 GAB의 넓이 $= \frac{1}{2} \times$(사각형 GAHB의 넓이)

　삼각형의 넓이는 (밑변)×(높이)이므로 밑변과 높이의 길이가 같은 두 삼각형의 넓이는 같다.

(ii) 삼각형 GOB의 넓이 = 삼각형 GEB의 넓이 $= \frac{1}{2} \times$(사각형 GEFB의 넓이)

(iii) 삼각형 GOA의 넓이 = 삼각형 GCA의 넓이 $= \frac{1}{2} \times$(사각형 GCDA의 넓이)

(i)~(iii)을 이용하면 삼각형 OAB의 넓이는 다음과 같다.

삼각형 OAB의 넓이 $= \frac{1}{2} \times$(사각형 GAHB의 넓이 + 사각형 GEFB의 넓이 + 사각형 GCDA의 넓이)
$= \frac{1}{2} \times$(사각형 ODHF의 넓이 − 사각형 OCGE의 넓이)
$= \frac{1}{2}|x_1y_2 - x_2y_1|$

SUMMARY

1. 좌표평면 위의 두 점 $A(x_1, y_1)$, $B(x_2, y_2)$와 두 점을 이은 선분 AB를 생각하자.

    (1) 두 점 A, B 사이의 거리 : $\overline{AB} = \sqrt{(x_2-x_1)^2 + (y_2-y_1)^2}$

    (2) 선분 AB를 $m:n$으로 내분하는 점 : $P\left(\dfrac{mx_2+nx_1}{m+n}, \dfrac{my_2+ny_1}{m+n}\right)$

    (3) 선분 AB를 $m:n\,(m \neq n)$으로 외분하는 점 : $Q\left(\dfrac{mx_2-nx_1}{m-n}, \dfrac{my_2-ny_1}{m-n}\right)$

2. 좌표평면 위의 직선의 기울기를 구하는 방법은 크게 3가지가 있다.

    (1) 직선의 방정식 $y = mx + n$에서 일차항 계수 m을 읽는다.

    (2) 직선이 지나는 두 점 (x_1, y_1), (x_2, y_2)를 알 때 $\dfrac{\Delta y}{\Delta x} = \dfrac{y_2-y_1}{x_2-x_1}$을 구한다(단, $x_1 \neq x_2$).

    (3) 직선이 x축의 양의 방향과 이루는 각 θ를 알 때 $\tan\theta$를 구한다.

3. 좌표평면 위의 두 일차함수가 서로 수직 $\Leftrightarrow$ 두 직선의 기울기 곱이 -1

4. 점 $P(x_1, y_1)$과 직선 $ax + by + c = 0$ 사이의 거리는 $d = \dfrac{|ax_1+by_1+c|}{\sqrt{a^2+b^2}}$이다.

개념 쏙쏙 확인예제

01 두 점 O(0,0), A(0,4)와 직선 $y=x-2$ 위의 점 P에 대하여 $\overline{OP}^2 + \overline{AP}^2$ 값이 최소가 되는 점 P의 좌표를 구하라.

02 네 점 A(a,0), B(b,-2), C(5,2), D(1,4)를 꼭짓점으로 하는 사각형 ABCD가 마름모가 될 때, 상수 a, b 값을 각각 구하라(단, $a>0$).

03 두 직선 $2x-y+5=0$, $x+2y-3=0$이 이루는 각을 이등분하는 직선의 방정식을 구하라.

풀이

 # 원의 방정식

직선은 인간의 선이고 곡선은 신의 선이다. – 안토니오 가우디

🐾 평면 위의 고정된 점 C(a,b)에서 일정한 거리에 있는 점의 집합을 **원(circle)**이라고 한다. 이때 점 C는 원의 중심, 중심에서 원 위의 한 점을 이은 선분을 원의 반지름이라고 한다.

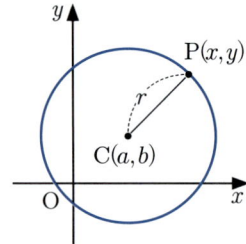

중심이 C(a,b)이고 반지름의 길이가 r인 원

중심이 C(a,b)이고 반지름의 길이가 r인 원 위의 임의의 점을 P(x,y)라 하면 다음이 성립한다.

$$\overline{CP} = r \Leftrightarrow \sqrt{(x-a)^2+(y-b)^2} = r \Leftrightarrow (x-a)^2+(y-b)^2 = r^2$$

즉 중심이 C(a,b)이고 반지름의 길이가 r인 원의 방정식은 $(x-a)^2+(y-b)^2 = r^2$이다.

두 점 A(2,5), B(−4,−1)을 지름의 양 끝 점으로 하는 원의 방정식을 구하라.

구하는 원의 중심을 C(a,b)라고 하면 점 C는 선분 AB의 중점이므로 다음이 성립한다.

$$a = \frac{2+(-4)}{2} = -1, b = \frac{5+(-1)}{2} = 2$$

따라서 C(−1,2)이고 원의 반지름의 길이는 $\overline{CA} = \sqrt{(-1-2)^2+(2-5)^2} = 3\sqrt{2}$이다.

이로부터 구하는 원의 방정식은 $(x+1)^2+(y-2)^2=18$이다.

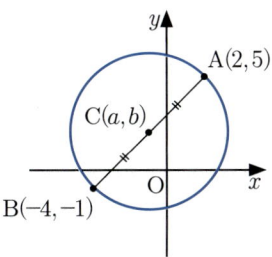

🐾 원의 방정식 $(x-a)^2+(y-b)^2=r^2$의 좌변을 전개하면 다음과 같다.

$$x^2+y^2-2ax-2by+a^2+b^2-r^2=0$$

즉 $x^2+y^2+Ax+By+C=0$의 꼴로 쓸 수 있다. 반대로 방정식 $x^2+y^2+Ax+By+C=0$을 완전제곱식 꼴로 변형하면 다음과 같다.

$$\left(x+\frac{A}{2}\right)^2+\left(y+\frac{B}{2}\right)^2=\frac{A^2+B^2-4C}{4}$$

$A^2+B^2-4C>0$이면 중심이 $\left(-\frac{A}{2},-\frac{B}{2}\right)$이고 반지름의 길이가 $\frac{\sqrt{A^2+B^2-4C}}{2}$인 원이다.

$A^2+B^2-4C=0$이면 주어진 방정식에 대응하는 도형은 한 점 $\left(-\frac{A}{2},-\frac{B}{2}\right)$이다.

$A^2+B^2-4C<0$이면 좌표평면에 도형이 그려지지 않는다.

 예

방정식 $x^2+y^2-3x+2y+k=0$이 나타내는 도형이 원일 때, 상수 k 값의 범위를 구하라.

풀이

주어진 방정식을 정리하면 $\left(x-\frac{3}{2}\right)^2+(y+1)^2=\frac{13}{4}-k$이다.

따라서 $\frac{13}{4}-k>0 \Leftrightarrow k<\frac{13}{4}$일 때, 주어진 방정식은 원을 나타낸다.

그림과 같이 원점을 지나는 원이 두 점 $(-2,-1)$, $(0,3)$을 지날 때, 원의 방정식을 구하라.

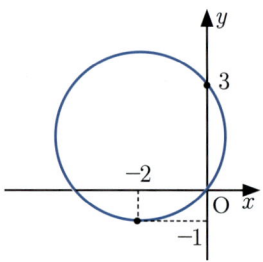

풀이

구하는 원의 방정식을 $x^2+y^2+Ax+By+C=0$이라고 하면 원점 $(0,0)$을 지나므로 $C=0$이다. 또 두 점 $(-2,-1)$, $(0,3)$을 지나므로 다음 관계를 만족한다.

$$5-2A-B=0,\ 9+3B=0$$

이 연립방정식을 풀면 $A=4$, $B=-3$이다. 따라서 구하는 원의 방정식은 다음과 같다.

$$x^2+y^2+4x-3y=0 \Leftrightarrow (x+2)^2+\left(y-\frac{3}{2}\right)^2=\frac{25}{4}$$

1. 중심이 (a,b)이고 반지름의 길이가 r인 원의 방정식은 $(x-a)^2+(y-b)^2=r^2$이다.

2. 방정식 $x^2+y^2+Ax+By+C=0$은 $A^2+B^2-4C>0$일 때 원이다.

개념 쏙쏙 확인예제

※ 01~03 다음 원의 방정식을 구하라.

01 중심이 $(1,3)$이고 반지름의 길이가 $\sqrt{3}$인 원

02 두 점 $(-4,-1)$, $(2,3)$을 지름의 양 끝 점으로 하는 원

03 원점과 두 점 $(1,0)$, $(0,1)$을 지나는 원

04 방정식 $x^2+y^2-4kx-2y+3k+1=0$이 나타내는 도형이 원일 때, 상수 k 값의 범위를 구하라.

05 중심이 직선 $y=-x$ 위에 있고, 두 점 $(1,1)$, $(3,-5)$를 지나는 원의 방정식을 구하라.

06 두 점 $A(-2a,0)$, $B(a,0)$ $(a>0)$에 대하여 점 P가 $\overline{AP} : \overline{BP} = 2 : 1$을 만족하면서 움직일 때, 점 P의 자취(점 P가 나타내는 도형의 방정식)를 구하라.

 접선의 방정식

접할 때 특별한 일이 생긴다!

🐾 원과 직선의 방정식이 각각 $x^2+y^2=r^2$, $y=mx+n$이라 하자. 두 식을 연립하여 정리하면 다음 이차방정식을 얻는다.

$$x^2+(mx+n)^2=r^2 \Leftrightarrow (m^2+1)x^2+2mnx+n^2-r^2=0$$

이제 원과 직선의 교점의 개수는 두 식을 연립하여 정리한 이차방정식에서 실근의 개수와 같다. (그래프의 교점)=(방정식의 근)임을 명심하자!

한편, 원의 중심과 직선 사이의 거리를 d, 원의 반지름의 길이를 r이라 두자. d와 r의 대소를 비교해도 원과 직선의 위치 관계를 알 수 있다.

즉, **원과 직선의 위치 관계**는 다음 표와 같이 2가지 방법을 이용하여 알 수 있다.

	판별식 D의 범위	d와 r의 대소 비교
그래프		
서로 다른 두 점에서 만난다.	$D>0$	$d<r$
한 점에서 만난다(접한다).	$D=0$	$d=r$
만나지 않는다.	$D<0$	$d>r$

 **예**

원 $x^2+y^2-5x-3=0$과 직선 $y=-x-1$의 위치 관계를 설명하라.

 풀이

$y=-x-1$을 $x^2+y^2-5x-3=0$에 대입하면 다음과 같은 이차방정식을 얻는다.

$$x^2+(-x-1)^2-5x-3=0$$
$$2x^2-3x-2=0$$

이 이차방정식의 판별식 D는 $D>0$이므로 원과 직선은 서로 다른 두 점에서 만난다.

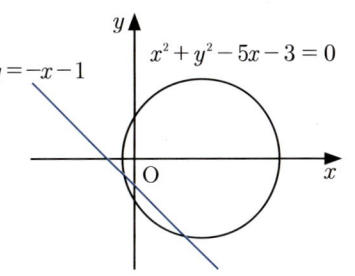

🐾 원과 직선의 위치 관계 중 제일 중요한 것은 접하는 경우다.

🐾 원 $x^2+y^2=r^2$에 접하고 기울기가 m인 **접선의 방정식**은 다음과 같다.

$$y=mx\pm r\sqrt{m^2+1}$$

 오른쪽 그림과 같이 원 $x^2+y^2=r^2$에 접하고 기울기가 m인 접선의 방정식을 $y=mx+n \Leftrightarrow mx+(-1)y+n=0$이라 하자. d와 r 값을 비교하면 다음이 성립한다.

$$d=\frac{|m\times 0+(-1)\times 0+n|}{\sqrt{m^2+(-1)^2}}=r$$

식을 정리하면 $|n|=r\sqrt{m^2+1} \Leftrightarrow n=\pm r\sqrt{m^2+1}$ 이다.

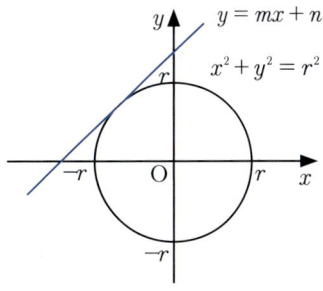

원 $x^2+y^2=r^2$ 위의 점 P(a,b)를 지나는 **접선의 방정식**은 다음과 같다.

$$ax+by=r^2$$

 오른쪽 그림과 같이 점 P(a,b)를 지나는 직선 l은 직선 OP에 수직이므로 l의 기울기는 $-\dfrac{a}{b}$이다.

$\left(\because \dfrac{b}{a}\times\left(-\dfrac{a}{b}\right)=-1\right)$

따라서 접선 l의 방정식은 다음과 같다.

$$y-b=-\dfrac{a}{b}(x-a) \Leftrightarrow ax+by=a^2+b^2$$

또한 점 P(a,b)는 원 $x^2+y^2=r^2$ 위의 점이므로 $a^2+b^2=r^2$이다.
즉, 접선의 방정식은 $ax+by=a^2+b^2=r^2$이다.

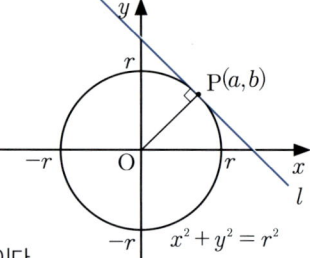

원 $x^2+y^2=16$에 대하여 다음을 만족하는 접선의 방정식을 구하라.

(a) 기울기가 -2인 접선
(b) 원 위의 점 $(2,-2\sqrt{3})$을 지나는 접선

(a) $y=-2x\pm 4\sqrt{(-2)^2+1}=-2x\pm 4\sqrt{5}$
(b) $2x-2\sqrt{3}\,y=16 \Leftrightarrow x-\sqrt{3}\,y=8$

1. 원과 직선 사이의 관계는 판별식 D를 관찰하거나 d와 r 값을 비교하여 알 수 있다.

2. 원 $x^2+y^2=r^2$에 접하고 기울기가 m인 접선의 방정식은 $y=mx\pm r\sqrt{m^2+1}$이다.

3. 원 $x^2+y^2=r^2$ 위의 점 P(a,b)를 지나는 접선의 방정식은 $ax+by=r^2$이다.

개념 쏙쏙 확인예제

01 원 $(x-a)^2+(y-1)^2=4$와 직선 $3x-4y-a+2=0$이 만날 때, 상수 a 값의 범위를 구하라.

02 점 $(-1,-4)$에서 원 $x^2+y^2=4$에 그은 두 접선의 기울기를 각각 m_1, m_2라 할 때 m_1m_2 값을 구하라.

03 직선 $y=2x+k$와 원 $x^2+y^2=4$가 서로 다른 두 점 P, Q에서 만난다고 하자. 현 PQ의 길이가 2가 되는 실수 k 값을 구하라.

04 원 $x^2+y^2=1$에 외접하고 직선 $3x+4y-19=0$에 접하는 원 중에서 그 중심이 x축 위에 있는 원의 방정식을 구하라.

풀이

 # 04 부등식의 영역

부등식은 좌표평면에서 무엇에 대응할까?

😺 좌표평면은 함수 $y=f(x)$의 그래프에 의하여 다음과 같이 세 부분으로 나뉜다.

$$y > f(x),\ y = f(x),\ y < f(x)$$

(1) 부등식 $y > f(x)$의 영역 : 함수 $y = f(x)$의 그래프의 윗부분

(2) 함수 $y = f(x)$: 함수 $y = f(x)$의 그래프

(3) 부등식 $y < f(x)$의 영역 : 함수 $y = f(x)$의 그래프의 아랫부분

😺 좌표평면은 원 $x^2 + y^2 = r^2$에 의하여 다음과 같이 세 부분으로 나뉜다.

$$x^2 + y^2 > r^2,\ x^2 + y^2 = r^2,\ x^2 + y^2 < r^2$$

(1) 부등식 $x^2 + y^2 > r^2$의 영역 : 원 $x^2 + y^2 = r^2$의 외부

(2) 방정식 $x^2 + y^2 = r^2$: 원 $x^2 + y^2 = r^2$

(3) 부등식 $x^2 + y^2 < r^2$의 영역 : 원 $x^2 + y^2 = r^2$의 내부

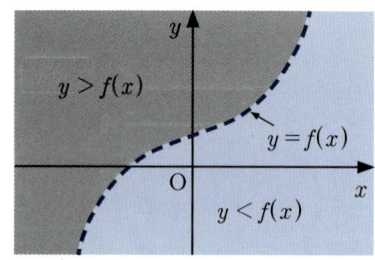

함수 $y = f(x)$의 그래프로 나누는 좌표평면 영역

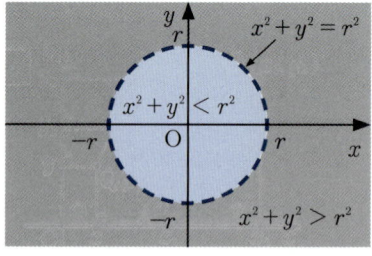

원 $x^2 + y^2 = r^2$으로 나누는 좌표평면 영역

다음 그림의 색칠한 부분을 부등식으로 나타내라. 실선으로 표시된 경계선은 포함하고, 점선으로 표시된 경계선은 제외한다.

(a)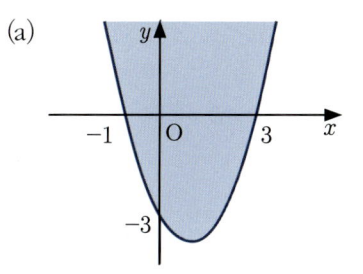

(단, 주어진 곡선은 이차함수다.)

(b)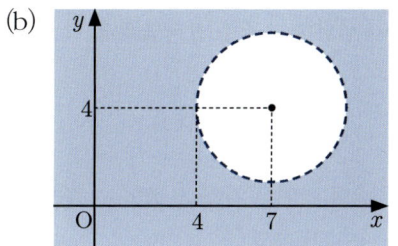

(단, 주어진 곡선은 원이다.)

풀이

(a) 두 점 $(-1, 0)$, $(3, 0)$을 지나는 이차함수는 $y = a(x+1)(x-3)$ 꼴이다.

이 이차함수는 점 $(0, -3)$을 지나므로 $-3 = a \times 1 \times (-3)$에서 $a = 1$이다.
경계선은 $y = (x+1)(x-3) = x^2 - 2x - 3$의 그래프이므로 색칠한 부분은
부등식 $y \geq x^2 - 2x - 3$이다.

(b) 중심이 $(7, 4)$이고 반지름의 길이가 $7 - 4 = 3$인 원의 방정식은 $(x-7)^2 + (y-4)^2 = 9$이다.
경계선은 원 $(x-7)^2 + (y-4)^2 = 9$이므로 색칠한 부분은
부등식 $(x-7)^2 + (y-4)^2 > 9$이다.

😺 두 개 이상의 부등식을 동시에 만족하는 영역을 **연립부등식의 영역**이라고 한다. 다시 말해 연립부등식의 영역은 각 부등식의 영역의 공통부분이다.

부등식 $(x+y-2)(x-2y-2) > 0$의 영역을 좌표평면 위에 나타내라.

풀이

주어진 부등식이 성립하는 경우는 다음과 같다.

$$\begin{cases} x+y-2 > 0 \\ x-2y-2 > 0 \end{cases} \cdots ① \quad \text{또는} \quad \begin{cases} x+y-2 < 0 \\ x-2y-2 < 0 \end{cases} \cdots ②$$

연립부등식 ①, ②의 영역을 각각 A, B라고 하면 구하는 부등식의 영역은 $A \cup B$이다.

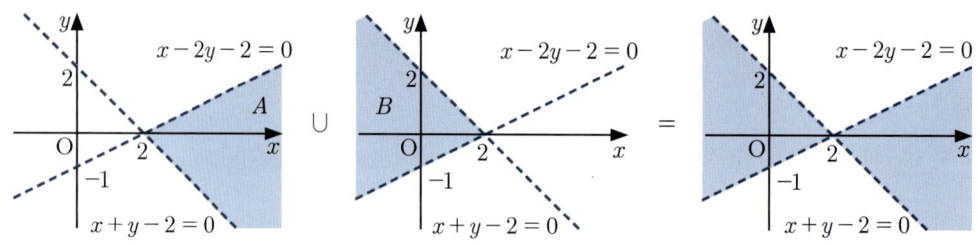

부등식의 영역을 통해 제약조건 아래에서 최댓값 또는 최솟값을 구할 수 있다. **제약조건(constraint)** 은 문제의 해가 만족해야 하는 조건을 뜻한다. 예를 들어 다음 연립부등식의 영역에 속하는 점 (x, y)에 대하여 $y-x$의 최댓값과 최솟값을 구한다고 해 보자.

$$x \geq 0, \quad y \geq 0, \quad y \leq -\frac{3}{2}x + 3 \quad \text{[제약조건]}$$

위의 부등식 3개가 문제의 제약조건이다. 이 문제는 다음 순서대로 풀 수 있다.

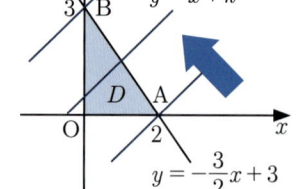

(1) 주어진 연립부등식의 영역을 D라 하자. D는 오른쪽 그림에 색칠한 삼각형 OAB와 그 내부다.

(2) $y - x = k$(k는 상수)로 놓자. k를 고정하고 $y - x = k$를 만족하는 (x, y)를 그림처럼 등고선을 그리듯이 좌표평면에 나타낸다. 이때 $y - x = k \Leftrightarrow y = x + k$는 y절편이 k인 직선이므로 ↖ 방향으로 k 값이 커진다.

(3) 그림에서 등고선의 고도는 다음과 같은 조건에서 최대 또는 최소다.

    (i) 직선 $y = x + k$가 점 B$(0, 3)$을 지날 때 최대이고, 최댓값은 $k = 3$이다.

    (ii) 직선 $y = x + k$가 점 A$(2, 0)$을 지날 때 최소이고, 최솟값은 $k = -2$이다.

(4) $y - x$의 최댓값은 3이고 최솟값은 -2이다.

세 점 A$(2, 3)$, B$(1, 1)$, C$(3, 2)$를 꼭짓점으로 하는 삼각형 ABC와 그 내부에 속하는 점 (x, y)에 대하여 $\dfrac{y+1}{x+2}$의 최댓값과 최솟값을 구하라.

풀이

$\dfrac{y+1}{x+2} = k$ (k는 상수)를 만족하는 (x, y)는 기울기가 k이고 점 $(-2, -1)$을 지나는 직선 위에 있다.

$$\frac{y+1}{x+2} = k \Leftrightarrow y + 1 = k(x+2)$$

여기서 k는 직선의 기울기이므로 오른쪽 그림과 같이 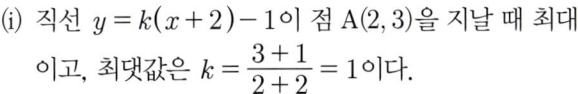 방향으로 k 값이 커진다. 등고선의 고도는 다음과 같은 조건에서 최대 또는 최소다.

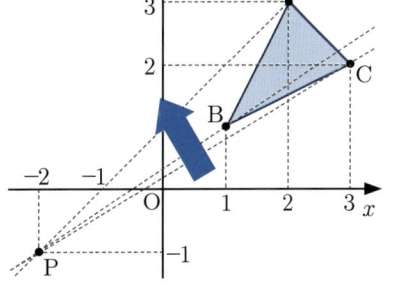

(i) 직선 $y = k(x+2) - 1$이 점 A$(2, 3)$을 지날 때 최대이고, 최댓값은 $k = \dfrac{3+1}{2+2} = 1$이다.

(ii) 직선 $y = k(x+2) - 1$이 점 C$(3, 2)$를 지날 때 최소이고, 최솟값은 $k = \dfrac{2+1}{3+2} = \dfrac{3}{5}$이다.

(i), (ii)에 의해 $\dfrac{y+1}{x+2}$의 최댓값은 1이고 최솟값은 $\dfrac{3}{5}$이다.

SUMMARY

1. 좌표평면은 $f(x, y) = 0$의 그래프에 의해 세 부분으로 나뉜다.

2. 부등식의 영역을 통해 **제약조건** 아래에서 최대·최소를 구할 수 있다.

개념 쏙쏙 확인예제

01 부등식 $x^2+y^2 \leq r^2$의 영역이 부등식 $(x+y-\sqrt{2})(x^2+y^2-4) \geq 0$의 영역에 포함되도록 하는 양수 r의 최댓값을 구하라.

02 x, y가 다음 부등식을 동시에 만족할 때, 일차식 $2x-y$의 최댓값과 최솟값을 구하라.

$$y \geq x^2, \quad y \leq x+2$$

풀이

2.3 복소수와 복소평면

수학은 과학의 여왕이고, 정수론은 수학의 여왕이다. 이 여왕은 때때로 천문학과 자연과학에 강림하여 도움을 주기도 하지만, 모든 관계에서 여왕은 항상 제일 앞에 서 있다.
– 칼 프리드리히 가우스(Carl Friedrich Gauss, 1777-1855)

세상을 이루는 '눈에 보이지 않지만 존재하는 것' 중에는 복소수처럼 행동하는 것이 굉장히 많다. 예를 들어 전자기학의 교류, 양자역학의 파동함수는 모두 복소수를 사용하여 표현하고 계산한다. 복소수가 없다면 전자기학이나 양자역학도 지금만큼 발전하지 못했을 것이고, 스마트폰 역시 발명되지 못했을 것이다. 다시 말해, 허수단위 i가 없다면 아이폰도 없다.

출처 : http://pixabay.com

또한 계수가 실수인 다항방정식 $a_n x^n + a_{n-1} x^{n-1} + \cdots + a_1 x + a_0 = 0$은 복소수 범위에서 반드시 해가 존재한다(대수학의 기본정리, 가우스, 1799년). 방정식을 풀기 위해 복소수보다 더 큰 수 체계를 고안하지 않아도 된다는 뜻이다. 이공계 학생 대부분은 한 번쯤 공부하게 될 미분방정식의 해법도 실수보다는 복소수를 사용할 때 보다 말끔하게 기술된다.

 Keyword

복소평면, 실수축, 허수축, 복소수의 덧셈·뺄셈, 직교좌표계, 극좌표계, 극형식, 절댓값, 편각, 켤레복소수, 복소수의 곱, 드 므와브르 정리, $z^n = a$

 # 01 복소평면

식과 그림을 연결하는 아름다운 다리

🐾 수직선(line of numbers)은 그림처럼 실수(real numbers)로 가득 차 있다.

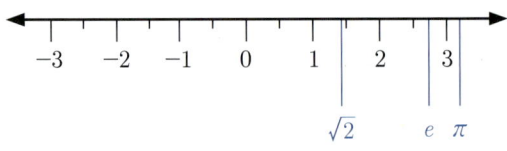

수직선에 대응하는 실수

실수가 아닌 복소수는 어디에 놓지? 수직선은 이미 꽉 차있어서 i가 들어갈 틈이 없다.

🐾 가우스 선생님이 말씀하시길

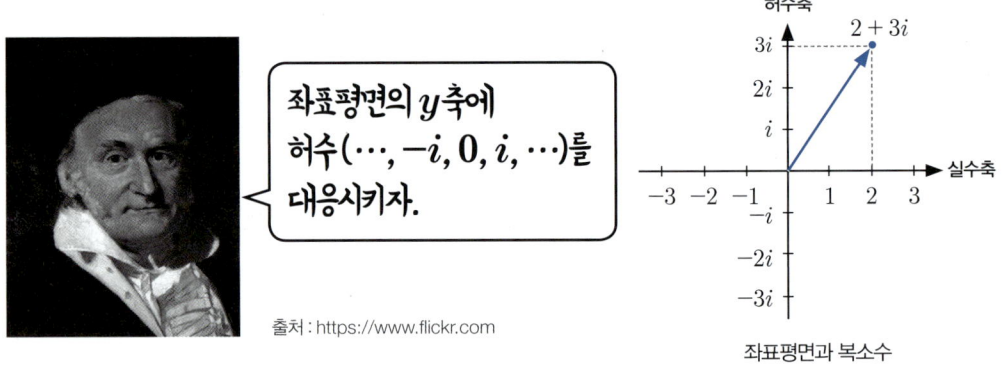

좌표평면의 y축에 허수$(\cdots, -i, 0, i, \cdots)$를 대응시키자.

출처 : https://www.flickr.com

좌표평면과 복소수

즉, $a + bi$의 집 주소는 좌표평면 위 순서쌍 (a, b)이다. 실수는 수직선에 대응하는 1차원적 수고, 복소수는 좌표평면에 대응하는 2차원적인 수다.

복소수 집합 $\mathbb{C}$와 일대일대응하는 평면을 **복소평면(complex plane)**, 복소평면의 가로축을 **실수축(real axis)**, 세로축을 **허수축(imaginary axis)**이라 한다.

두 복소수 $z_1 = x_1 + iy_1$, $z_2 = x_2 + iy_2$ (단, x_1, y_1, x_2, y_2는 실수)에 대하여 다음이 성립한다. 자세한 내용은 1.1절을 다시 살펴보자.

$$z_1 + z_2 = (x_1 + x_2) + i(y_1 + y_2)$$
$$z_1 - z_2 = (x_1 - x_2) + i(y_1 - y_2)$$

$0, z_1, z_2$가 한 직선 위에 있지 않을 때, 세 점 $z_1, z_2, z_1 \pm z_2$를 복소평면 위에 찍어보면 원점을 꼭짓점으로 가지는 평행사변형이 그려진다.

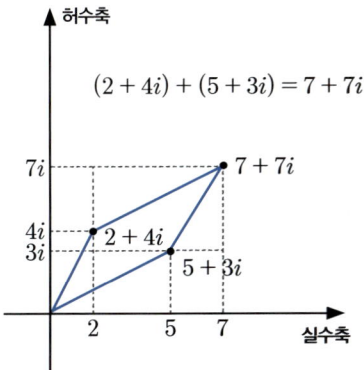

복소평면에서 복소수의 덧셈

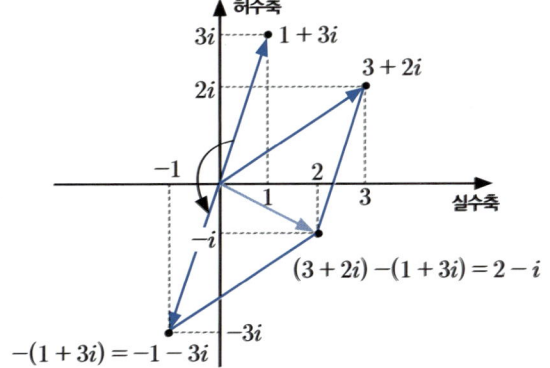

복소평면에서 복소수의 뺄셈

1. 복소수 $a+bi$는 좌표평면 위 점 (a,b)와 일대일대응한다. 복소수와 일대일대응하는 좌표평면을 **복소평면**, 가로축을 **실수축**, 세로축을 **허수축**이라 한다.

2. 두 복소수 z_1, z_2를 더하거나 빼서 얻은 복소수 $z_1 \pm z_2$는 원점, z_1, z_2를 꼭짓점으로 가지는 평행사변형의 나머지 꼭짓점에 대응한다.

개념 쏙쏙 확인예제

※ 01~04 다음 명제의 참, 거짓을 판정하라.
단, $|z|$는 복소수 $z=a+bi$와 복소평면의 원점 사이의 거리 $\sqrt{a^2+b^2}$을 의미한다.

01 실수 $a+0i$ (단, a는 실수)는 복소평면의 가로축에만 위치한다.

02 순허수 $0+bi$ (단, b는 0이 아닌 실수)는 복소평면의 세로축에만 위치한다.

03 $|z| \neq |\overline{z}|$인 복소수 z가 존재한다(단, $\overline{z}$는 z의 켤레복소수).

04 복소평면 위 세 점 0, z_1, z_2가 삼각형의 꼭짓점일 때, $|z_1+z_2| \leq |z_1|+|z_2|$이다.

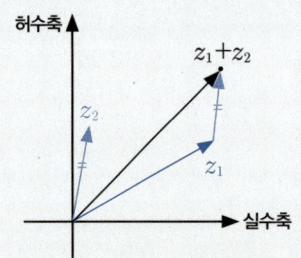

풀이

 ## 극형식과 복소수의 곱

년 나로부터 몇 시 방향으로 얼마나 멀리 있을까?

😺 좌표평면에 놓인 점의 위치를 표현하는 방식에는 두 가지가 있다.

(1) **직교좌표계**(rectangular coordinate system) : 수평선과 수직선을 그어 원점에서 어느 방향으로 얼마나 떨어져있는지 파악한다. 점 (a, b)는 원점에서 가로방향으로 a만큼, 세로 방향으로 b만큼 떨어진 점을 가리킨다.

(2) **극좌표계**(polar coordinate system) : 원점으로부터 몇 시 방향(θ)으로 얼마만큼(r) 떨어져 있는지를 사용하여 점의 위치를 (r, θ)라 표현한다.

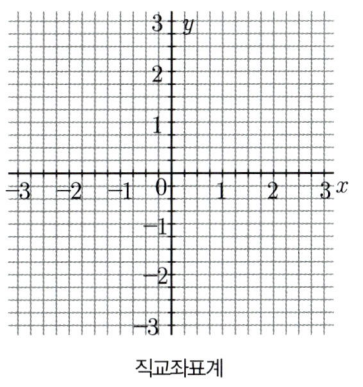
직교좌표계

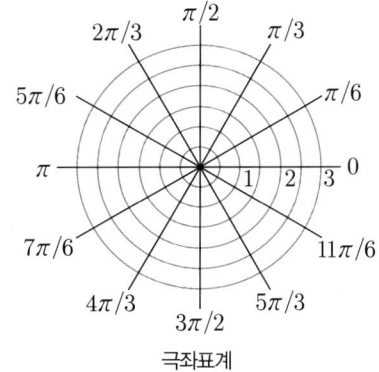
극좌표계

점의 위치를 표현하는 방식

 예

극좌표계에서 좌표
$A\left(1, \dfrac{\pi}{2}\right)$, $B\left(2, \dfrac{\pi}{6}\right)$, $C\left(1, \dfrac{4\pi}{3}\right)$에 대응하는 점은
오른쪽 그림과 같다.

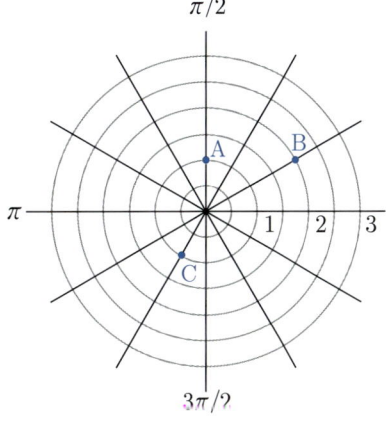

😺 직교좌표계는 직선이나 이차곡선을 다루기에 적합하다. 반면 극좌표계는 곡선을 다루기에 편리하다. 예를 들어 반지름의 길이가 1이고, 중심이 원점인 원의 방정식을 두 방법으로 각각 표현하면 다음과 같다.

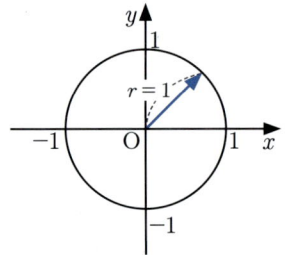

(1) 직교좌표계 : $x^2 + y^2 = 1$

(2) 극좌표계 : $r = 1$ (∵ 원은 중심까지의 거리가 r로 일정한 점들의 집합이다.)

😺 와선은 각이 커짐에 따라 원점에서의 거리도 멀어지는 곡선이다. 와선의 방정식을 극좌표로 나타내면 $r = k\theta$ (단, k는 비례상수)이다. 와선의 방정식을 직교좌표계로 나타낸다면? 굉장히 복잡할 것이다. 시도하고 싶지 않다.

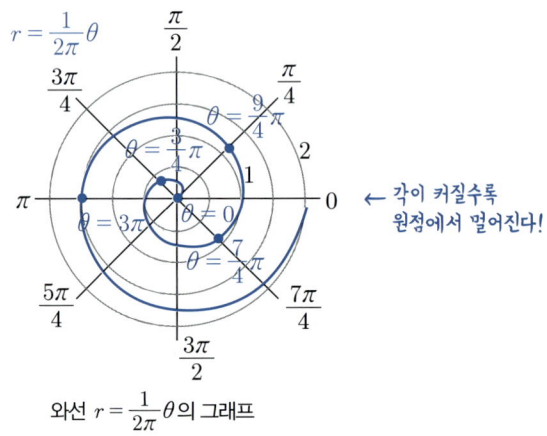

와선 $r = \dfrac{1}{2\pi}\theta$의 그래프

😺 복소평면 위 한 점 $z = a + bi$에 대하여 다음 그림처럼 원점이 꼭짓점인 직각삼각형을 생각할 수 있다. 원점에서 복소수 z까지 거리 $\sqrt{a^2 + b^2}$을 r, z가 실수축의 양의 방향과 이루는 각을 θ라 하자.

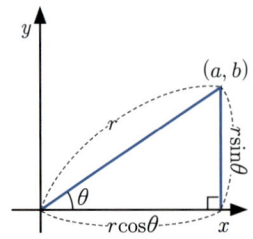

다음 관계가 성립한다.

$$z = \sqrt{a^2+b^2}\left(\frac{a}{\sqrt{a^2+b^2}} + \frac{bi}{\sqrt{a^2+b^2}}\right) = r\cos\theta + (r\sin\theta)i$$

이 식은 다시 $z = r(\cos\theta + i\sin\theta)$라 쓸 수 있다. 이를 가리켜 복소수의 **극형식(polar form)**이라 한다. 이때 r을 **크기(modulus)** 또는 **절댓값(absolute value)**이라 하고, $|z|$라 표기한다. θ를 복소수 z의 **편각(argument)**이라 부르고 $\arg(z)$라 표기한다. $\arg(z)$는 '아규 z' 또는 'z의 편각'이라 읽는다.

🐾 복소수의 극형식은 복소평면에 놓인 복소수를 극좌표의 관점으로 이해한 것이다.

다음 두 수를 복소수의 극형식으로 나타내라.
(a) 1
(b) $-\dfrac{1}{2} + \dfrac{\sqrt{3}}{2}i$

풀이

(a) $1 = 1 + i \times 0$
$= 1(\cos 0 + i\sin 0)$

(b) $-\dfrac{1}{2} + \dfrac{\sqrt{3}}{2}i = 1\left(\cos\dfrac{2\pi}{3} + i\sin\dfrac{2\pi}{3}\right)$

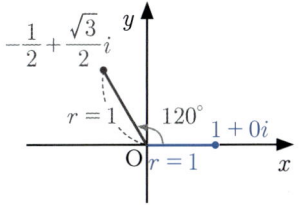

🐾 복소수 $z = a + bi$ (단, a, b는 실수)에 대하여 $a - bi$를 z의 **켤레복소수(complex conjugate)**라 하고, $\overline{z}$라 표기하며 'z 바'라 읽는다. 특히 z와 $\overline{z}$를 곱하면 다음이 성립한다.

$$z\overline{z} = (a+bi)(a-bi) = a^2 + b^2 = |z|^2$$

복소수를 계산할 때 굉장히 자주 사용되는 성질이니 잘 기억해두자.

🐾 질문! 복소수를 극형식으로 나타내면 어떤 장점이 있을까? 두 복소수 $z = r_1(\cos\theta_1 + i\sin\theta_1)$, $w = r_2(\cos\theta_2 + i\sin\theta_2)$에 대하여 다음이 성립한다.

$$zw = r_1 r_2 \{\cos(\theta_1 + \theta_2) + i\sin(\theta_1 + \theta_2)\}$$

why?
$$\begin{aligned}zw &= r_1 r_2 (\cos\theta_1 + i\sin\theta_1)(\cos\theta_2 + i\sin\theta_2) \\ &= r_1 r_2 \{(\cos\theta_1 \cos\theta_2 - \sin\theta_1 \sin\theta_2) + i(\sin\theta_1 \cos\theta_2 + \cos\theta_1 \sin\theta_2)\} \\ &\qquad\quad\text{코코싸싸!} \qquad\qquad\qquad\quad \text{싸코코싸!} \\ &= r_1 r_2 \{\cos(\theta_1 + \theta_2) + i\sin(\theta_1 + \theta_2)\}\end{aligned}$$

공식은 암기의 대상이 아니라 이해의 대상이다. 두 복소수의 곱셈은 두 복소수의 절댓값은 곱하고, 편각은 더하는 것과 같다. 즉, 복소수의 곱셈은 복소평면에서 회전이동과 같다.

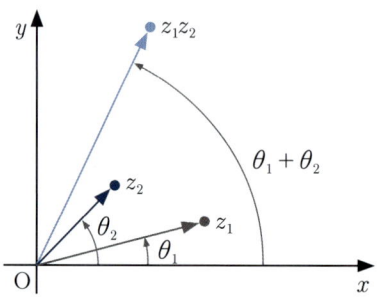

복소수 $z_1 = r_1(\cos\theta_1 + i\cos\theta_1)$, $z_2 = r_2(\cos\theta_2 + i\sin\theta_2)$와 곱 $z_1 z_2$

🐾 같은 방식으로 $z = r_1(\cos\theta_1 + i\sin\theta_1)$, $w = r_2(\cos\theta_2 + i\sin\theta_2)$에 대하여 다음이 성립한다.

$$\frac{z}{w} = \frac{r_1}{r_2}\{\cos(\theta_1 - \theta_2) + i\sin(\theta_1 - \theta_2)\}$$

곱할 때 편각을 더했듯이 나눌 때는 편각을 뺀다.

 **예**

$z = \dfrac{1+i}{\sqrt{2}}$ 일 때 z^2을 계산해 보자.

풀이

극형식으로 바꾸지 않아도 $z^2 = \dfrac{1+2i+(-1)}{2} = i$임을 쉽게 확인할 수 있지만, 극형식으로 바꾸어 이렇게 계산할 수도 있다.

$$r = \sqrt{\left(\dfrac{1}{\sqrt{2}}\right)^2 + \left(\dfrac{1}{\sqrt{2}}\right)^2} = 1 \text{이고} \quad \theta = \dfrac{\pi}{4} \text{이므로} \quad z = 1\left(\cos\dfrac{\pi}{4} + i\sin\dfrac{\pi}{4}\right)$$

즉 $z^2 = 1^2\left\{\cos\left(\dfrac{\pi}{4} + \dfrac{\pi}{4}\right) + i\sin\left(\dfrac{\pi}{4} + \dfrac{\pi}{4}\right)\right\} = 1\left(\cos\dfrac{\pi}{2} + i\sin\dfrac{\pi}{2}\right) = i$이다.

1. 복소수 $z = a + bi$는 $r(\cos\theta + i\sin\theta)$ 꼴로 나타낼 수 있다. 이 식을 복소수 z의 **극형식**이라 한다. 이때, r을 z의 **크기** 또는 **절댓값**이라 부르고 $|z|$라 표기한다.
   θ를 z의 **편각**이라 부르고 $\arg(z)$라 표기한다.

2. 복소수를 극형식으로 나타내면 곱셈과 나눗셈을 쉽게 계산할 수 있다. 두 복소수 $z = r_1(\cos\theta_1 + i\sin\theta_1)$, $w = r_2(\cos\theta_2 + i\sin\theta_2)$에 대하여 다음이 성립한다.

   (1) $zw = r_1 r_2\{\cos(\theta_1 + \theta_2) + i\sin(\theta_1 + \theta_2)\}$

   (2) $\dfrac{z}{w} = \dfrac{r_1}{r_2}\{\cos(\theta_1 - \theta_2) + i\sin(\theta_1 - \theta_2)\}$

   즉 두 복소수를 곱할 때 절댓값끼리는 곱하고, 편각끼리는 더한다.

개념 쏙쏙 확인예제

※ 01~02 다음 명제의 참, 거짓을 판정하라.

01 $|z|=1$인 모든 복소수 z에 대하여 $|z-\alpha|$ 값을 일정하게 만드는 복소수 α는 2개 존재한다.

02 복소수 z, $-\dfrac{1}{z}$, 0은 복소평면 위 한 직선 위에 있다.

03 복소수 z가 $z+\overline{z}=2$, $\arg(z)=\dfrac{\pi}{3}$를 만족할 때, z^3 값을 구하라.

풀이

 # 드 므와브르 정리

거듭제곱이 덧셈으로 바뀌는 매직!

🐾 두 복소수의 곱을 복소평면 위에 나타내면 절댓값은 곱하고, 편각은 더한다.

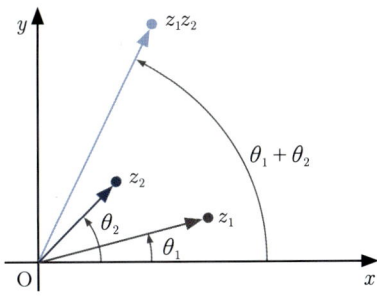

🐾 복소수 $\cos\theta + i\sin\theta$의 절댓값은 항상 $\sqrt{\cos^2\theta + \sin^2\theta} = 1$이다.

🐾 $\cos\theta + i\sin\theta$를 거듭제곱하면 어떻게 되는지 보자.

$(\cos\theta + i\sin\theta)(\cos\theta + i\sin\theta)^{-1} = 1$ (∵ 서로 역수이므로, 그 곱은 당연히 1)
복소수 $1 = \cos 0 + i\sin 0$의 절댓값은 1, 편각은 0이다.

$(\cos\theta + i\sin\theta)^{-1}$의 절댓값을 r, 편각을 α라 하자.
$(\cos\theta + i\sin\theta)(\cos\theta + i\sin\theta)^{-1} = 1$에서 양변의 절댓값과 편각을 비교하면 $1 \times r = 1$,
$\theta + \alpha = 0$이므로 $r = 1$, $\alpha = -\theta$이다.
∴ $(\cos\theta + i\sin\theta)^{-1} = \cos(-1\theta) + i\sin(-1\theta)$

$(\cos\theta + i\sin\theta)^2 = (\cos\theta + i\sin\theta) \times (\cos\theta + i\sin\theta)$에서 두 절댓값의 곱은 1,
편각의 합은 $\theta + \theta = 2\theta$이다.
∴ $(\cos\theta + i\sin\theta)^2 = \cos 2\theta + i\sin 2\theta$

한 번 더 해볼까?

$(\cos\theta + i\sin\theta)^3 = (\cos\theta + i\sin\theta)^2 \times (\cos\theta + i\sin\theta) = (\cos 2\theta + i\sin 2\theta)(\cos\theta + i\sin\theta)$

에서 두 절댓값의 곱은 1, 편각의 합은 $2\theta + \theta = 3\theta$이다.

$\therefore (\cos\theta + i\sin\theta)^3 = \cos 3\theta + i\sin 3\theta$

이제 보인다리 보인다. 패턴이 보인다.

정수 n에 대하여 $(\cos\theta + i\sin\theta)^n = \cos n\theta + i\sin n\theta$

SUMMARY

정수 n에 대하여 다음이 성립한다.

$$(\cos\theta + i\sin\theta)^n = \cos n\theta + i\sin n\theta$$

이 항등식을 **드 므와브르 정리**(de Moivre's formular)라 한다.

개념 쏙쏙 확인예제

※ 01~02 다음 명제의 참, 거짓을 판정하라.

01 $z = \cos\theta + i\sin\theta$와 임의의 정수 n에 대하여 $|z^n| = 1$이다.

02 $z = \dfrac{1+i}{\sqrt{2}}$에 대하여 $z^{10} = i$이다.

03 $(\sqrt{3} + i)^7$을 계산하라.

풀이

 $z^n = a$의 일반해

n차방정식을 풀이하는 보다 고급진 방법

🐾 방정식 $x^3 = 1$을 고1 수학에서는 이렇게 풀었다.

$$x^3 - 1 = 0 \Leftrightarrow (x-1)(x^2+x+1) = 0$$

근의 공식을 사용하여 방정식 $x^2 + x + 1 = 0$을 풀면 $x = \dfrac{-1 \pm \sqrt{1-4}}{2}$이다.
따라서 방정식 $x^3 = 1$의 해는 $x = 1, \dfrac{-1 \pm \sqrt{3}i}{2}$이다.

🐾 이제 방정식 $z^3 = 1$을 조금 더 고급진 방법으로 풀어보겠다. 복소수 z를 극형식으로 나타내면 $z^3 = r(\cos\theta + i\sin\theta)$이므로 z^3은 다음과 같다.

$$z^3 = r^3(\cos 3\theta + i\sin 3\theta)$$

복소수 1을 극형식으로 나타내면 $1 = 1(\cos 0 + i\sin 0)$이다. 이제 두 복소수 z^3과 1을 절댓값은 절댓값끼리, 편각은 편각끼리 비교하자.

$$r^3 = 1 \Leftrightarrow r = 1$$
$$3\theta = 0 \text{ 또는 } 2\pi \text{ 또는 } 4\pi \text{ 또는 } \cdots \Leftrightarrow \theta = 0, \frac{2\pi}{3}, \frac{4\pi}{3}, \cdots$$

$r^3 = 1$하고 $z^3 = 1$은 똑같은 식 아니에요? NO! $r^3 = 1$의 r은 양수고, $z^3 = 1$의 z는 복소수다. 에어팟 한 쪽을 잃어버렸을 때 집의 모든 곳을 다 찾아봐야 하는 것과 내 방만 잘 찾아보면 되는 것은 하늘과 땅 차이. 절댓값과 편각에 따라 $z^3 = 1$을 만족하는 z를 나타내면 다음 표와 같다.

극형식 표현	$z = 1(\cos 0 + i\sin 0)$, $1\left(\cos\dfrac{2\pi}{3} + i\sin\dfrac{2\pi}{3}\right)$, $1\left(\cos\dfrac{4\pi}{3} + i\sin\dfrac{4\pi}{3}\right)$
직교좌표 표현	$z = 1 + 0i$, $\quad -\dfrac{1}{2} + \dfrac{\sqrt{3}}{2}i$, $\quad -\dfrac{1}{2} - \dfrac{\sqrt{3}}{2}i$

🐾 $z^3 = 1$의 해를 복소평면 위에 찍어보면 $(1, 0)$이 한 꼭짓점이고 단위원에 내접하는 정삼각형의 세 꼭짓점이다.

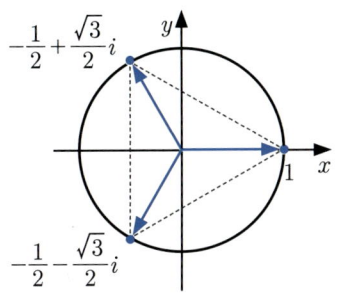

복소평면에서 $z^3 = 1$의 해

🐾 같은 방식으로 $z^n = 1$ $(n \geq 3)$의 해를 복소평면 위에 찍어보면 $(1, 0)$이 한 꼭짓점이고 단위원에 내접하는 정n각형의 n개 꼭짓점이다.

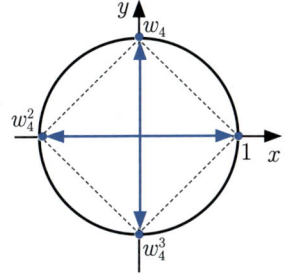

복소평면에서 $z^4 = 1$의 해

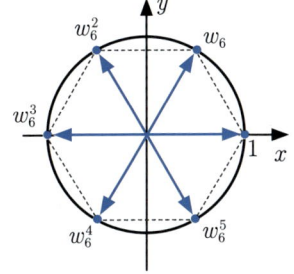

복소평면에서 $z^6 = 1$의 해

1. 방정식 $z^n = 1$의 해를 복소평면 위에 찍어보면 단위원에 내접하고 $(1, 0)$을 한 꼭짓점으로 하는 정n각형의 꼭짓점이다.

2. 방정식 $z^n = a$는 양변을 복소수의 극형식으로 나타내고, 절댓값과 편각을 각각 비교하여 풀 수 있다.

개념 쏙쏙 확인예제

※ 01~02 다음 명제의 참, 거짓을 판정하라.

01 방정식 $z^n = 1$은 복소수 범위에서 서로 다른 n개의 근을 가진다.

02 방정식 $z^n = 1$의 모든 근의 합은 0이다.

03 복소계수 방정식 $z^2 - 2iz - i - 2 = 0$을 풀어라.

2장 연습문제

01 두 함수 $f(x)$, $g(x)$에 대하여 $f(x) = 2x + 4$, $f^{-1}(x) = g(4x + 3)$이라 하자. 함수 $y = g(x)$의 그래프와 x축 및 y축으로 둘러싸인 부분의 넓이를 구하라.

02 함수 $f(x) = \dfrac{x^2}{4} + a \ (x \geq 0)$의 역함수를 $g(x)$라 하자. 방정식 $f(x) = g(x)$가 음이 아닌 서로 다른 두 실근을 가질 실수 a의 범위를 구하라.

03 실수 전체의 집합에서 정의된 함수 $f(x)$가 조건 (가), (나)를 모두 만족한다고 하자.

$$f(x) = \begin{cases} \dfrac{x+1}{x-3} & (x > 4) \\ \sqrt{4-x} + a & (x \leq 4) \end{cases}$$

(가) 치역은 $\{y \mid y \geq 1\}$이다.
(나) 임의의 두 실수 x_1, x_2에 대하여 $f(x_1) = f(x_2)$이면 $x_1 = x_2$이다.

$f(3)f(k) = 24$일 때, 상수 k 값을 구하라(단, a는 상수).

04 오른쪽 그림과 같이 점 $P_1(1, 0)$에 대하여 선분 OP_1을 기준으로 반지름의 길이가 1인 원을 10등분한 후 시계 반대 방향으로 차례로 점 $P_2, P_3, \cdots, P_{10}$이라고 하자. $\angle P_1 OP_2 = \theta$일 때, 다음 식의 값을 구하라.

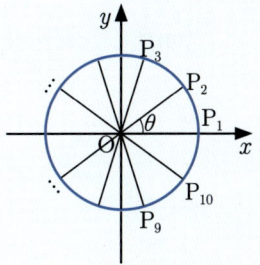

$$\cos\theta + \cos 2\theta + \cdots + \cos 10\theta$$

05 오른쪽 그림과 같이 어떤 건물이 지면과 닿은 부분에서 30m 떨어진 곳에 연못이 있다. ∠BAD = ∠CAD, ∠ACD = 90°, $\overline{AC}$ = 60m, $\overline{CD}$ = 30m일 때, 이 연못의 B 지점에서 D 지점까지의 거리를 구하라.

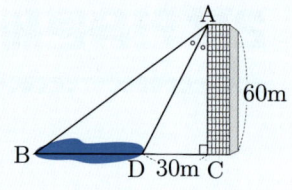

06 함수 $y = \log_a x + b$의 그래프와 그 역함수의 그래프가 두 점에서 만난다. 이 두 점의 x좌표가 각각 1, 2일 때, 상수 a 값을 구하라(단, $a > 0$, $a \neq 0$, b는 상수).

07 $\sin\alpha = \dfrac{1}{3}$, $\cos\beta = \dfrac{1}{2}$일 때, $\sin(\alpha + \beta)$ 값을 구하라(단, $0 < \beta < \dfrac{\pi}{2} < \alpha < \pi$).

08 ∠B가 직각인 이등변삼각형 ABC가 있다. 오른쪽 그림과 같이 선분 BC 위의 점 D와 선분 BC의 연장선 위의 점 E를 ∠CAD = ∠CAE = θ가 되도록 잡는다. $\dfrac{\overline{AE} - \overline{AD}}{\overline{AC}} = 2$일 때, $\sin\theta$ 값을 구하라.

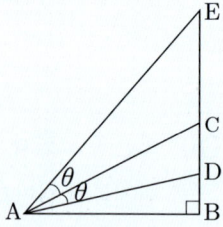

09 세 점 A(−3, 2), B(2, −2), C(4, 3)을 꼭짓점으로 하는 삼각형 ABC의 세 변 AB, BC, CA를 2:1로 외분하는 점을 각각 D, E, F라고 하자. 삼각형 DEF의 무게중심 G의 좌표를 구하라.

10 오른쪽 그림과 같이 원 $x^2+y^2=9$와 직선 $2x+y=4$가 만나는 두 점을 각각 A, B라고 하자. 삼각형 ABC의 넓이가 최대가 되도록 원 위에 점 C를 잡을 때, 점 C에서 원에 그은 접선의 방정식을 구하라.

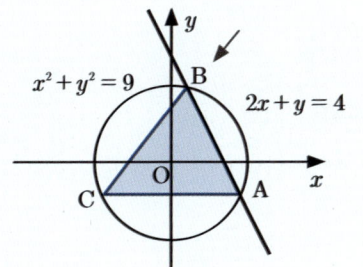

11 두 집합 $A=\{(x,y)|y\leq 2-x^2\}$, $B=\{(x,y)|a\leq x\leq y\leq a+1\}$에 대하여 $A\cap B=B$를 만족하는 실수 a의 최솟값을 구하라.

12 오른쪽 그림과 같이 네 점 A(2, 4), B(−1, 2), C(−1, −3), D(4, −2)로 이루어진 사각형 ABCD가 있다. 사각형 ABCD의 내부에 한 점 P를 잡아 각 꼭짓점에 이르는 거리의 제곱의 합이 최소가 되도록 할 때, 점 P의 좌표를 구하라.

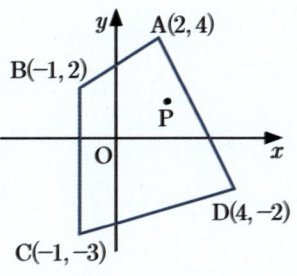

13 평면 위에 중심이 O이고 반지름 길이가 $2\sqrt{10}$인 원이 있다. 오른쪽 그림은 원 위의 두 점 A, C와 원 내부의 점 B를 잡아 $\overline{AB} = 8$, $\overline{BC} = 4$, $\angle ABC = 90°$가 되도록 원과 원의 내부의 일부를 잘라낸 도형이다. $\overline{OB} = l$이라 할 때, $3l^2$ 값을 구하라.

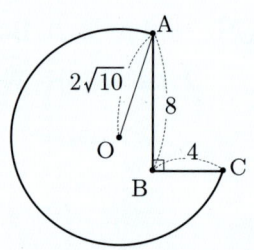

14 곡선 $f(x, y) = 0$과 점 $P_k(x_k, y_k)$의 위치가 오른쪽 그림과 같을 때, 다음 중 옳은 것을 모두 고르라.
(단, $k = 1, 2, 3, 4$)

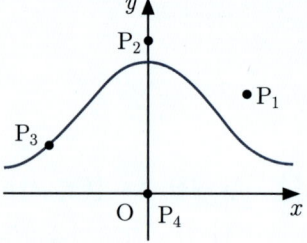

㉠ $f(x_1, y_1)f(x_2, y_2) > 0$
㉡ $f(x_1, y_1)f(x_4, y_4) = 0$
㉢ $f(x_2, y_2)f(x_3, y_3) < 0$

3장

벡터

현대 과학을 구성하는
가장 근본적인 블록

3.1 벡터

신이 주사위 놀이를 하는지 안하는지는 모르겠다. 적어도 하나 확실한 건 신은 선형대수학을 환상적으로 잘한다는 점이다. – 어느 대학 물리학과 양자역학 수업 중

미분적분학, 선형대수학, 해석학, 미분방정식, 위상수학, 대수학 등등 학부 수학과 교육과정에는 다양한 세부과목이 존재한다. 이 중 가장 바탕이 되고 중요한 과목은 무엇일까? 사람에 따라 조금씩 의견이 갈릴 수도 있겠지만, 대부분은 선형대수학(linear algebra)이라 답할 것 같다.

물론 미분적분학도 중요하다. 미분적분학을 모르면 이공계에선 의사소통이 불가능하다. 그럼에도 필자는 미분적분학보다 선형대수학이 더 중요하다고 감히 말하고 싶다. 미분적분학을 몰라도 선형대수학을 공부할 수 있지만 선형대수학을 모르면 미분적분학, 특히 다변수 미적분을 이해할 수 없기 때문이다. 또한, 이공계 대학 학부생이라면 전공이 무엇이고 어떤 형태의 수학을 배우건 한 번쯤 선형대수학이 필요한 순간이 반드시 있을 것이다. 예를 들어 알파고(AlphaGo)는 어떻게 이세돌 9단을 이길 수 있었을까? 선형대수학을 모른다면 그 이유를 깨닫기 힘들다.

학부 선형대수학은 벡터공간(벡터로 이루어진 집합)과 두 벡터공간 사이에 정의된 함수(선형사상)를 다루는 과목이다. 이 책의 3장과 4장은 선형대수학의 기초라 할 수 있는 벡터와 행렬, 선형사상을 다룬다. 모쪼록 학생들이 선형대수학을 공부할 때 이 책의 3장과 4장이 굳건한 디딤돌이 되어주길 기원한다.

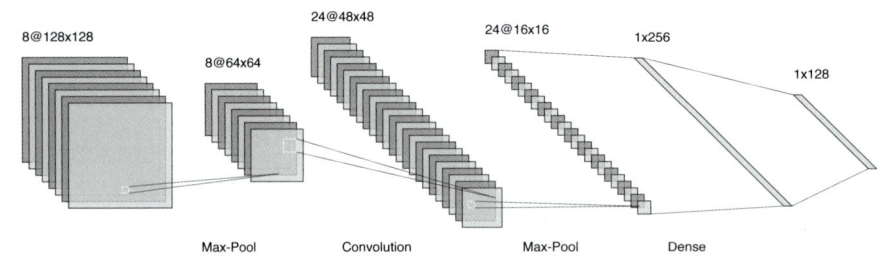

이미지를 분류하는 합성곱 신경망(CNN) LeNet 알고리즘   출처 : http://alexlenail.me/NN-SVG/LeNet.html

Keyword

벡터, 위치벡터, 성분, 벡터의 합·차·실수배, 삼각형법, 평행사변형법, 역벡터, 내적

 벡터의 기본 개념

인생은 speed가 아니라 direction이다.

🐾 한 곳을 출발하여 다른 곳까지 이동할 때는 크기와 방향이 모두 중요하다. 방향이 잘못되었다면 크기(speed, 속력)는 무의미하다. 예를 들어 동쪽 방향 지하철을 타야 하는데 서쪽 방향 지하철을 탔다면, 그 지하철에 오래 있을수록 손해다.

반면 '돼지고기 400g'에서 400g은 방향에 무관하고 크기만 따진다. 이처럼 어떤 물리량은 크기와 방향이 모두 중요하고 어떤 물리량은 크기만 중요하다. 과학자들은 **크기**와 **방향** 모두 중요한 양을 **벡터(vector)**, 크기만 중요한 양을 **스칼라(scalar)**라고 부른다.

🐾 과학자들은 벡터를 유향성분(쉽게 말해 화살표)으로 형상화(symbolize)하였다. 이때 화살표의 길이는 벡터의 크기, 화살표의 방향은 벡터의 방향을 나타낸다.

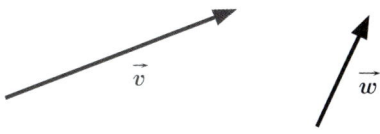

🐾 화살표의 시작점을 벡터의 **시점**, 화살표의 끝점은 벡터의 **종점**이라 한다. 166쪽 첫 번째 그림과 같이 시점이 A, 종점이 B인 벡터를 $\overrightarrow{AB}$로 나타낸다. 문맥 상 시점과 종점이 명백하여 굳이 언급할 필요가 없을 때는 벡터를 간단히 $\vec{a}$, $\vec{b}$, $\vec{c}$와 같이 나타내자.

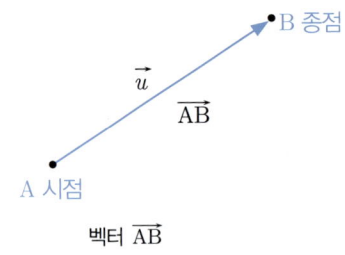

벡터 $\vec{AB}$

🐾 벡터는 크기와 방향으로 결정된다. 두 벡터를 나타내는 **화살표의 크기와 방향이 같다면**, 두 벡터는 서로 **같다**(고 약속한다).

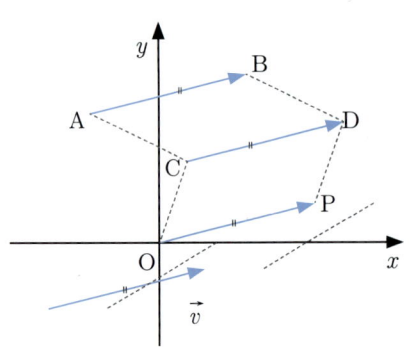 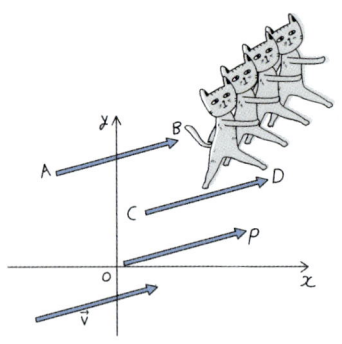

즉, 한 벡터를 평행이동해도 여전히 같은 벡터다.

 예

오른쪽 그림과 같은 정육면체를 생각하자.

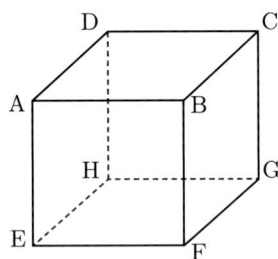

(a) $\vec{AB} = \vec{DC} = \vec{EF} = \vec{HG}$

(b) $\vec{AE} = \vec{BF} = \vec{CG} = \vec{DH}$

(c) $\vec{AD} = \vec{BC} = \vec{EH} = \vec{FG}$

(d) $\vec{AB}$와 $\vec{BA}$는 크기는 같지만 방향이 반대이므로 서로 다른 벡터다.

벡터를 표현하는 또 다른 방법은 좌표를 사용하는 것이다. 평행이동을 통해 모든 벡터의 시점을 좌표평면의 원점 O로 고정하면, 좌표평면 위의 **점 A는 벡터 $\overrightarrow{OA}$와 일대일대응**한다. 이와 같이 시점을 원점 O로 고정한 벡터를 **위치벡터(position vector)**라고 한다.

오른쪽 그림과 같이 좌표평면에 두 점 A(3, 4), B(4, 3)이 있다고 하자.

(a) 벡터 $\overrightarrow{OA}$는 점 (3, 4)에 대응한다.

(b) 벡터 $\overrightarrow{OB}$는 점 (4, 3)에 대응한다.

(c) 두 벡터 $\overrightarrow{OA}$, $\overrightarrow{OB}$의 크기는 $5(=\sqrt{3^2+4^2})$로 같지만 방향은 다르다. 두 벡터 $\overrightarrow{OA}$, $\overrightarrow{OB}$는 다른 벡터다.

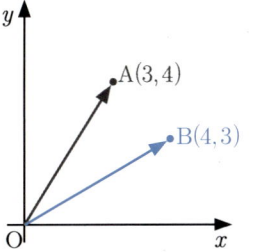

점 A의 좌표 (a, b)를 벡터 $\overrightarrow{OA}$의 **성분(component)**이라고 한다. 성분을 $\overrightarrow{OA} = (a, b)$로 나타내자. 벡터 $\overrightarrow{OA}$의 크기는 절댓값 기호를 사용하여 $|\overrightarrow{OA}|$로 나타낸다. 특히, $\overrightarrow{OA} = (a, b)$에 대하여 $\overrightarrow{OA}$의 크기는 다음과 같다.

$$|\overrightarrow{OA}| = \sqrt{a^2+b^2}$$

$\overrightarrow{AA}$처럼 시점과 종점이 일치하는 벡터를 **영벡터(zero vector)**라 하고 기호로 $\vec{0}$으로 나타낸다. 영벡터의 크기는 0이고 방향은 생각하지 않는다.

1. **벡터**는 크기와 방향을 모두 가지는 양이다.
   크기와 방향이 같은 두 벡터는 서로 같다고 약속한다.

2. 모든 벡터의 시점을 원점으로 고정하면, 좌표평면의 점과 벡터를 일대일대응 시킬 수 있다. 이때 대응하는 점의 좌표를 **벡터의 성분**이라 한다.

개념 쏙쏙 확인예제

※ 01~03 다음 명제의 참, 거짓을 판정하라.

01 물체에 가해지는 힘은 벡터다.

02 시점이 $(0,0)$, 종점이 $(2,3)$인 벡터 $\vec{a}$ 의 크기와 시점이 $(-1,2)$, 종점이 $(1,1)$인 벡터 $\vec{b}$ 의 크기는 서로 같다.

03 시점이 $(-2,3)$이고 종점이 $(3,1)$인 벡터 $\vec{c}$ 와 성분이 $(5,-2)$인 벡터 $\overrightarrow{OD}$ 는 서로 같다.

풀이

 벡터의 합, 차, 실수배

꼬리에 꼬리를 무는 벡터

🐾 수학은 연산의 학문이다. 그 어떤 수학적 개념도 연산과 분리하여 생각할 수 없다. 벡터 또한 그러하다. 벡터의 대표적인 연산에는 합, 차, 실수배, 내적이 있다. 여기에서는 합, 차, 실수배를 공부한다.

🐾 두 벡터를 결합하는 가장 쉬운 방법은 꼬리에 꼬리를 물리는 것이다. 마치 이어달리기 하듯이 한 벡터의 종점에 다른 벡터의 시점을 일치시키고 첫 번째 벡터의 시점과 두 번째 벡터의 종점을 곧바로 이으면 새로운 벡터를 얻을 수 있다. 이와 같이 벡터를 결합하는 방법을 **벡터의 합**이라 한다.

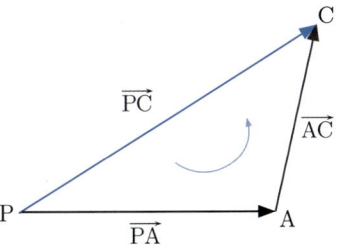

벡터의 합 : 꼬리에 꼬리를 물고, 이어달리기 하듯이

이 그림에서 $\overrightarrow{PA} + \overrightarrow{AC} = \overrightarrow{PC}$이다. 이와 같이 한 벡터의 종점에 다른 벡터의 시점을 일치시켜 두 벡터를 더하는 방법을 **삼각형법**이라 한다.

🐾 벡터의 덧셈을 이렇게 이해할 수도 있다. 시점이 일치하는 두 벡터 $\overrightarrow{PA}$, $\overrightarrow{PB}$의 합 $\overrightarrow{PA} + \overrightarrow{PB}$는 ($\overrightarrow{PA}$, $\overrightarrow{PB}$를 이웃한 두 변으로 하는)

평행사변형의 대각선에 대응하는 벡터 $\overrightarrow{PC}$다.

$\overrightarrow{PB} = \overrightarrow{AC}$이기 때문이다. 이와 같이 벡터를 더하는 방법을 **평행사변형법**이라 한다.

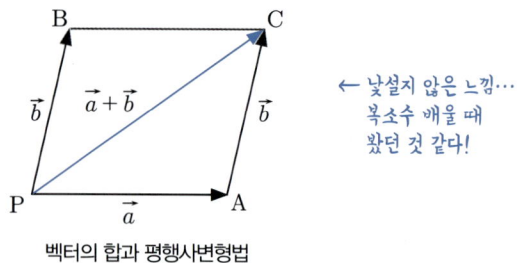

벡터의 합과 평행사변형법

😺 벡터 $\overrightarrow{AB}$에 대하여 크기가 같고 방향만 반대인(시점과 종점을 서로 뒤바꾼) 벡터를 $\overrightarrow{AB}$의 **역벡터(inverse vector)**라 한다. 벡터 $\overrightarrow{AB}$의 역벡터 $\overrightarrow{BA}$를 $-\overrightarrow{AB}$로 나타내기도 한다. 이제 $\overrightarrow{AB}+(-\overrightarrow{AB}) = \vec{0}$ 임이 당연하다.

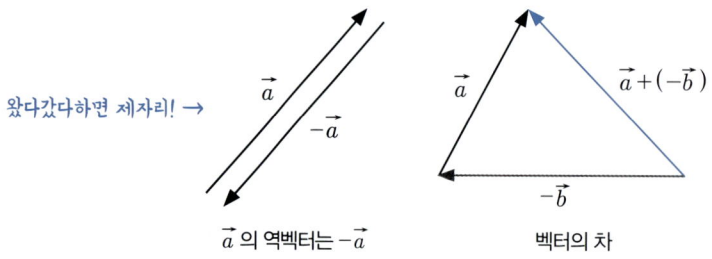

$\vec{a}$의 역벡터는 $-\vec{a}$ 벡터의 차

벡터의 차는 두 번째 벡터의 역벡터를 더하는 연산이라 약속하자. 즉, $\vec{a}-\vec{b} = \vec{a}+(-\vec{b})$이다.

😺 벡터의 합은 교환법칙과 결합법칙이 성립한다. 즉, $\vec{a}+\vec{b} = \vec{b}+\vec{a}$, $(\vec{a}+\vec{b})+\vec{c} = \vec{a}+(\vec{b}+\vec{c})$ 이다.

 예

오른쪽 그림과 같은 정육면체를 생각하자.

(a) $\overrightarrow{AB} - \overrightarrow{AD} = \overrightarrow{AB} + (-\overrightarrow{AD})$
$= \overrightarrow{AB} + \overrightarrow{DA} = \overrightarrow{DA} + \overrightarrow{AB} = \overrightarrow{DB}$

(b) $\overrightarrow{AB} - \overrightarrow{AF} = \overrightarrow{AB} + (-\overrightarrow{AF})$
$= \overrightarrow{AB} + \overrightarrow{FA} = \overrightarrow{FA} + \overrightarrow{AB} = \overrightarrow{FB}$

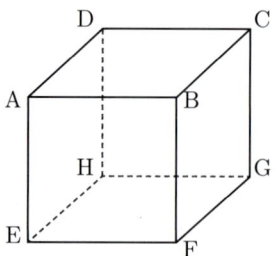

 **예**

오른쪽 그림과 같은 정육각형을 생각하자.

$$\overrightarrow{AB} - \overrightarrow{CD} = \overrightarrow{AB} + (-\overrightarrow{CD})$$
$$= \overrightarrow{AB} + \overrightarrow{DC} = \overrightarrow{AB} + \overrightarrow{FA}$$
$$= \overrightarrow{FA} + \overrightarrow{AB} = \overrightarrow{FB}$$

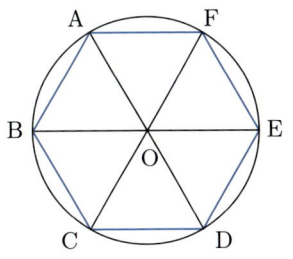

😺 $5\vec{a}$ 를 생각해 보자.

수 a에서 $5a = a+a+a+a+a$ 이니까 벡터 $\vec{a}$ 에서도 $5\vec{a} = \vec{a}+\vec{a}+\vec{a}+\vec{a}+\vec{a}$ 라 약속하면 그럴듯하다. 이와 같이 벡터 $\vec{a}$ 를 k배 늘린 벡터 $k\vec{a}$ 를 **벡터의 실수배**라고 한다. 정확하게 벡터 $k\vec{a}$ 의 크기와 방향을 설명해 보면 다음과 같다.

(1) $k\vec{a}$ 의 크기 : $|k| \times |\vec{a}|$

(2) $k\vec{a}$ 의 방향 : $k>0$이면 $\vec{a}$ 와 같은 방향, $k<0$이면 $\vec{a}$ 와 반대 방향

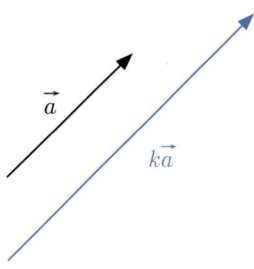

벡터의 실수배

벡터의 정의에 의해 $k\vec{a}$ 는 $\vec{a}$ 와 평행하다. 반대로 두 벡터 $\vec{a}$ 와 $\vec{b}$ 가 서로 평행하면 다음과 같이 쓸 수 있다.

$$\vec{b} = k\vec{a} \quad (k는 0이 아닌 실수)$$

 **예**

좌표평면 위 두 점 A(3, 4), B(5, 2)에 대하여 다음을 계산하라(단, $\vec{e_1} = (1, 0)$, $\vec{e_2} = (0, 1)$)

(a) $\overrightarrow{OA} + \overrightarrow{OB}$ (b) $\overrightarrow{OA} - \overrightarrow{OB}$ (c) $2\overrightarrow{OA}$

풀이

(a) $\overrightarrow{OA} = 3\vec{e_1} + 4\vec{e_2}$, $\overrightarrow{OB} = 5\vec{e_1} + 2\vec{e_2}$ 이므로

$\overrightarrow{OA} + \overrightarrow{OB} = 8\vec{e_1} + 6\vec{e_2} = (8, 6)$

(b) $\overrightarrow{OA} - \overrightarrow{OB} = -2\vec{e_1} + 2\vec{e_2} = (-2, 2)$

(c) $2\overrightarrow{OA} = 2(3\vec{e_1} + 4\vec{e_2}) = 6\vec{e_1} + 8\vec{e_2} = (6, 8)$

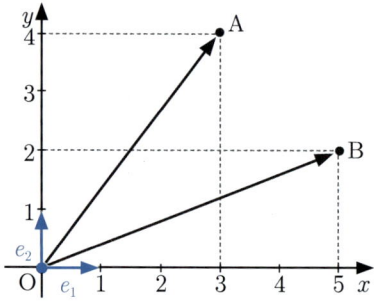

🐾 벡터를 성분으로 표현하면 합·차·실수배를 다음과 같이 계산할 수 있다. 두 벡터 $\vec{a} = (a_1, a_2)$, $\vec{b} = (b_1, b_2)$와 실수 k에 대하여 다음이 성립한다.

(1) 벡터의 합 : $\vec{a} + \vec{b} = (a_1 + b_1, a_2 + b_2)$

(2) 벡터의 차 : $\vec{a} - \vec{b} = (a_1 - b_1, a_2 - b_2)$

(3) 벡터의 실수배 : $k\vec{a} = (ka_1, ka_2)$

x좌표는 x좌표끼리! y좌표는 y좌표끼리!

 SUMMARY

1. 벡터의 덧셈은 삼각형법이나 평행사변형법으로 계산할 수 있다.

2. 벡터의 뺄셈은 역벡터를 더하는 연산이다.

3. 벡터의 실수배는 방향은 유지하고 크기만 변형시키는 연산이다.

개념 쏙쏙 확인예제

※ 01~03 다음 명제의 참, 거짓을 판정하라.

01 벡터 $\vec{a}$에 대해 $\vec{a} + \vec{0} = \vec{a}$ 이다.

02 $\vec{a} + \vec{b} \neq \vec{b} + \vec{a}$를 만족하는 두 벡터 쌍 $\vec{a}$, $\vec{b}$가 있다.

03 두 벡터 $\vec{a}$, $\vec{b}$에 대해 $k\vec{a} + l\vec{b} = m\vec{a} + n\vec{b}$이면 $k = m$, $l = n$이다.

※ 04~05 다음 등식을 만족하는 $\vec{x}$를 $\vec{a}$, $\vec{b}$로 나타내라.

04 $2(\vec{x} - 3\vec{a} + \vec{b}) = 3(\vec{b} - \vec{x})$

05 $5(\vec{a} - 2\vec{x}) - 4(2\vec{b} - \vec{x}) = \vec{x} - \vec{a}$

06 오른쪽 그림과 같이 한 변의 길이가 1인 정육각형 ABCDEF가 있다. 벡터 $\overrightarrow{OA} + \overrightarrow{OB} + \overrightarrow{OF}$의 크기를 구하라.

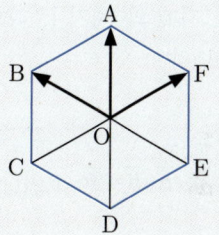

07 $\dfrac{1}{2}(\vec{a} - 5\vec{b}) = 5\left(\dfrac{6}{5}\vec{b} - \dfrac{1}{2}\vec{a}\right)$를 만족하는 영벡터가 아닌 두 벡터 $\vec{a}$, $\vec{b}$는 서로 평행함을 확인하라.

풀이

 # 벡터의 내적

세상에 이런 일이? 각도기가 없어도 연필만 있으면 각을 잴 수 있다???

▶▶ **벡터의 내적이란?**

두 벡터 $\vec{a}=(a_1, a_2)$, $\vec{b}=(b_1, b_2)$에 대하여 $a_1b_1+a_2b_2$ 값을 벡터 $\vec{a}$와 $\vec{b}$의 <U>내적(inner product)</U>이라 하고, $\vec{a}\cdot\vec{b}$라 표기한다. 즉, 다음이 성립한다.

$$\vec{a}\cdot\vec{b}=a_1b_1+a_2b_2$$

벡터의 내적은 벡터가 아니라 실수임을 주의하자. 두 벡터를 내적한 결과는 **벡터가 아닌 스칼라**이다.

🐾 '지폐'와 '폐지'는 다르지만 벡터는 $\vec{a}+\vec{b}=\vec{b}+\vec{a}$였다. 그렇다면 $\vec{b}\cdot\vec{a}$는 $\vec{a}\cdot\vec{b}$와 같을까? 다를까?

$$\vec{b}\cdot\vec{a}=b_1a_1+b_2a_2=a_1b_1+a_2b_2=\vec{a}\cdot\vec{b}$$

즉 $\vec{a}\cdot\vec{b}=\vec{b}\cdot\vec{a}$ 이다. 또한 벡터 $\vec{a}=(a_1, a_2)$에 대해 $\vec{a}\cdot\vec{a}=a_1^2+a_2^2$이다. 즉 $\vec{a}\cdot\vec{a}=|\vec{a}|^2$이다.

🐾 다항식의 덧셈과 곱셈을 할 때, 분배법칙이 성립했던 것처럼 다음 세 벡터와 실수 k에 대하여 다음이 성립한다.

$$\vec{a}=(a_1, a_2), \vec{b}=(b_1, b_2), \vec{c}=(c_1, c_2)$$

(1) $(\vec{a}+\vec{b})\cdot\vec{c}=\vec{a}\cdot\vec{c}+\vec{b}\cdot\vec{c}$

(2) $(k\vec{a})\cdot\vec{b}=k(\vec{a}\cdot\vec{b})=\vec{a}\cdot(k\vec{b})$

 단순 계산에 불과하니 읽지 않아도 좋다.

(1) 좌변 : $(\vec{a}+\vec{b})\cdot\vec{c} = (a_1+b_1, a_2+b_2)\cdot(c_1, c_2) = a_1c_1 + b_1c_1 + a_2c_2 + b_2c_2$

우변 : $\vec{a}\cdot\vec{c} + \vec{b}\cdot\vec{c} = (a_1c_1 + a_2c_2) + (b_1c_1 + b_2c_2) = a_1c_1 + b_1c_1 + a_2c_2 + b_2c_2$

(2) 첫 번째 식 : $(k\vec{a})\cdot\vec{b} = (ka_1, ka_2)\cdot(b_1, b_2) = ka_1b_1 + ka_2b_2$

두 번째 식 : $k(\vec{a}\cdot\vec{b}) = k(a_1b_1 + a_2b_2) = ka_1b_1 + ka_2b_2$

세 번째 식 : $\vec{a}\cdot(k\vec{b}) = (a_1, a_2)\cdot(kb_1, kb_2) = ka_1b_1 + ka_2b_2$

🐾 **코사인법칙** 삼각형 ABC에서 꼭짓점 A, B, C의 대변을 각각 a, b, c라 할 때, 다음이 성립한다.

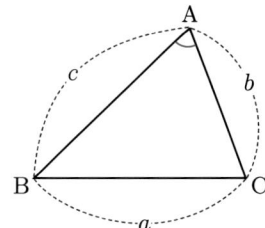

$$a^2 = b^2 + c^2 - 2bc\cos A \Leftrightarrow \cos A = \frac{b^2+c^2-a^2}{2bc}$$

코사인법칙은 $\cos A = \dfrac{b^2+c^2-a^2}{2bc}$ 형태로 자주 사용된다. 세 변의 길이를 알면 각을 구할 수 있기 때문이다. 쉽게 말해 코사인법칙은 자로 각을 잴 수 있게 해준다!

또한 $A = \dfrac{\pi}{2}(\Leftrightarrow 90°)$일 때 $\cos A = 0$이므로 코사인법칙은 $a^2 = b^2 + c^2$ (피타고라스 정리)이다. 직각삼각형에서만 성립하던 피타고라스 정리를 임의의 삼각형에 사용할 수 있도록 발전시킨 정리가 바로 코사인법칙이다.

🐾 두 벡터 $\vec{a}=(a_1, a_2)$, $\vec{b}=(b_1, b_2)$에 대하여 오른쪽 그림과 같이 $\vec{a}$와 $\vec{b}$가 이루는 각을 θ라 하자. (단, $0 \leq \theta \leq \pi$)

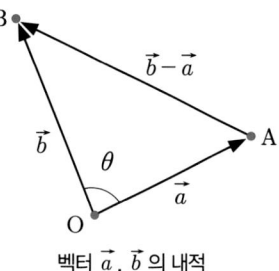

벡터 $\vec{a}$, $\vec{b}$의 내적

$$|\vec{b}-\vec{a}|^2 = |\vec{a}|^2 + |\vec{b}|^2 - 2|\vec{a}||\vec{b}|\cos\theta \quad \cdots \text{①} \ (\because \text{코사인법칙})$$

$$|\vec{b}-\vec{a}|^2 = (\vec{b}-\vec{a})\cdot(\vec{b}-\vec{a}) = |\vec{a}|^2 + |\vec{b}|^2 - 2\vec{a}\cdot\vec{b} \quad \cdots \text{②} \ (\because \text{내적의 성질})$$

식 ①, ②를 연립하면 다음 항등식을 얻을 수 있다. 이 결과는 아주 중요하다!!!

$$\vec{a}\cdot\vec{b} = |\vec{a}||\vec{b}|\cos\theta$$

🐾 내적을 그림으로 이해해 보자. 다음 그림과 같이 내적 $\vec{a}\cdot\vec{b}$는 두 길이 $|\vec{a}|\cos\theta$와 $|\vec{b}|$의 곱이다. 수선의 발을 보면 내적을 떠올릴 수 있어야 한다.

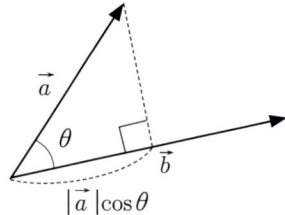

물리에서 힘(F)을 이동방향(S)에 평행하게 가해야만 일($W = F \cdot S$)이 되는 것과 비슷하다!

오른쪽 그림과 같이 한 변의 길이가 1인 정육면체에서 $\overrightarrow{AB} \cdot \overrightarrow{AG}$를 계산하라.

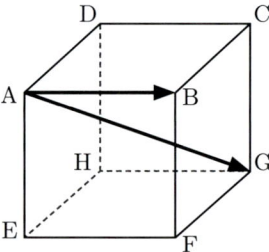

풀이

선분 AB는 면 BCGF에 수직이므로 $\overrightarrow{AB} \perp \overrightarrow{BG}$이다. 이때 $\overrightarrow{AG} = \overrightarrow{AB} + \overrightarrow{BG}$이므로 다음이 성립한다.

$$\overrightarrow{AB} \cdot \overrightarrow{AG} = \overrightarrow{AB} \cdot (\overrightarrow{AB} + \overrightarrow{BG}) = \overrightarrow{AB} \cdot \overrightarrow{AB} + 0 = |\overrightarrow{AB}|^2 = 1$$

 **예**

오른쪽 그림과 같이 한 변의 길이가 2인 정육각형에서 $\vec{AB} \cdot \vec{AD}$ 를 계산하라.

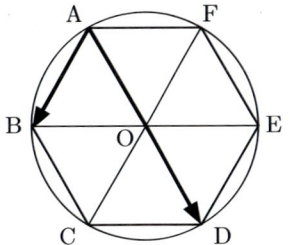

 풀이

선분 AD가 원의 지름이므로 $\vec{AB} \perp \vec{BD}$ 이다. 이때 $\vec{AD} = \vec{AB} + \vec{BD}$ 이므로 다음이 성립한다.

$$\vec{AB} \cdot \vec{AD} = \vec{AB} \cdot (\vec{AB} + \vec{BD}) = \vec{AB} \cdot \vec{AB} + 0 = |\vec{AB}|^2 = 4$$

🐾 $\vec{a} \cdot \vec{b} = |\vec{a}||\vec{b}|\cos\theta \Leftrightarrow \cos\theta = \dfrac{\vec{a} \cdot \vec{b}}{|\vec{a}||\vec{b}|}$ 이다. 이제 영벡터가 아닌 두 벡터 $\vec{a}, \vec{b}$ 가 주어지면 내적을 이용하여 두 벡터가 이루는 각의 크기를 구할 수 있다. $\cos 90° = 0$ 임을 유념하자. 특히 다음 결과는 매우 자주 사용하니 잘 기억해 두자.

$$\text{두 벡터 } \vec{a} \text{ 와 } \vec{b} \text{ 가 서로 수직이다.} \Leftrightarrow \vec{a} \cdot \vec{b} = 0$$

그럼 영벡터는요? 영벡터는 모든 벡터와 수직이다(라고 약속하자).

1. 두 벡터 $\vec{a} = (a_1, a_2), \vec{b} = (b_1, b_2)$ 에 대하여 벡터 $\vec{a}$ 와 $\vec{b}$ 의 **내적**은 다음과 같이 계산한다.

$$\vec{a} \cdot \vec{b} = a_1 b_1 + a_2 b_2 \quad \text{(대수적 계산법)}$$
$$= |\vec{a}||\vec{b}|\cos\theta \quad \text{(기하적 계산법)}$$

2. 두 벡터 $\vec{a}, \vec{b}$ 가 이루는 각을 θ 라 할 때, $\cos\theta = \dfrac{\vec{a} \cdot \vec{b}}{|\vec{a}||\vec{b}|}$ 이다.

특히, 두 벡터가 수직하기 위한 필요충분조건은 $\vec{a} \cdot \vec{b} = 0$ 이다.

개념 쏙쏙 확인예제

※ 01~03 세 벡터 $\vec{a}$, $\vec{b}$, $\vec{c}$ 를 생각하자. 다음 명제의 참, 거짓을 판정하라.

01 $(\vec{a} \cdot \vec{b}) \cdot \vec{c} = \vec{a} \cdot (\vec{b} \cdot \vec{c})$

02 $(\vec{a} + \vec{b}) \cdot (\vec{a} - \vec{b}) = |\vec{a}|^2 - |\vec{b}|^2$

03 $\vec{a} \cdot \vec{b} \leq |\vec{a}||\vec{b}|$

04 두 벡터 $\vec{a} = (1, -2)$, $\vec{b} = (3, 5)$에 대하여 $\vec{a} + \vec{b}$와 $k\vec{a} - \vec{b}$가 수직일 때, 실수 k 값을 구하라.

※ 05~06 다음을 만족하는 위치벡터를 모두 구하라.

05 벡터 $\vec{a} = (2, -5)$와 수직이고 크기가 10인 위치벡터 $\vec{x}$

06 벡터 $\vec{b} = (4, 3)$과 평행하고 크기가 7인 위치벡터 $\vec{x}$

07 $|\vec{a}| = 4$, $|\vec{b}| = 3$, $|2\vec{b} - \vec{a}| = 2\sqrt{7}$일 때, 두 벡터 $\vec{a}$, $\vec{b}$가 이루는 예각의 크기를 구하라.

풀이

3.2 공간벡터

위쪽! 북쪽이 아니라 위쪽! – 에드윈 A. 애보트(Edwin A. Abbott, 1838–1926),
『플랫랜드』

우리는 지금까지 2차원을 주로 다뤘다. 이번 절에서는 인식의 차원을 한 단계 높여 본격적으로 3차원을 다루어 보겠다. 영국에서 걸리버 여행기에 버금가는 풍자소설로 손꼽히는 『플랫랜드(Flatland: A Romance of Many Dimensions)』를 보면 이런 구절이 나온다.

"위쪽! 북쪽이 아니라 위쪽!(Upward, not Northward.)"

평면(2차원)만을 인식하고 공간(3차원)을 인식하지 못하는 개미가 있다면 이 말을 도저히 이해하지 못할 것이다. 인간은 3차원 공간에 1차원 시간을 포함하여 최대 4차원까지 직관적으로 인식할 수 있지만 수학적으로 따져보면 수십, 수백 차원도 얼마든지 존재할 수 있다. 실제로 수학자들은 벡터의 도움을 받아 이런 고차원 공간의 성질을 탐구하고 있다.

물리학자들도 우주를 관측한 결과를 바탕으로 우리 우주가 적어도 5차원 이상일 것이라 강력히 믿고 있다. 2014년 개봉한 영화 『인터스텔라(Interstellar)』에서는 현 인류보다 고등한 존재가 5차원 공간을 만들어 주인공을 도와주는 장면이 나오기도 한다.

 Keyword

좌표공간, 방향벡터, 직선의 방정식, 법선벡터, 평면의 방정식, 점과 평면 사이의 거리, 구의 방정식, 벡터의 외적

 # 공간좌표

위쪽! 북쪽이 아니라 위쪽!

🐾 질문! 공간 속 점의 위치는 어떻게 나타낼까? 좌표평면의 원점을 지나며, 좌표평면에 수직한 축 (이 축을 z축이라 하자)을 추가하면 공간 속 점의 위치를 나타낼 수 있다. 아래 오른쪽 그림과 같이 x축에서 y축을 향해 오른손가락을 감았을 때, 엄지손가락이 가리키는 방향을 축의 양의 방향이라 약속한다. 이렇게 x축, y축, z축이 주어진 공간을 (오른손) **좌표공간**이라고 한다.

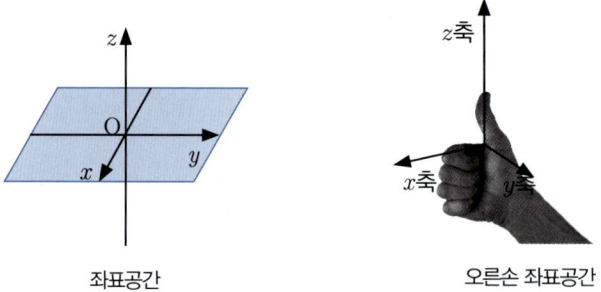

좌표공간   오른손 좌표공간

🐾 좌표공간의 원점을 기준으로 x축으로 a만큼, y축으로 b만큼, z축으로 c만큼 떨어진 점의 좌표를 (a, b, c)라 한다.

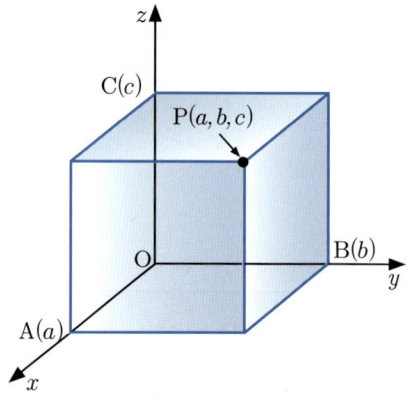

좌표공간에서 점 $P(a, b, c)$

🐾 2.1절 좌표평면에서 학습했듯이 모든 벡터의 시점을 원점으로 고정하자. 공간 속 점 A는 **공간벡터** $\overrightarrow{OA}$ 와 일대일대응한다. 이때, 점 A의 좌표 (a, b, c)를 벡터 $\overrightarrow{OA}$ 의 **성분**(component)이라고 한다.

좌표평면에서처럼 두 벡터 $\vec{a} = (a_1, a_2, a_3)$, $\vec{b} = (b_1, b_2, b_3)$와 실수 k에 대하여 다음이 성립한다. 좌표평면에서 벡터의 연산은 3.1절에 소개하고 있다.

(1) 벡터의 합 : $\vec{a} + \vec{b} = (a_1 + b_1, a_2 + b_2, a_3 + b_3)$

(2) 벡터의 차 : $\vec{a} - \vec{b} = (a_1 - b_1, a_2 - b_2, a_3 - b_3)$

(3) 벡터의 실수배 : $k\vec{a} = (ka_1, ka_2, ka_3)$

(4) 벡터의 내적 : $\vec{a} \cdot \vec{b} = a_1 b_1 + a_2 b_2 + a_3 b_3$

🐾 좌표공간 속 두 점 $A(a_1, a_2, a_3)$, $B(b_1, b_2, b_3)$ 사이의 거리는 다음과 같다.

$$\overline{AB} = \sqrt{(a_1 - b_1)^2 + (a_2 - b_2)^2 + (a_3 - b_3)^2}$$

이 역시 좌표평면에서 등장했던 공식 $\sqrt{(a_1 - b_1)^2 + (a_2 - b_2)^2}$ 과 비슷하다.

  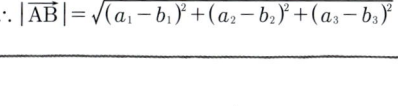

$\overrightarrow{AB} = \overrightarrow{AO} + \overrightarrow{OB} = -\overrightarrow{OA} + \overrightarrow{OB} = \overrightarrow{OB} - \overrightarrow{OA} = (b_1 - a_1, b_2 - a_2, b_3 - a_3)$

$|\overrightarrow{AB}|^2 = \overrightarrow{AB} \cdot \overrightarrow{AB} = (a_1 - b_1)^2 + (a_2 - b_2)^2 + (a_3 - b_3)^2$

$\therefore |\overrightarrow{AB}| = \sqrt{(a_1 - b_1)^2 + (a_2 - b_2)^2 + (a_3 - b_3)^2}$

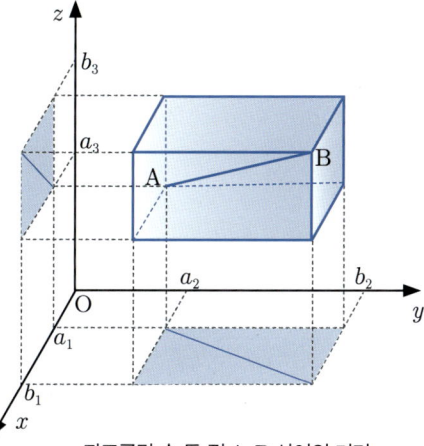

좌표공간 속 두 점 A, B 사이의 거리

1. 좌표평면의 원점을 지나며 좌표평면에 수직한 z축이 주어진 공간을 **좌표공간**이라 한다. z축의 양의 방향은 x축에서 y축 방향으로 오른손을 감았을 때 엄지손가락이 가리키는 방향이다.

2. 두 벡터 $\vec{a}=(a_1, a_2, a_3)$, $\vec{b}=(b_1, b_2, b_3)$와 실수 k에 대하여

    (1) 벡터의 합 : $\vec{a}+\vec{b}=(a_1+b_1, a_2+b_2, a_3+b_3)$

    (2) 벡터의 차 : $\vec{a}-\vec{b}=(a_1-b_1, a_2-b_2, a_3-b_3)$

    (3) 벡터의 실수배 : $k\vec{a}=(ka_1, ka_2, ka_3)$

    (4) 벡터의 내적 : $\vec{a}\cdot\vec{b}=a_1b_1+a_2b_2+a_3b_3$

3. 두 점 $A(a_1, a_2, a_3)$, $B(b_1, b_2, b_3)$ 사이의 거리

$$\sqrt{(a_1-b_1)^2+(a_2-b_2)^2+(a_3-b_3)^2}$$

개념 쏙쏙 확인예제

※ 01~03 다음 명제의 참, 거짓을 판정하라.

01 점 $P(a, b, c)$에서 z축에 내린 수선의 발의 좌표는 c이다.

02 점 $P(a, b, c)$에서 xy평면에 내린 수선의 발의 좌표는 (a, b)이다.

03 점 $C(-1, 0, 0)$은 점 $A(3, 2, 2)$와 점 $B(-3, 4, -2)$에서 같은 거리에 있다.

04 두 점 $A(1, 2, 5)$, $B(-2, 1, 1)$에서 같은 거리에 있는 x축 위의 점 P의 좌표를 구하라.

05 세 점 $A(2, 1, 3)$, $B(3, -2, 1)$, $C(5, -1, 4)$를 꼭짓점으로 하는 삼각형 ABC는 어떤 삼각형인가?

① 직각삼각형　　　　　　　　　② 정삼각형이 아닌 이등변삼각형
③ 정삼각형　　　　　　　　　　④ 이등변삼각형이 아닌 둔각삼각형
⑤ 이등변삼각형이 아닌 예각삼각형

06 좌표공간에서 평행사변형 ABCD의 꼭짓점의 좌표가 $A(1, 2, 3)$, $B(4, 5, 6)$, $C(a, b, c)$, $D(p, q, r)$이라 하자. $(a+b+c)-(p+q+r)$ 값을 구하라.

풀이

 ## 직선의 방정식

방향벡터를 따라 달리기

🐾 좌표공간 속 점 A를 지나고 영벡터가 아닌 벡터 $\vec{u}$에 평행한 직선 g를 생각하자. 직선 g 위의 임의의 점을 P라 하자. 점 A, P의 위치벡터를 각각 $\overrightarrow{OA} = \vec{a}$, $\overrightarrow{OP} = \vec{p}$라고 하면 다음이 성립한다.

$$\vec{p} = \vec{a} + t\vec{u} \quad \text{(단, } t\text{는 실수)}$$

왜냐하면 $\overrightarrow{AP} \,/\!/\, \vec{u} \Leftrightarrow \overrightarrow{AP} = \vec{p} - \vec{a}$는 $\vec{u}$의 실수배 $\Leftrightarrow \overrightarrow{AP} = \vec{p} - \vec{a} = t\vec{u}$ (단, t는 실수)이기 때문이다.

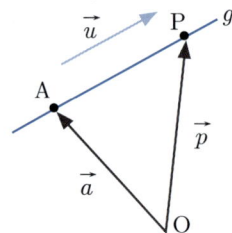

좌표공간에서 점 A를 지나고 벡터 $\vec{u}$에 평행한 직선 g

🐾 식 $\vec{p} = \vec{a} + t\vec{u}$를 직선 g의 **벡터 방정식(vector equation)**이라고 한다. 여기서 $\vec{u}$는 직선 g가 뻗어나가는 방향을 제시한다. 이러한 벡터 $\vec{u}$를 직선 g의 **방향벡터(gradient vector)**라고 한다.

🐾 직선 g의 벡터 방정식을 성분으로 표현해 보자. 직선 위의 고정된 점 A의 좌표를 (a, b, c), 방향벡터의 성분을 $\vec{u} = (l, m, n)$이라 하자. 직선 위의 임의의 점 $\vec{p} = (x, y, z)$에 대해 다음이 성립한다.

$$\vec{p} = \vec{a} + t\vec{u} \quad \text{(단, } t\text{는 실수)}$$

$$(x, y, z) = (a, b, c) + t(l, m, n) = (a+tl, b+tm, c+tn) \quad \leftarrow \text{벡터 성분으로 표시}$$

$$\begin{cases} x = a + tl \\ y = b + tm \\ z = c + tn \end{cases} \leftarrow t\text{의 계수만 읽으면 } l, m, n \cdots \text{ 앗, 방향벡터다!}$$

마지막 식을 t에 대한 직선 g의 **매개변수 방정식(parameter equation)**이라 한다.

🐾 매개변수 방정식에서 t를 모두 소거해 보자. x만 먼저 보면 다음과 같다.

$$x = a + tl \Leftrightarrow t = \frac{x-a}{l}$$

같은 방식으로 생각하면 $t = \dfrac{x-a}{l} = \dfrac{y-b}{m} = \dfrac{z-c}{n}$ 이다. 이제 슬쩍 t가 자리에서 빠져주면 다음이 성립한다.

$$\frac{x-a}{l} = \frac{y-b}{m} = \frac{z-c}{n} \quad \leftarrow \text{분모만 읽으면 } l, m, n \cdots \text{ 앗, 방향벡터다!}$$

이 식을 직선 g의 **대칭방정식(symmetric equation)**이라 한다.

🐾 여기서 잠깐! 매개변수 방정식과 대칭방정식 중에서 계산하기 편리한 식은 무엇일까? 변수가 적을수록 우리는 행복해진다. 실제 계산과정에서는 대칭방정식보다 매개변수 방정식을 월등히 많이 사용한다(**대칭방정식은 예쁜 쓰레기…**).

	매개변수 방정식	대칭방정식
방정식 형태	$\begin{cases} x = a + tl \\ y = b + tm \\ z = c + tn \end{cases}$	$\dfrac{x-a}{l} = \dfrac{y-b}{m} = \dfrac{z-c}{n}$
변수의 개수	한 변수(t)에 대한 식	세 변수(x, y, z)에 대한 식

😺 직선이 뻗어나가는 방향은 방향벡터로 결정한다. 즉, 두 직선이 이루는 각의 크기 또한 방향벡터와 연관이 있다. 아래 그림과 같이 좌표공간에서 두 직선 l, m의 방향벡터를 각각 $\vec{u}$, $\vec{v}$ 라 하자. 두 직선이 이루는 예각의 크기를 α라 하고, $\vec{u}$, $\vec{v}$ 가 이루는 각의 크기를 θ라 할 때, 다음이 성립한다.

$$\cos\alpha = |\cos\theta|$$

$\vec{u}$ 가 어느 직선의 방향벡터일 때, $-\vec{u}$ 도 이 직선의 방향벡터다. $\vec{u}$ 와 $\vec{v}$ 가 이루는 각이 θ라면 $-\vec{u}$ 와 $\vec{v}$ 가 이루는 각의 크기는 $\pi - \theta$이다. 실제 계산과정에서 내가 선택한 방향벡터가 $\vec{u}$ 인지 $-\vec{u}$ 인지 알아차리기 쉽지 않으므로 위 식에 절댓값을 붙였다.

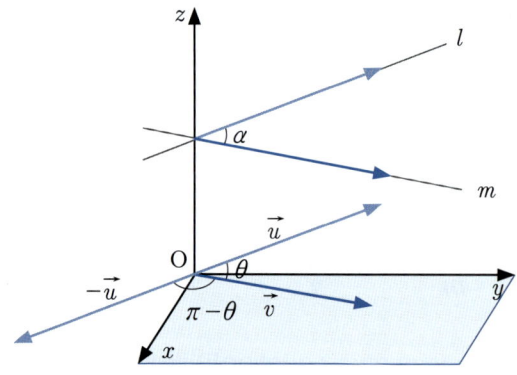

좌표공간에서 두 직선 l, m이 이루는 각의 크기

1. 직선의 방정식은 직선 위의 한 점과 **방향벡터**에 의해 결정된다.

2. 직선 위의 고정된 점 A의 좌표를 (a, b, c), 방향벡터의 성분을 $\vec{u} = (l, m, n)$이라 하자.

   (1) **벡터 방정식** : $\vec{p} = \vec{a} + t\vec{u}$ (단, t는 실수)

   (2) **매개변수 방정식** : $(x, y, z) = (a + tl, b + tm, c + tn)$ (단, t는 실수)

   (3) **대칭방정식** : $\dfrac{x-a}{l} = \dfrac{y-b}{m} = \dfrac{z-c}{n}$ (단, 분모가 0일 때 분자도 0으로 약속한다.)

개념 쏙쏙 확인예제

※ 01~02 직선 l, m의 방향벡터를 각각 $u=(a,b,c)$, $v=(p,q,r)$라 하자. 다음 명제의 참, 거짓을 판정하라.

01 직선 l과 m이 서로 평행하기 위한 필요충분조건은 $a:b:c=p:q:r$이다.

02 직선 l과 m이 서로 수직이기 위한 필요충분조건은 $ap+bq+cr=0$이다.

03 두 직선 $\dfrac{x+2}{k+1}=\dfrac{y-1}{2}=\dfrac{z+3}{4}$, $\dfrac{x-2}{2}=y-4=\dfrac{z+3}{k}$이 서로 수직일 때, 실수 k 값을 구하라.

04 직선 $3(x-2)=-6(y+5)=2(z-3)$에 평행하고 점 $A(1,2,4)$를 지나는 직선의 대칭방정식을 구하라.

05 다음 두 직선이 이루는 각의 크기가 $\dfrac{\pi}{3}$일 때, 양수 k 값을 구하라.

$$\dfrac{x-2}{2}=\dfrac{y-4}{3}=-z, \quad \dfrac{x+5}{3}=\dfrac{y+1}{k}=\dfrac{z+6}{2}$$

풀이

03 평면의 방정식

평면을 지탱하는 기둥, 법선벡터

🐾 좌표공간에서 영벡터가 아닌 벡터 $\vec{n}$ 이 평면 α에 속한 모든 벡터와 수직일 때, 벡터 $\vec{n}$ 과 평면 α 는 서로 수직이라 약속한다.

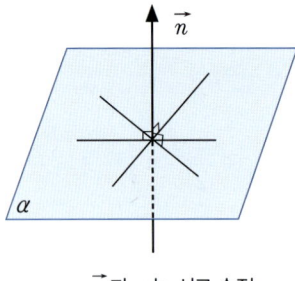

$\vec{n}$ 과 α는 서로 수직

🐾 한 점 A를 지나고 영벡터가 아닌 벡터 $\vec{n}$ 에 수직인 평면 α에 대해 평면 α 위의 임의의 점을 X라 하자. 점 A, P의 위치벡터를 각각 $\overrightarrow{OA} = \vec{a}, \overrightarrow{OX} = \vec{x}$ 라고 하면 다음이 성립한다.

$$(\vec{x} - \vec{a}) \cdot \vec{n} = 0$$

왜냐하면 $\overrightarrow{AX} \perp \vec{n} \Leftrightarrow \overrightarrow{AX} = \vec{x} - \vec{a}$ 와 $\vec{n}$ 의 내적이 $0 \Leftrightarrow (\vec{x} - \vec{a}) \cdot \vec{n} = 0$이기 때문이다.

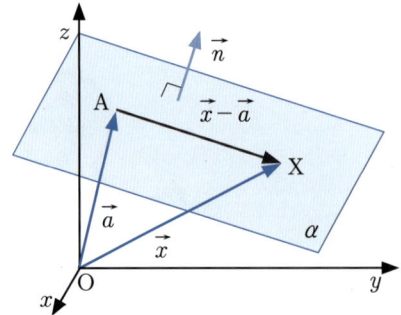

좌표공간에서 점 A를 지나고 벡터 $\vec{n}$ 에 수직인 평면 α

- $(\vec{x}-\vec{a})\cdot\vec{n}=0$을 평면 α의 **벡터 방정식**(vector equation)이라고 한다. 여기서 $\vec{n}$은 평면 α에 수직이다. 이러한 벡터 $\vec{n}$을 α의 **법선벡터**(normal vector)라고 한다.

- 평면 α의 벡터 방정식을 성분으로 표현해 보자. 점 A의 좌표를 (p, q, r), 법선벡터의 성분을 $\vec{n}=(a,b,c)$라 하자. 평면 α 위 임의의 점 $X=(x,y,z)$에 대해 다음이 성립한다.

$$(\vec{x}-\vec{a})\cdot\vec{n}=0$$
$$(x-p, y-q, z-r)\cdot(a,b,c)=0 \quad \leftarrow x, y, z\text{의 계수만 읽으면 } a, b, c \cdots \text{ 앗, 법선벡터다!})$$
$$a(x-p)+b(y-q)+c(z-r)=0 \quad \leftarrow \text{벡터 성분으로 표시}$$

마지막 식을 평면 α의 방정식이라고 한다. 특히 $d=-ap-bq-cr$이라 하면 다음이 성립한다.

$$ax+by+cz+d=0$$

이 식을 평면 α의 방정식의 **일반형**(normal form)이라고 한다.

- 평면이 뻗어나가는 방향은 법선벡터에 의해 결정된다. 즉, 두 평면이 이루는 각의 크기 또한 법선벡터와 연관이 있다. 두 평면 α, β의 법선벡터를 각각 $\vec{n}$, $\vec{m}$이라 하자. 두 평면이 이루는 예각의 크기를 θ, $\vec{n}$, $\vec{m}$이 이루는 각의 크기를 ϕ(단, $0\leq\phi\leq\pi$)라 할 때, 다음이 성립한다.

$$\cos\theta=|\cos\phi|$$

$\vec{n}$이 어느 평면의 법선벡터일 때, $-\vec{n}$도 이 평면의 법선벡터다. $\vec{n}$과 $\vec{m}$이 이루는 각이 θ라면 $-\vec{n}$과 $\vec{m}$이 이루는 각의 크기는 $\pi-\theta$이다. 실제 계산과정에서 내가 선택한 법선벡터가 $\vec{n}$인지 $-\vec{n}$인지 알아차리기 쉽지 않으므로 안전하게 위 식에 절댓값을 붙였다.

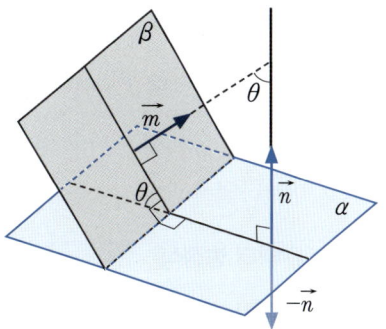

좌표공간에서 두 평면 α, β가 이루는 각의 크기

두 평면 $x - 3y + \sqrt{6}z + 7 = 0$, $2x - 2y + 1 = 0$이 이루는 예각의 크기를 구하라.

풀이

두 평면의 법선벡터는 각각 $\vec{m} = (1, -3, \sqrt{6})$, $\vec{n} = (2, -2, 0)$이다. 두 평면이 이루는 예각의 크기를 θ라고 하면 $\cos\theta = \dfrac{|\vec{m} \cdot \vec{n}|}{|\vec{m}||\vec{n}|} = \dfrac{1}{\sqrt{2}}$ 이다. 따라서 구하는 값은 $\theta = \dfrac{\pi}{4}$ 이다.

1. 평면의 방정식은 평면 위의 한 점과 **법선벡터**에 의해 결정된다.

2. 한 점 $A(p, q, r)$를 지나고 영벡터가 아닌 벡터 $\vec{n} = (a, b, c)$에 수직인 평면 α는 다음과 같이 나타낼 수 있다.

    (1) **벡터 방정식** : $(\vec{x} - \vec{a}) \cdot \vec{n} = 0$

    (2) **일반형** : $ax + by + cz + d = 0$ (단, $d = -ap - bq - cr$)

개념 쏙쏙 확인예제

※ 01~02 두 평면 α, β의 법선벡터를 각각 $\vec{u}=(a,b,c)$, $\vec{v}=(p,q,r)$이라 하자. 다음 명제의 참, 거짓을 판정하라.

01 평면 α와 β가 서로 평행하기 위한 필요충분조건은 $ap+bq+cr=0$이다.

02 평면 α와 β가 서로 수직이기 위한 필요충분조건은 $a:b:c=p:q:r$이다.

03 점 $A(2,1,1)$을 지나고 직선 $\dfrac{x+1}{2}=-y=\dfrac{z-4}{3}$에 수직인 평면의 방정식을 구하라.

04 두 평면 $ax-2y+2z=0$과 $2x+y-4z+1=0$이 서로 수직이 되도록 상수 a 값을 정하라.

풀이

 점과 평면 사이의 거리

네가 속한 세계까지의 거리

🐾 보면 볼수록 닮았다. 평면에서 등장한 직선의 방정식 $ax+by+c=0$과 공간에서 등장한 평면의 방정식 $ax+by+cz+d=0$은 참 비슷하다. 그렇다면

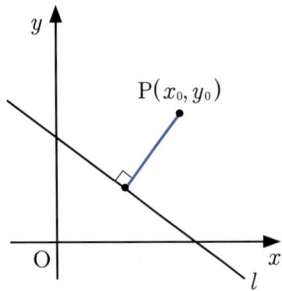

좌표평면에서 점 $P(x_0, y_0)$와 직선 $ax+by+c=0$ 사이의 거리가 $\dfrac{|ax_0+by_0+c|}{\sqrt{a^2+b^2}}$ 인 것처럼

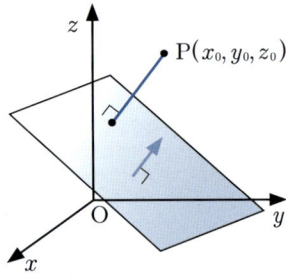

좌표공간에서 점 $P(x_0, y_0, z_0)$와 평면 $ax+by+cz+d=0$ 사이의 거리는 $\dfrac{|ax_0+by_0+cz_0+d|}{\sqrt{a^2+b^2+c^2}}$ 이다.

두 공식 모두 $\dfrac{|\star|}{\sqrt{\blacksquare}}$ 꼴이다!

좌표공간의 점 $P(x_0, y_0, z_0)$와 평면 $ax+by+cz+d=0$ 사이의 거리

$$\dfrac{|ax_0+by_0+cz_0+d|}{\sqrt{a^2+b^2+c^2}}$$

개념 쏙쏙 확인예제

01 점 $P(1, 0, 2)$와 평면 $3x - 2y + z + 2 = 0$ 사이의 거리를 구하라.

02 원점과의 거리가 $\sqrt{5}$이고, 벡터 $\vec{n} = (1, -2, 1)$에 수직인 평면의 방정식을 구하라.

05 구의 방정식

항상 같은 거리만큼 떨어져 있는 너

🐾 고정된 한 점 C에서 같은 거리(r)만큼 떨어진 점의 모임은 어떤 도형일까? 다음 그림과 같이 평면에서는 원(circle)이고, 공간에서는 구(sphere)다.

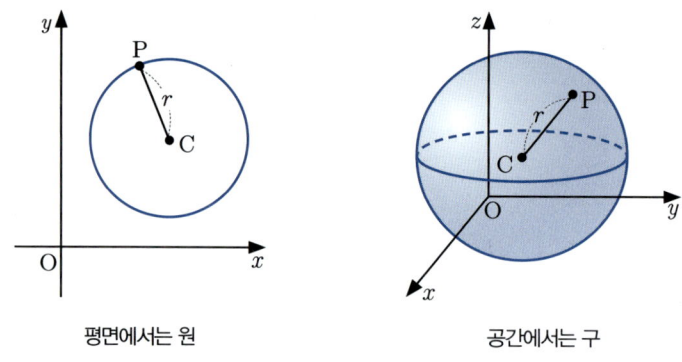

평면에서는 원 　　　　　　　공간에서는 구

고정된 한 점 C에서 같은 거리 r만큼 떨어진 점의 모임

🐾 공간에서 고정된 한 점 C(a, b, c)로부터 r만큼 떨어진 점의 모임을 **구**라고 한다. 이때, 점 C는 구의 **중심**이다. 구 위에 있는 임의의 한 점을 P(x, y, z)라고 하자. $|\overrightarrow{CP}|$를 구의 **반지름**이라고 한다.

🐾 점 C와 점 P의 위치벡터를 각각 $\overrightarrow{OC} = \vec{c}$, $\overrightarrow{OP} = \vec{p}$ 라고 하자. 구의 반지름의 길이가 r이므로 다음이 성립한다.

$$|\overrightarrow{CP}| = r$$
$$|\overrightarrow{OP} - \overrightarrow{OC}| = r$$
$$|\vec{p} - \vec{c}| = r$$

이를 구의 **벡터 방정식**(vector equation)이라고 한다.

구의 벡터 방정식을 성분으로 표현해 보자. $\vec{p}-\vec{c}=(x-a, y-b, z-c)$이므로 다음이 성립한다.

$$|\vec{p}-\vec{c}|=r$$
$$|\vec{p}-\vec{c}|^2=(\vec{p}-\vec{c})\cdot(\vec{p}-\vec{c})=r^2$$
$$(x-a)^2+(y-b)^2+(z-c)^2=r^2$$

마지막 식을 중심이 C(a,b,c)이고 반지름의 길이가 r인 구의 방정식의 **표준형**이라고 한다.

중심이 $(2,3,-1)$이고, 반지름의 길이가 4인 구의 방정식을 구하라.

구 위의 점을 (x,y,z)라 하자.
$$|(x,y,z)-(2,3,-1)|=4$$
$$(x-2)^2+(y-3)^2+(z+1)^2=4^2$$
$$x^2+y^2+z^2-4x-6y+2z-2=0$$

🐾 구의 방정식 $(x-a)^2+(y-b)^2+(z-c)^2=r^2$을 전개하면 다음과 같은 꼴이다.

$$x^2+y^2+z^2+Ax+By+Cz+D=0$$

이 방정식을 구의 방정식의 **일반형**이라고 한다. 이 방정식에서 미지수 A, B, C, D를 결정하려면 식이 모두 4개 필요하다. 즉 구가 지나는 네 점을 알면 구의 방정식을 구할 수 있다.

네 점 O(0,0,0), P(1,3,0), Q(1,0,−1), R(−1,2,1)을 지나는 구의 방정식을 구하라.

풀이

구의 방정식을 $x^2+y^2+z^2+Ax+By+Cz+D=0$ 이라 하자. 이 방정식에 네 점을 대입하자.

(i) O(0,0,0)을 대입 : $D=0$

(ii) P(1,3,0)을 대입 : $A+3B+D=-10 \Leftrightarrow A+3B=-10 \Leftrightarrow B=\dfrac{-A-10}{3}$

(iii) Q(1,0,−1)을 대입 : $A-C+D=-2 \Leftrightarrow A-C=-2 \Leftrightarrow A+2=C$

(iv) R(−1,2,1)을 대입 : $-A+2B+C+D=-6 \Leftrightarrow -A+2B+C=-6$

(ii), (iii), (iv)를 연립하면 $A=2$를 얻는다. 이를 다시 (ii), (iii)에 대입하면 $B=-4$, $C=4$이다. 따라서 구하는 구의 방정식은 다음과 같다.

$$x^2+y^2+z^2+2x-4y+4z=0$$

1. 공간의 한 정점과의 거리가 일정한 점들의 집합을 **구**라 한다.

2. 구의 방정식은 다음과 같다.

    (1) 구의 중심과 반지름의 길이를 알 때, $(x-a)^2+(y-b)^2+(z-c)^2=r^2$

    (2) 구가 지나는 네 점의 좌표를 알 때, $x^2+y^2+z^2+Ax+By+Cz+D=0$

개념 쏙쏙 확인예제

※ 01~02 다음 명제의 참, 거짓을 판정하라.

01 두 점 A, B를 지름의 양 끝으로 하는 구 위의 점 P에 대해 $\angle APB = \dfrac{\pi}{2}$이다.

02 이차방정식 $x^2 + y^2 + z^2 + Ax + By + Cz + D = 0$은 항상 구의 방정식을 나타낸다.

03 두 점 $A(1, 2, -3)$, $B(4, -1, 3)$을 지름의 양 끝점으로 하는 구의 방정식을 구하라.

04 중심이 $C(3, -1, 2)$이고, xy평면에 접하는 구의 방정식을 구하라.

05 반지름의 길이가 5인 구가 있다. 이 구와 xy평면이 만나 생기는 교선의 방정식이 $x^2 + y^2 + 4x = 0$일 때, 이 구의 방정식을 구하라.

풀이

 벡터의 외적

크기와 방향, 어느 하나 버릴 게 없을 정도로 좋은 벡터

🐾 공간 상의 두 벡터 $\vec{a} = (a_1, a_2, a_3)$, $\vec{b} = (b_1, b_2, b_3)$의 **외적(cross product)** $\vec{a} \times \vec{b}$를 다음과 같이 정의한다. 잠시 연산의 규칙을 쉽게 이해하기 위해 가로로 쓰던 벡터를 세로로 써주겠다. 즉,

$(a_1, a_2, a_3) \leftrightarrow \begin{pmatrix} a_1 \\ a_2 \\ a_3 \end{pmatrix}$ 이다.

$$\vec{a} \times \vec{b} = \begin{pmatrix} a_1 \\ a_2 \\ a_3 \end{pmatrix} \times \begin{pmatrix} b_1 \\ b_2 \\ b_3 \end{pmatrix} = \begin{pmatrix} a_2 b_3 - a_3 b_2 \\ -(a_1 b_3 - a_3 b_1) \\ a_1 b_2 - a_2 b_1 \end{pmatrix}$$

외적의 각 성분을 계산하는 규칙이 보이는가?

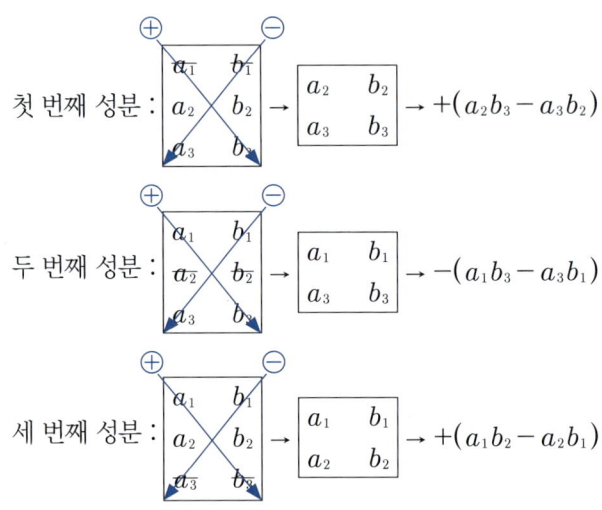

🐾 벡터 $\vec{a} \times \vec{b}$의 방향은 두 벡터 $\vec{a}$, $\vec{b}$에 동시에 수직이고, 크기는 $\vec{a}$와 $\vec{b}$로 이루어지는 평행사변형의 넓이와 같다.

잠깐! $\vec{a} \times \vec{b}$의 방향을 묘사한 직전의 설명은 충분하지 못하다.

두 벡터 $\vec{a}$와 $\vec{b}$에 수직한 방향은 (두 벡터 $\vec{a}$와 $\vec{b}$를 포함하는) 평면의 위와 아래, 두 방향이 존재하기 때문이다. 정확하게 말하자면 $\vec{a} \times \vec{b}$의 방향은 **오른나사의 법칙**에 따라 결정한다. 오른손의 네 손가락이 차례로 $\vec{a}$와 $\vec{b}$를 감쌀 때 엄지손가락이 가리키는 방향이 $\vec{a} \times \vec{b}$의 방향이다.

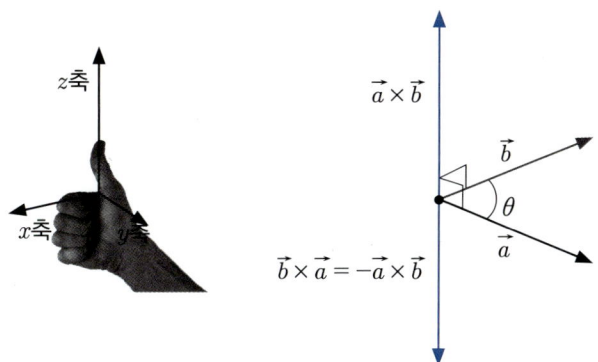

오른나사의 법칙으로 정해지는 벡터 $\vec{a} \times \vec{b}$의 방향

> 잠깐! 벡터의 내적 $\vec{a} \cdot \vec{b}$는 스칼라지만, **외적 $\vec{a} \times \vec{b}$는 벡터**다.

두 벡터 $\vec{a} = (0, 3, 2)$, $\vec{b} = (1, -2, 5)$에 대하여 $\vec{a} \times \vec{b}$와 $\vec{b} \times \vec{a}$를 각각 구하라.

풀이

$$\vec{a} \times \vec{b} = \begin{pmatrix} 0 \\ 3 \\ 2 \end{pmatrix} \times \begin{pmatrix} 1 \\ -2 \\ 5 \end{pmatrix} = \begin{pmatrix} 19 \\ 2 \\ -3 \end{pmatrix}, \quad \vec{b} \times \vec{a} = \begin{pmatrix} 1 \\ -2 \\ 5 \end{pmatrix} \times \begin{pmatrix} 0 \\ 3 \\ 2 \end{pmatrix} = \begin{pmatrix} -19 \\ -2 \\ 3 \end{pmatrix}$$

> [예]에서 확인했듯이 벡터의 외적은 **교환법칙이 성립하지 않는 연산**이다. 일반적으로 세 벡터 $\vec{a}$, $\vec{b}$, $\vec{c}$와 실수 k에 대하여 다음이 성립한다.
>
> (1) $\vec{a} \times \vec{b} = -\vec{b} \times \vec{a}$, 특히 $\vec{a} \times \vec{a} = \vec{0}$
>
> (2) $\vec{a} \times (\vec{b} + \vec{c}) = \vec{a} \times \vec{b} + \vec{a} \times \vec{c}$, $(\vec{a} + \vec{b}) \times \vec{c} = \vec{a} \times \vec{c} + \vec{b} \times \vec{c}$ (분배법칙)
>
> (3) $(k\vec{a}) \times \vec{b} = k(\vec{a} \times \vec{b}) = \vec{a} \times (k\vec{b})$

- 두 벡터 $\vec{a}$, $\vec{b}$가 $\vec{a} \parallel \vec{b}$ (서로 평행)이면 $\vec{a} \times \vec{b} = 0$이다.

  왜냐하면 $\vec{a} \parallel \vec{b} \Leftrightarrow \vec{b} = k\vec{a}\,(k \neq 0)$이므로 $\vec{a} \times \vec{b} = \vec{a} \times (k\vec{a}) = k(\vec{a} \times \vec{a}) = \vec{0}$이다.

- 두 벡터의 좌표가 주어질 때, 벡터를 굳이 그려보지 않아도 내적과 외적을 **계산**하여 두 벡터가 수직하거나 평행한지 쉽게 판단할 수 있다.

  (1) $\vec{a}$, $\vec{b}$가 서로 수직이다. $\Leftrightarrow \vec{a} \cdot \vec{b} = \vec{0}$

  (2) $\vec{a}$, $\vec{b}$가 서로 평행하다. $\Leftrightarrow \vec{a} \times \vec{b} = \vec{0}$

- 벡터의 외적은 약방의 감초마냥 이곳저곳에서 요긴하게 사용된다. 그 대표적인 예는 평면의 법선벡터를 구할 때다.

세 점 A(0, 1, 1), B(2, 0, 1), C(3, 1, 0)을 포함하는 평면의 방정식을 구하라.

세 점을 지나는 평면의 법선벡터는 두 벡터 $\vec{a} = \overrightarrow{AB}$, $\vec{b} = \overrightarrow{AC}$에 동시에 수직이다.

$$\vec{a} \times \vec{b} = \begin{pmatrix} 2 \\ -1 \\ 0 \end{pmatrix} \times \begin{pmatrix} 3 \\ 0 \\ -1 \end{pmatrix} = \begin{pmatrix} 1 \\ 2 \\ 3 \end{pmatrix}$$

즉, 벡터 $(1, 2, 3)$은 이 평면의 법선벡터다. 이 평면은 점 A(0, 1, 1)을 지나므로 평면의 방정식은 다음과 같다.

$$x + 2(y-1) + 3(z-1) = 0 \Leftrightarrow x + 2y + 3z = 5$$

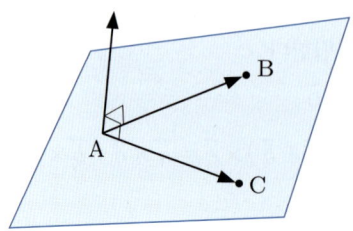

 예

직선 $l : \dfrac{x}{6} = -\dfrac{y}{2} = -z$와 한 점 A$(2,0,1)$을 포함하는 평면의 방정식을 구하라.

풀이

직선 l이 원점 O$(0,0,0)$을 지나므로 구하는 평면의 법선벡터는 벡터 $\vec{a} = \overrightarrow{OA}$와 직선의 방향벡터 $\vec{d} = (6,-2,-1)$에 동시에 수직이다.

$$\vec{a} \times \vec{d} = \begin{pmatrix} 2 \\ 0 \\ 1 \end{pmatrix} \times \begin{pmatrix} 6 \\ -2 \\ -1 \end{pmatrix} = \begin{pmatrix} 2 \\ 8 \\ -4 \end{pmatrix}$$

즉, 벡터 $(2,8,-4)$는 구하는 평면의 법선벡터다. 또한 이 평면은 점 A$(2,0,1)$을 지나므로 구하는 평면의 방정식은 다음과 같다.

$$2(x-2) + 8y - 4(z-1) = 0 \Leftrightarrow x + 4y - 2z = 0$$

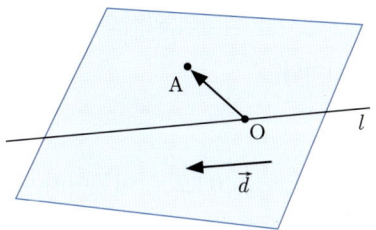

🐾 두 벡터 $\vec{a}$, $\vec{b}$의 외적 $\vec{a} \times \vec{b}$의 크기는 $\vec{a}$와 $\vec{b}$로 이루어지는 평행사변형의 넓이와 같다. 이를 활용하면 $\mathbb{R}^3$에서 삼각형의 넓이를 쉽게 구할 수 있다.

 예

세 점 A$(1,0,3)$, B$(0,-2,5)$, C$(2,-1,0)$으로 이루어진 삼각형 ABC의 넓이를 구하라.

풀이

구하는 삼각형의 넓이는 두 벡터 $\vec{a} = \overrightarrow{AB}$, $\vec{b} = \overrightarrow{AC}$로 이루어지는 평행사변형의 넓이의 절반과 같다. 이때 다음이 성립한다.

$$\vec{a} \times \vec{b} = \begin{pmatrix} -1 \\ -2 \\ 2 \end{pmatrix} \times \begin{pmatrix} 1 \\ -1 \\ -3 \end{pmatrix} = \begin{pmatrix} 8 \\ -1 \\ 3 \end{pmatrix}$$

벡터 $\vec{a} \times \vec{b}$의 크기는 $\sqrt{8^2 + (-1)^2 + 3^2} = \sqrt{74}$이므로 구하는 삼각형의 넓이는 $\dfrac{\sqrt{74}}{2}$이다.

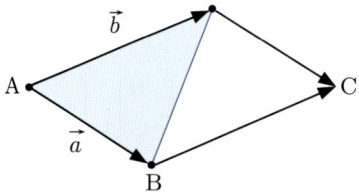

2.2절 '점과 직선'에서 배운 신발끈 공식을 벡터의 외적으로 유도하라.

힌트 ▶ xy평면 위의 점은 z좌표가 0이다.

풀이

세 점 $A(x_1, y_1, 0)$, $B(x_2, y_2, 0)$, $C(x_3, y_3, 0)$으로 이루어지는 삼각형 ABC의 넓이는 두 벡터 $\vec{a} = \overrightarrow{AB}$, $\vec{b} = \overrightarrow{AC}$로 이루어진 평행사변형의 넓이의 절반이다.

이때 두 벡터의 외적은 다음과 같다.

$$\vec{a} \times \vec{b} = \begin{pmatrix} x_2 - x_1 \\ y_2 - y_1 \\ 0 \end{pmatrix} \times \begin{pmatrix} x_3 - x_1 \\ y_3 - y_1 \\ 0 \end{pmatrix}$$
$$= \begin{pmatrix} 0 \\ 0 \\ (x_2 - x_1)(y_3 - y_1) - (x_3 - x_1)(y_2 - y_1) \end{pmatrix}$$
$$= \begin{pmatrix} 0 \\ 0 \\ x_1 y_2 + x_2 y_3 + x_3 y_1 - x_2 y_1 - x_3 y_2 - x_1 y_3 \end{pmatrix}$$

벡터 $\vec{a} \times \vec{b}$ 의 크기는 $|x_1y_2 + x_2y_3 + x_3y_1 - x_2y_1 - x_3y_2 - x_1y_3|$ 이다.

따라서 삼각형 ABC의 넓이는 $\frac{1}{2}|x_1y_2 + x_2y_3 + x_3y_1 - x_2y_1 - x_3y_2 - x_1y_3|$ 이다.

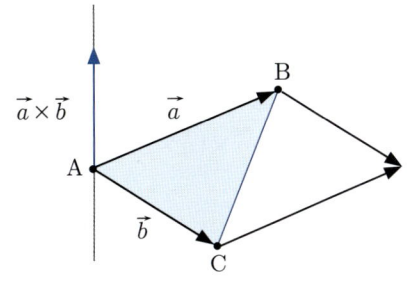

SUMMARY

1. 좌표공간 $\mathbb{R}^3$에 속한 두 벡터 $\vec{a} = (a_1, a_2, a_3)$, $\vec{b} = (b_1, b_2, b_3)$에 대하여 **외적** $\vec{a} \times \vec{b}$ 를 다음과 같이 정의한다.

$$\vec{a} \times \vec{b} = \begin{pmatrix} a_1 \\ a_2 \\ a_3 \end{pmatrix} \times \begin{pmatrix} b_1 \\ b_2 \\ b_3 \end{pmatrix} = \begin{pmatrix} a_2b_3 - a_3b_2 \\ -(a_1b_3 - a_3b_1) \\ a_1b_2 - a_2b_1 \end{pmatrix}$$

2. 벡터 $\vec{a} \times \vec{b}$ 의 방향과 크기

   (1) 방향 : 두 벡터 $\vec{a}$, $\vec{b}$ 에 수직하면서, 오른손의 네 손가락이 차례로 $\vec{a}$ 와 $\vec{b}$ 를 감쌀 때 엄지손가락이 가리키는 방향

   (2) 크기 : $\vec{a}$ 와 $\vec{b}$ 로 이루어지는 평행사변형의 넓이

개념 쏙쏙 확인예제

※ 01~03 세 벡터 $\vec{a}=(1,3,0)$, $\vec{b}=(0,-1,2)$, $\vec{c}=(4,3,2)$에 대하여 다음을 계산하라.

01 $(\vec{a}\times\vec{b})\times\vec{c}$

02 $\vec{a}\times(\vec{b}\times\vec{c})$

03 $\vec{a}\cdot(\vec{a}\times\vec{b})$

04 다음 벡터는 좌표공간 위의 세 점 A, B, C를 지나는 평면의 법선벡터임을 보여라.

$$\vec{a}\times\vec{b}+\vec{b}\times\vec{c}+\vec{c}\times\vec{a} \quad (단,\ \vec{a}=\overrightarrow{OA},\ \vec{b}=\overrightarrow{OB},\ \vec{c}=\overrightarrow{OC})$$

05 좌표공간에서 다음 세 직선을 생각하자.

$$l_1: x=-y=\frac{z}{2},\ l_2: x=y=\frac{z}{2a},\ l_3: x=-\frac{y}{2}=\frac{z}{a}$$

세 직선 l_1, l_2, l_3가 한 평면 위에 있을 때, $20a$ 값을 구하라(단, $a\neq 0$).

06 두 벡터 $\vec{a}$, $\vec{b}$에 대하여 다음이 성립함을 보여라.

$$|\vec{a}\times\vec{b}|^2=|\vec{a}|^2|\vec{b}|^2-(\vec{a}\cdot\vec{b})^2$$

풀이

3장 연습문제

01 오른쪽 그림에서 $\vec{OA} = \vec{a}$, $\vec{OB} = \vec{b}$ 라고 하자. $\vec{PQ}$를 $\vec{a}$, $\vec{b}$를 이용하여 나타내라.

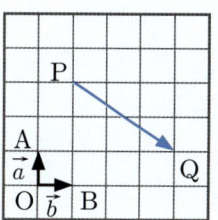

02 세 벡터 $\vec{a} = (-1, 3)$, $\vec{b} = (4, 2)$, $\vec{c} = (-5, 1)$에 대하여 $\vec{c} = \alpha\vec{a} + \beta\vec{b}$를 만족하는 실수 α, β 값을 구하라.

03 오른쪽 그림과 같이 한 변의 길이가 1인 정육각형 ABCDEF에서 $\vec{AB} \cdot \vec{EF}$ 값을 구하라.

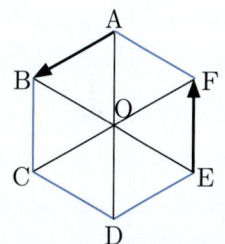

04 영벡터가 아닌 두 벡터 $\vec{a}$, $\vec{b}$에 대하여 $|\vec{a}| = |\vec{b}|$이고, $2\vec{a} - 3\vec{b}$와 $5\vec{a} + 4\vec{b}$는 서로 수직이다. 두 벡터 $\vec{a}$, $\vec{b}$가 이루는 각의 크기를 θ라고 할 때, $\cos\theta$ 값을 구하라.

05 xy평면 위의 세 점 A, B, C를 생각하자. 점 A(-1, 2)와 직선 $\dfrac{x+1}{2} = 3-y$ 위의 두 점 B, C를 연결하여 정삼각형 ABC를 만들었다. 이때 $\overrightarrow{AB} \cdot \overrightarrow{AC}$ 값을 구하라.

06 오른쪽 그림과 같이 한 변의 길이가 2인 정사면체 OABC에서 변 BC의 중점을 D라고 할 때, $\overrightarrow{OA} \cdot \overrightarrow{AD}$ 값을 구하라.

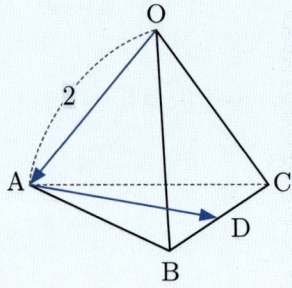

07 좌표공간에서 평면 $3x - 2y + 6z = 2$ 위를 움직이는 점 A에서 구면

$$S : x^2 + y^2 + z^2 - 6x + 2y - 14z + 50 = 0$$

위를 움직이는 점 B까지의 거리가 최소일 때, 선분 AB의 길이를 구하라.

※ **08~10** 점 $A(4, 3, 5)$와 평면 $\alpha : 5x + 3y + z + 1 = 0$에 대하여 다음 물음에 답하라.

08 점 A를 지나고 평면 α에 수직인 직선 l의 방정식을 구하라.

09 평면 α와 직선 l의 교점을 H라 하자. H의 좌표를 구하라.

10 선분 AH의 길이를 구하라.

11 점 A(1, −2, 3)을 지나고 두 평면 $3x + y + 2z = 1$, $2x + 2y - z = 0$에 각각 수직인 평면의 방정식을 구하라.

12 좌표공간에서 두 구 $x^2 + y^2 + z^2 = 1$, $x^2 + y^2 + z^2 - 4x + 2y + 4z + a^2 = 0$이 서로 외접할 때, 양수 a 값을 구하라.

13 좌표공간에서 세 개의 구 $x^2 + y^2 + z^2 = 1$, $x^2 + y^2 + z^2 + 2z = 0$, $x^2 + y^2 + z^2 + 4x - 2y = 0$의 부피를 각각 이등분하는 평면의 방정식을 구하라.

14 중심이 A(1, 2, 3)인 구가 평면 $2x - y + z + 5 = 0$과 점 H에서 접할 때, H의 좌표와 구의 반지름의 길이를 각각 구하라.

15 서로 다른 네 점 O, A, B, C가 다음 관계를 만족한다고 하자.

$$\overrightarrow{OA} = 2\vec{a} + 3\vec{b},\ \overrightarrow{OB} = 4\vec{a} + 4\vec{b},\ \overrightarrow{OC} = 6\vec{a} + k\vec{b}$$

세 점 A, B, C가 일직선 위에 있도록 하는 상수 k 값을 구하라.

16 점 A(1, 2, 3)을 지나고 직선 $x - 2 = 3(y - 1) = 2(z + 4)$에 수직인 평면을 α라 하자. 평면 α와 점 B(3, −1, 2) 사이의 거리를 구하라.

※ **17~18** 오른쪽 그림과 같은 직육면체 ABCD − EFGH를 생각하자. 다음 물음에 답하라.

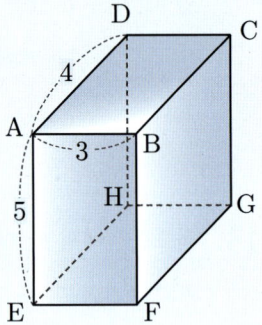

17 $|\overrightarrow{AG}|$를 구하라.

18 직선 AG와 직선 CF가 이루는 각의 크기를 θ라고 할 때, $\cos\theta$ 값을 구하라.

4장
행렬과 선형변환

알파고는
어떻게 이세돌을 이겼을까?

4.1 행렬과 연립일차방정식

경험적으로 말하자면, 행렬을 사용할 때 증명이 행렬을 내던지고 증명할 때보다 50% 정도 짧아진다. – 에밀 아르틴(Emil Artin, 1898–1962)

행렬을 영어로는 matrix라 한다. 1999년 개봉한 할리우드 어느 영화의 제목이 바로 〈매트릭스〉다. 이 책으로 공부하는 학생의 상당수는 이 영화가 개봉할 때 지구에 존재하지 않았기 때문에 이 영화에 대해 잘 모르겠지만, 이 영화는 개봉 후 전 세계를 뒤흔들어 놓았다. 천문학적 제작비가 투입된 할리우드 블록버스터지만, 이 영화를 소재로 하는 철학책이 나올 정도로 생각할 거리가 많이 담긴 영화이기도 했다. 이 영화에서 인류는 인공지능이 만든 가상현실에 갇혀 사육

되고 있다. 인간을 가둔 가상현실의 이름이 바로 matrix다. matrix의 라틴어 어원은 mater(어머니)이다.

행렬은 학부 수학의 OS라고 보아도 무리가 없다. 컴퓨터에 윈도우, 리눅스, 안드로이드와 같은 OS를 설치하고, 그 위에 각종 워드 프로세서나 포토샵 등등 응용 프로그램을 설치하여 사용하듯이 학부 수학의 상당수는 벡터와 행렬을 그 기반으로 한다. 고등학교 수학의 집합을 발전시킨 것이 벡터(공간)고, 함수를 발전시킨 것이 행렬(=일차변환)이라 보아도 무리가 없다. 최근 급격히 발전하며 큰 주목을 받은 딥러닝, 인공신경망 이론 역시 행렬이 응용되는 대표적인 분야다.

 Keyword

행렬, 정사각행렬 영행렬, 행렬의 합·차·실수배, 행렬의 곱, 영의 약수, 항등행렬, 역행렬, 행렬식, 케일리–해밀턴 정리, 가우스 소거법

 # 01 행렬의 합, 차, 실수배

벡터를 쌓으면 무엇이 될까?

🐾 벡터 (a_1, a_2)는 두 수 a_1, a_2를 나란히 배열했다고 이해할 수 있다. 같은 방식으로 벡터 (a_1, a_2, a_3)는 세 수 a_1, a_2, a_3를 나란히 배열했다고 이해할 수 있다.

🐾 학부 수학에서는 벡터에서 쉼표(,)를 생략하고 이렇게 쓰기도 한다.

$$(a_1, a_2) \Leftrightarrow (a_1 \, a_2) \Leftrightarrow \begin{pmatrix} a_1 \\ a_2 \end{pmatrix}$$

$$(a_1, a_2, a_3) \Leftrightarrow (a_1 \, a_2 \, a_3) \Leftrightarrow \begin{pmatrix} a_1 \\ a_2 \\ a_3 \end{pmatrix}$$

(a_1, a_2), (a_1, a_2, a_3) 꼴 벡터를 **행벡터(row vector)**라 하고, $\begin{pmatrix} a_1 \\ a_2 \end{pmatrix}$, $\begin{pmatrix} a_1 \\ a_2 \\ a_3 \end{pmatrix}$ 꼴 벡터를 **열벡터(column vector)**라 한다.

🐾 이제 벡터를 쌓아 보자! 예를 들어 (a_{11}, a_{12}), (a_{21}, a_{22})를 쌓아 보자.

$$(a_{11} \, a_{12})(a_{21} \, a_{22}) \Leftrightarrow (a_{11} \, a_{12} \, a_{21} \, a_{22})$$

이렇게 쌓으면 (성분이 4개인) 벡터니까 별 발전이 없다. NG! 이번에는 행벡터를 ↓ 방향으로 쌓아 보자.

$$\begin{matrix} (a_{11} \, a_{12}) \\ (a_{21} \, a_{22}) \end{matrix} \implies \begin{pmatrix} a_{11} & a_{12} \\ a_{21} & a_{22} \end{pmatrix}$$

2×2 크기 직사각형 모양인 수의 배열을 얻었다. 이와 같은 수의 배열을 **행렬(matrix)**이라 한다.

😺 조금 더 정확하게 말하면, 행렬은 $\begin{pmatrix} a_{11} & a_{12} & \cdots & a_{1n} \\ a_{21} & a_{22} & \cdots & a_{2n} \\ \vdots & \vdots & \ddots & \vdots \\ a_{m1} & a_{m2} & \cdots & a_{mn} \end{pmatrix}$ 꼴인 수의 배열이다. 행렬은 성분이 n개인 행벡터 $(a_{i1}\ a_{i2}\ \cdots\ a_{in})$을 m개 쌓았다고 이해하거나 성분이 m개인 열벡터 $\begin{pmatrix} a_{1j} \\ a_{2j} \\ \vdots \\ a_{mj} \end{pmatrix}$를 n개 쌓았다고 이해할 수도 있다.

이와 같이 m개의 행, n개의 열로 이루어진 행렬을 $m \times n$ 행렬이라 한다. 특히 행벡터와 열벡터의 개수가 같은 행렬을 **정사각행렬**이라 하고, $m \times n$ 행렬을 **n차 정사각행렬(square matrix of order n)**이라 한다. 이 책에서는 2차 정사각행렬을 주로 다룬다.

행(row)은 가로줄(→)을 가리킨다. 국어 시간에 시를 배울 때 1행, 2행이라 한 게 바로 이 행이다. 반면 열(column)은 세로줄(↓)을 가리킨다. 고대 로마에서는 회당의 기둥(column)에 대자보를 붙여 정치적 의사를 표현하곤 했는데, 신문 논평을 칼럼이라 말한 기원이 바로 여기에 있다.

 예

다음 행렬의 꼴을 확인해 보자.

$\begin{pmatrix} 2 & 1 & 3 \\ 0 & 1 & 2 \end{pmatrix}$　　$\begin{pmatrix} a & b \\ c & d \\ e & f \end{pmatrix}$　　$\begin{pmatrix} 3 & -1 \\ 0 & x \end{pmatrix}$　　$\begin{pmatrix} p & 2 & r \\ o & 1 & q \\ w & 0 & s \end{pmatrix}$

2×3 행렬　　3×2 행렬　　2차 정사각행렬　　3차 정사각행렬
(가로줄 2개와　　(가로줄 3개와
세로줄 3개)　　세로줄 2개)

😺 행렬 A의 i번째 행, j번째 열에 위치한 성분을 행렬의 (i, j) 성분이라 하고, a_{ij}로 표현한다.

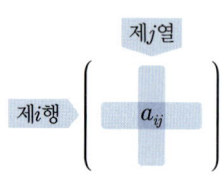

행렬 A와 B가 행과 열의 개수가 각각 같고 대응하는 성분이 같을 때, 행렬 A와 B는 **같다**고 약속한다.

레오나르도 디 세르 피에로 다빈치(Leonardo di ser Piero da Vinci, 1452-1519)는 "세련됨을 극도로 추구하면 단순함에 이르게 된다."라는 말을 남겼다. 다빈치의 말처럼 때로는 과감하게 축약하여 $m \times n$ 행렬을 이렇게 쓰기도 한다.

$$A = (a_{ij})(i = 1, 2, \cdots, m,\ j = 1, 2, \cdots, n)$$

😺 수학은 연산의 학문이다. 그 어떤 수학적 개념도 연산과 분리하여 생각할 수 없다. 행렬도 마찬가지다. 행렬의 대표적인 연산은 합, 차, 실수배, 곱이 있다. 이번 절에서는 합, 차, 실수배를 공부한다.

행렬의 합, 차, 실수배는 본질적으로 벡터와 같다!

😺 두 **행렬의 합·차**는 같은 위치에 있는 성분끼리 덧셈·뺄셈하는 것으로 정의한다. 크기가 같은 두 행렬 (a_{ij}), (b_{ij})에 대하여 다음과 같다.

$$(a_{ij}) \pm (b_{ij}) = (a_{ij} \pm b_{ij})$$

(1) 두 행렬의 합 : $(a_{ij}) + (b_{ij}) = (a_{ij} + b_{ij})$

(2) 두 행렬의 차 : $(a_{ij}) - (b_{ij}) = (a_{ij} - b_{ij})$

성분이 모두 0인 행렬을 **영행렬(zero matrix)**이라고 한다. 영행렬은 마치 실수의 덧셈·뺄셈에서 0과 같은 역할을 한다.

예

$A = \begin{pmatrix} a_{11} & a_{12} \\ a_{21} & a_{22} \end{pmatrix}$, $B = \begin{pmatrix} b_{11} & b_{12} \\ b_{21} & b_{22} \end{pmatrix}$에 대하여

(a) $A + B = \begin{pmatrix} a_{11} + b_{11} & a_{12} + b_{12} \\ a_{21} + b_{21} & a_{22} + b_{22} \end{pmatrix}$

(b) $A - B = \begin{pmatrix} a_{11} - b_{11} & a_{12} - b_{12} \\ a_{21} - b_{21} & a_{22} - b_{22} \end{pmatrix}$

❗ **주의** 두 행렬의 모양이 다를 때는 더하거나 뺄 수 없다.

$$\begin{pmatrix} 2 & 3 & 1 \\ 0 & 5 & 3 \end{pmatrix} + \begin{pmatrix} 3 & 5 & 8 \\ 1 & 9 & 4 \\ 0 & 2 & -1 \end{pmatrix} = \begin{pmatrix} 2+3 & 3+5 & 1+8 \\ 0+1 & 5+9 & 3+4 \\ ?+0 & ?+2 & ?+(-1) \end{pmatrix}$$

안 된다냥!
이런 건 계산할 수
없다냥.
돌아가라냥.

🐾 **행렬의 실수배**는 각 성분에 실수를 곱하는 것으로 정의한다. 즉, $k(a_{ij}) = (ka_{ij})$이다.

예

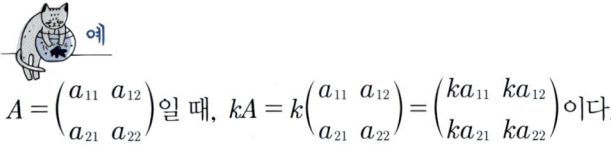

$A = \begin{pmatrix} a_{11} & a_{12} \\ a_{21} & a_{22} \end{pmatrix}$일 때, $kA = k\begin{pmatrix} a_{11} & a_{12} \\ a_{21} & a_{22} \end{pmatrix} = \begin{pmatrix} ka_{11} & ka_{12} \\ ka_{21} & ka_{22} \end{pmatrix}$이다.

🐾 행렬 A, B가 같은 꼴이라 하자. 임의의 실수 k, l에 대하여 다음이 성립한다.

(1) $(kl)A = k(lA)$

(2) $(k+l)A = kA + lA$, $k(A+B) = kA + kB$

SUMMARY

1. 벡터 (a_1, a_2)는 '수의 직선 배열'이다. **행렬** $\begin{pmatrix} a_{11} & a_{12} \\ a_{21} & a_{22} \end{pmatrix}$는 벡터를 쌓아 얻은 '수의 직사각형 배열'이다. m개의 행, n개의 열로 이루어진 행렬을 $m \times n$ 행렬이라 한다. 특히 행벡터와 열벡터의 개수가 같은 행렬을 **정사각행렬**이라 하고, $n \times n$ 행렬을 n차 정사각행렬이라 한다.

2. $m \times n$ 행렬 (a_{ij}), (b_{ij})와 실수 k에 대하여

$$(a_{ij}) + (b_{ij}) = (a_{ij} \pm b_{ij}), \quad k(a_{ij}) = (ka_{ij})$$

개념 쏙쏙 확인예제

※ 01~02 임의의 행렬 A에 대하여 다음 명제의 참, 거짓을 판정하라.

01 $A+X=X+A=A$를 만족하는 행렬 X가 항상 존재한다.

02 임의의 행렬 A에 대하여 $A+B=B+A=O$를 만족하는 행렬 B가 항상 존재한다.

※ 03~06 다음 세 행렬에 대하여 계산하라.

$$A = \begin{pmatrix} 2 & 5 & 1 \\ 4 & 3 & 0 \end{pmatrix}, \ B = \begin{pmatrix} 4 & -1 & 3 \\ -2 & 2 & 1 \end{pmatrix}, \ C = \begin{pmatrix} 1 & 3 & 5 \\ 6 & 2 & 3 \end{pmatrix}$$

03 $A+B$

04 $A+C$

05 $B-C$

06 $C-B$

※ 07~08 다음 등식을 만족하는 행렬 X를 구하라(단, X와 O는 모두 2×2 행렬이다).

07 $\begin{pmatrix} -2 & 1 \\ 4 & 2 \end{pmatrix} + X = O$

08 $X + \begin{pmatrix} 1 & 3 \\ 2 & 5 \end{pmatrix} = \begin{pmatrix} 3 & 4 \\ 2 & 1 \end{pmatrix}$

※ 09~10 다음 등식이 성립하도록 x, y 값을 구하라.

09 $\begin{pmatrix} x+2y \\ 2x-y \end{pmatrix} = \begin{pmatrix} 3 \\ 1 \end{pmatrix}$

10 $\begin{pmatrix} x^2+y^2 & xy \\ x-y & 1 \end{pmatrix} = \begin{pmatrix} 10 & -3 \\ -4 & 1 \end{pmatrix}$

※ 11~12 다음 두 행렬에 대하여 등식을 만족하는 2×2 행렬 X를 구하라.

$$A = \begin{pmatrix} 1 & 3 \\ 3 & 1 \end{pmatrix}, \ B = \begin{pmatrix} 2 & -1 \\ -3 & 0 \end{pmatrix}$$

11 $X + 2A = B$

12 $X + 2(A+B) = A$

※ 13~14 다음 두 행렬에 대하여 등식을 만족하는 2×2 행렬 X를 구하라.

$$A = \begin{pmatrix} 3 & 2 \\ -1 & 0 \end{pmatrix}, \ B = \begin{pmatrix} 0 & 4 \\ -2 & 2 \end{pmatrix}$$

13 $3X + 2A = X + 3B$

14 $X + 3A = 2(A+B+X)$

 ## 행렬의 곱

날줄과 씨줄이 얽히듯, 두 행렬을 엮어나가는 방법

🐾 여기에서는 행렬의 곱을 공부한다. 행렬의 곱은 어떻게 정의하면 좋을까? 우선 가장 쉽게 떠올릴 수 있는 방법은 다음과 같이 크기가 같은 두 행렬을 각 성분별로 곱하는 것이다.

$$\begin{pmatrix} 2 & 3 \\ 0 & 1 \end{pmatrix} \begin{pmatrix} -1 & 0 \\ 4 & 1 \end{pmatrix} \rightarrow \begin{pmatrix} 2 \times (-1) & 3 \times 0 \\ 0 \times 4 & 1 \times 1 \end{pmatrix}$$

하지만 이렇게 덧셈, 뺄셈, 곱셈 모두 실수와 똑같다면 굳이 행렬을 만든 필요가 없었을 것이다.

🐾 학부 수학에서는 두 벡터 (a_{11}, a_{12}), (b_{11}, b_{21})의 내적을 이렇게 표현하기도 한다.

$$(a_{11}, a_{12}) \cdot (b_{11}, b_{21}) = a_{11}b_{11} + a_{12}b_{21}$$

$$(a_{11}, a_{12}) \cdot \begin{pmatrix} b_{11} \\ b_{21} \end{pmatrix} = a_{11}b_{11} + a_{12}b_{21}$$

🐾 이제 두 벡터 중 앞의 벡터가 2층으로 쌓여 있을 때, 다시 말해 $\begin{pmatrix} a_{11} & a_{12} \\ a_{21} & a_{22} \end{pmatrix}$, $\begin{pmatrix} b_{11} \\ b_{21} \end{pmatrix}$을 다음과 같이 계산하면 그럴 듯하다.

$$\begin{pmatrix} a_{11} & a_{12} \\ a_{21} & a_{22} \end{pmatrix} \begin{pmatrix} b_{11} \\ b_{21} \end{pmatrix} = \begin{pmatrix} a_{11} & a_{12} \\ a_{21} & a_{22} \end{pmatrix} \begin{pmatrix} b_{11} \\ b_{21} \end{pmatrix} = \begin{pmatrix} (a_{11} & a_{12}) \begin{pmatrix} b_{11} \\ b_{21} \end{pmatrix} \\ (a_{21} & a_{22}) \begin{pmatrix} b_{11} \\ b_{21} \end{pmatrix} \end{pmatrix} = \begin{pmatrix} a_{11}b_{11} + a_{12}b_{21} \\ a_{21}b_{11} + a_{22}b_{21} \end{pmatrix}$$

🐾 같은 방식으로 곱하는 두 벡터 중 앞의 벡터뿐만 아니라 뒤의 벡터도 한 층 더 쌓여 있을 때, 즉 $A = \begin{pmatrix} a_{11} & a_{12} \\ \hline a_{21} & a_{22} \end{pmatrix}$, $B = \begin{pmatrix} b_{11} & b_{12} \\ b_{21} & b_{22} \end{pmatrix}$의 곱셈은 다음과 같이 계산하면 딱 맞아 떨어진다!

$$\begin{pmatrix} a_{11} & a_{12} \\ a_{21} & a_{22} \end{pmatrix}\begin{pmatrix} b_{11} & b_{12} \\ b_{21} & b_{22} \end{pmatrix} = \begin{pmatrix} (a_{11} & a_{12}) \\ (a_{21} & a_{22}) \end{pmatrix}\begin{pmatrix} b_{11} \\ b_{21} \end{pmatrix}\begin{pmatrix} b_{12} \\ b_{22} \end{pmatrix} = \begin{pmatrix} (a_{11} & a_{12})\begin{pmatrix} b_{11} \\ b_{21} \end{pmatrix} & (a_{11} & a_{12})\begin{pmatrix} b_{12} \\ b_{22} \end{pmatrix} \\ (a_{21} & a_{22})\begin{pmatrix} b_{11} \\ b_{21} \end{pmatrix} & (a_{21} & a_{22})\begin{pmatrix} b_{12} \\ b_{22} \end{pmatrix} \end{pmatrix}$$

$$= \begin{pmatrix} a_{11}b_{11} + a_{12}b_{21} & a_{11}b_{12} + a_{12}b_{22} \\ a_{21}b_{11} + a_{22}b_{21} & a_{21}b_{12} + a_{22}b_{22} \end{pmatrix}$$

예

$A = \begin{pmatrix} 1 & 7 \\ 2 & 4 \end{pmatrix}$, $B = \begin{pmatrix} 3 & 3 \\ 5 & 2 \end{pmatrix}$에 대하여 $AB = \begin{pmatrix} 1 \times 3 + 7 \times 5 & 1 \times 3 + 7 \times 2 \\ 2 \times 3 + 4 \times 5 & 2 \times 3 + 4 \times 2 \end{pmatrix} = \begin{pmatrix} 38 & 17 \\ 26 & 14 \end{pmatrix}$이다.

$$\begin{array}{c} \vec{b_1} \ \vec{b_2} \\ \downarrow \ \downarrow \end{array}$$
$$\begin{array}{c} \vec{a_1} \rightarrow \\ \vec{a_2} \rightarrow \end{array} \begin{pmatrix} 1 & 7 \\ 2 & 4 \end{pmatrix} \cdot \begin{pmatrix} 3 & 3 \\ 5 & 2 \end{pmatrix} = \begin{pmatrix} \vec{a_1} \cdot \vec{b_1} & \vec{a_1} \cdot \vec{b_2} \\ \vec{a_2} \cdot \vec{b_1} & \vec{a_2} \cdot \vec{b_2} \end{pmatrix}$$

🐾 일반적으로 $m \times l$ 행렬 A와 $l \times n$ 행렬 B의 **곱**은 다음과 같이 정의한다.

AB의 (i,j)번째 성분은 행렬 A의 i**번째 행벡터**와 행렬 B의 j**번째 열벡터**의 내적

이때, 행렬 AB는 $m \times n$ 행렬이다.

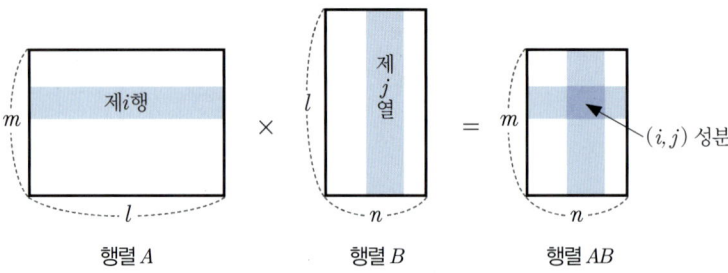

행렬 A 행렬 B 행렬 AB

😺 잠깐! 눈치 챘는가? 행렬의 곱 AB는 행렬 A의 열 개수와 행렬 B의 행 개수가 같을 때만 계산할 수 있다. 예를 들어, $(2\ 3)\begin{pmatrix}3\\4\\5\end{pmatrix} \Leftrightarrow (2,3)\cdot(3,4,5)$는 계산할 수 없다.

😺 지금까지는 행렬의 곱 AB를 행렬 A의 행벡터를 기준으로 이해하였다. 마지막으로 A의 열벡터를 기준으로 이해해 보자. $A = \begin{pmatrix}a_{11} & a_{12}\\a_{21} & a_{22}\end{pmatrix}$, $\vec{b} = \begin{pmatrix}b_{11}\\b_{21}\end{pmatrix}$에 대하여 다음이 성립한다.

$$A\vec{b} = \begin{pmatrix}a_{11} & a_{12}\\a_{21} & a_{22}\end{pmatrix}\begin{pmatrix}b_{11}\\b_{21}\end{pmatrix} = \begin{pmatrix}a_{11}b_{11}+a_{12}b_{21}\\a_{21}b_{11}+a_{22}b_{21}\end{pmatrix} = b_{11}\begin{pmatrix}a_{11}\\a_{21}\end{pmatrix} + b_{21}\begin{pmatrix}a_{12}\\a_{22}\end{pmatrix}$$

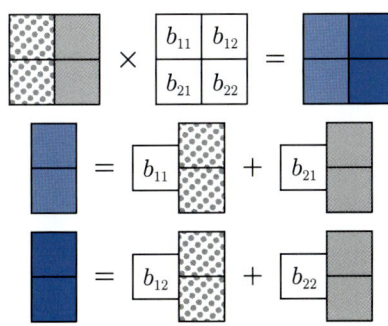

이제 $\vec{b} = \begin{pmatrix}b_{11}\\b_{21}\end{pmatrix}$의 오른쪽에 2열을 추가한 행렬 $B = \begin{pmatrix}b_{11} & b_{12}\\b_{21} & b_{22}\end{pmatrix}$에 대하여 다음을 이해할 수 있다.

AB의 1열은 $b_{11}\begin{pmatrix}a_{11}\\a_{21}\end{pmatrix} + b_{21}\begin{pmatrix}a_{12}\\a_{22}\end{pmatrix}$, AB의 2열은 $b_{12}\begin{pmatrix}a_{11}\\a_{21}\end{pmatrix} + b_{22}\begin{pmatrix}a_{12}\\a_{22}\end{pmatrix}$

😺 정사각행렬 A에 대하여 행렬의 거듭제곱을 다음과 같이 정의한다.

$$A^2 = AA, \quad A^3 = A^2A, \quad A^4 = A^3A, \quad \cdots$$

😺 세 행렬 A, B, C와 실수 k에 대하여 다음이 성립한다.

(1) 결합법칙 : $(AB)C = A(BC)$

(2) 분배법칙 : $A(B+C) = AB + AC$, $(A+B)C = AC + BC$

(3) $k(AB) = (kA)B = A(kB)$

행렬 $A = \begin{pmatrix} 1 & 0 \\ 3 & -1 \end{pmatrix}$, $B = \begin{pmatrix} 1 & 0 \\ 3 & -1 \end{pmatrix}$, $C = \begin{pmatrix} 0 & 1 \\ -1 & 2 \end{pmatrix}$에 대해 다음이 성립한다.

(a) $AB = \begin{pmatrix} 1 \cdot 1 + 0 \cdot 3 & 1 \cdot 0 + 0 \cdot (-1) \\ 3 \cdot 1 + (-1) \cdot 3 & 3 \cdot 0 + (-1) \cdot (-1) \end{pmatrix} = \begin{pmatrix} 1 & 0 \\ 0 & 1 \end{pmatrix}$

(b) $BA = \begin{pmatrix} 1 \cdot 1 + 0 \cdot 3 & 1 \cdot 0 + 0 \cdot (-1) \\ 3 \cdot 1 + (-1) \cdot 3 & 3 \cdot 0 + (-1) \cdot (-1) \end{pmatrix} = \begin{pmatrix} 1 & 0 \\ 0 & 1 \end{pmatrix}$

(c) $BC = \begin{pmatrix} 1 \cdot 0 + 0 \cdot (-1) & 1 \cdot 1 + 0 \cdot 2 \\ 3 \cdot 0 + (-1) \cdot (-1) & 3 \cdot 1 + (-1) \cdot 2 \end{pmatrix} = \begin{pmatrix} 0 & 1 \\ 1 & 1 \end{pmatrix}$

(d) $CB = \begin{pmatrix} 0 \cdot 1 + 1 \cdot 3 & 0 \cdot 0 + 1 \cdot (-1) \\ (-1) \cdot 1 + 2 \cdot 3 & (-1) \cdot 0 + 2 \cdot (-1) \end{pmatrix} = \begin{pmatrix} 3 & -1 \\ 5 & -2 \end{pmatrix}$

여기서 $BC \neq CB$이다. 즉, 행렬의 곱에서는 교환법칙이 성립하지 않는다!

😺 곱셈에서 교환법칙이 성립하지 않으므로 이전에 배웠던 곱셈공식이나 인수분해 공식, 지수법칙도 사용할 수 없다. 예를 들어 다음 식을 생각해 보자.

$$(A+B)^2 = (A+B)(A+B) = A^2 + AB + BA + B^2$$

이때 $AB \neq BA$일 수도 있으므로 위 식과 $A^2 + 2AB + B^2$이 같다고 말할 수 없다. 같은 방식으로 $(AB)^2 = ABAB$에서 $AB \neq BA$일 수도 있으므로 $A^2 B^2$이라 쓸 수 없다.

 예

행렬 $A = \begin{pmatrix} 1 & 1 \\ 1 & 1 \end{pmatrix}$, $B = \begin{pmatrix} -1 & 1 \\ 1 & -1 \end{pmatrix}$에 대하여 다음이 성립한다.

$$AB = \begin{pmatrix} 1 & 1 \\ 1 & 1 \end{pmatrix}\begin{pmatrix} -1 & 1 \\ 1 & -1 \end{pmatrix} = \begin{pmatrix} 0 & 0 \\ 0 & 0 \end{pmatrix} = O$$

이러한 A, B를 **영의 약수(zero divisor)**라 한다. 즉, 다음 명제는 거짓이다.

$$AB = O \text{이면 } `A = O \text{ 또는 } B = O\text{'이다.}$$

🐾 (i, j) 성분이 $a_{ij} = \begin{cases} 1 & (i = j) \\ 0 & (i \neq j) \end{cases}$ 인 n차 정사각행렬을 **n차 항등행렬(nth identity matrix)**이라고 하고, I_n이라 표기한다. 문맥상 n이 명백하면 I_n에서 n을 생략하고 I라 쓰기도 한다. 항등행렬은 영행렬만큼이나 중요하다!

 예

2차 항등행렬은 $I_2 = \begin{pmatrix} 1 & 0 \\ 0 & 1 \end{pmatrix}$이다. 3차 항등행렬은 $I_3 = \begin{pmatrix} 1 & 0 & 0 \\ 0 & 1 & 0 \\ 0 & 0 & 1 \end{pmatrix}$이다.

🐾 임의의 2차 정사각행렬 $A = \begin{pmatrix} a & b \\ c & d \end{pmatrix}$에 대하여 다음이 성립한다.

$$AI = \begin{pmatrix} a & b \\ c & d \end{pmatrix}\begin{pmatrix} 1 & 0 \\ 0 & 1 \end{pmatrix} = \begin{pmatrix} a & b \\ c & d \end{pmatrix} = A, \quad IA = \begin{pmatrix} 1 & 0 \\ 0 & 1 \end{pmatrix}\begin{pmatrix} a & b \\ c & d \end{pmatrix} = \begin{pmatrix} a & b \\ c & d \end{pmatrix} = A$$

마치 실수 x, 1에 대하여 $x \times 1 = 1 \times x = x$가 성립하듯 말이다. 즉, 행렬 I_n은 곱셈에서 실수 1과 같은 역할이다.

영행렬 O와 행렬의 곱은 항상 영행렬

항등행렬 I_n과 행렬의 곱은 항상 자기 자신

$ad - bc \neq 0$인 $A = \begin{pmatrix} a & b \\ c & d \end{pmatrix}$에 대하여 $B = \dfrac{1}{ad-bc}\begin{pmatrix} d & -b \\ -c & a \end{pmatrix}$라 하자.

(a) $AB = \dfrac{1}{ad-bc}\begin{pmatrix} a & b \\ c & d \end{pmatrix}\begin{pmatrix} d & -b \\ -c & a \end{pmatrix} = \dfrac{1}{ad-bc}\begin{pmatrix} ad-bc & 0 \\ 0 & ad-bc \end{pmatrix} = \begin{pmatrix} 1 & 0 \\ 0 & 1 \end{pmatrix} = I_2$

(b) $BA = \dfrac{1}{ad-bc}\begin{pmatrix} d & -b \\ -c & a \end{pmatrix}\begin{pmatrix} a & b \\ c & d \end{pmatrix} = \dfrac{1}{ad-bc}\begin{pmatrix} ad-bc & 0 \\ 0 & ad-bc \end{pmatrix} = \begin{pmatrix} 1 & 0 \\ 0 & 1 \end{pmatrix} = I_2$

🐾 앞의 [예]에서 확인한 2차 정사각행렬의 성질은 n차 정사각행렬의 성질로 일반화할 수 있다. n차 정사각행렬 A, B와 n차 항등행렬 I에 대하여

$$AB = I \text{이면 } BA = I \text{이다.}$$

자주 사용할 결과이니 잘 기억해 두자.

1. 행렬 곱은 행벡터와 열벡터를 내적하여 얻는다.

2. 행렬의 곱셈은 교환법칙이 성립하지 않는다.

개념 쏙쏙 확인예제

※ 01~04 2차 정사각행렬에 대하여 다음 명제의 참, 거짓을 판정하라.

01 0이 아닌 실수 p, q에 대하여 $pA+qB=I$이면 $AB=BA$이다.

02 $AB=O$이면 $BA=O$이다.

03 $A+B=I$이면 $(A+B)(A-B)=A^2-B^2$이다.

04 $AB=AC$이면 $A=O$ 또는 $B=C$이다.

※ 05~07 2차 정사각행렬 A, B에 대하여 연산 ★를 $A ★ B = AB - BA$라 정의하자. 다음 명제의 참, 거짓을 판정하라.

05 $A ★ B = B ★ A$

06 $3A ★ 2B = 6(A ★ B)$

07 $(A-B) ★ C = (A ★ C) - (B ★ C)$

※ 08~10 2차 정사각행렬 A, B에 대하여 연산 ★를 $A ★ B = (I-A)(I-B)$라 정의하자. 다음 명제의 참, 거짓을 판정하라.

08 $A ★ B = B ★ A$

09 $A ★ A = I$이면 $A^2 = 2A$이다.

10 $A ★ A = O$이면 $A^3 - A^2 = A - I$이다.

풀이

 역행렬과 행렬식

바늘 가는 곳에 실 가듯, 역행렬 있는 곳에 행렬식도 있다.

🐾 0이 아닌 실수 a에 대하여 $ax=xa=1$을 만족하는 실수 x를 a의 곱셈에 대한 **역원**이라 했다. 같은 꼴의 두 n차 정사각행렬 A, X와 n차 항등행렬 I_n에 대하여 다음 등식을 만족하는 X를 A의 **역행렬(inverse matrix)**이라고 한다.

$$AX = XA = I_n$$

A의 역행렬을 기호로 A^{-1}로 나타내고, 'A 인버스'라 읽는다.

🐾 모든 정사각행렬에 역행렬이 존재하는 것은 아니다. 예를 들어 영행렬 O를 생각해 보자. $AO = OA = O$이므로 영행렬의 역행렬은 없다. 이 외에도 역행렬이 존재하지 않는 행렬은 굉장히 많다. 영의 약수가 되는 행렬을 생각해 보자.

$$A = \begin{pmatrix} 1 & 1 \\ 1 & 1 \end{pmatrix},\ B = \begin{pmatrix} -1 & 1 \\ 1 & -1 \end{pmatrix} \Rightarrow AB = \begin{pmatrix} 0 & 0 \\ 0 & 0 \end{pmatrix} = O$$

🐾 222쪽 [예]에서 확인했듯이 2차 정사각행렬 $A = \begin{pmatrix} a & b \\ c & d \end{pmatrix}$에 대해 $ad - bc \neq 0$일 때 다음과 같다.

$$A^{-1} = \frac{1}{ad-bc}\begin{pmatrix} d & -b \\ -c & a \end{pmatrix}$$

한편, $ad - bc = 0$이면 A^{-1}는 존재하지 않는다. 증명은 지루한 연립방정식을 푸는 과정이라 생략하겠다. 즉 역행렬 A^{-1}가 존재하기 위한 필요충분조건은 $ad - bc \neq 0$이다. (**믿어라!**)

🐾 2차 정사각행렬 $A = \begin{pmatrix} a & b \\ c & d \end{pmatrix}$에 대하여 A의 **행렬식(determinant)**은 $\det(A) = ad - bc$라 정의하고 '디터미넌트 A'라 읽는다. $\det(A)$ 대신 $|A|$라 표기하기도 한다.

행렬식은 A의 역행렬이 존재하는지 안하는지 알려준다.

$$A = \begin{pmatrix} a & b \\ c & d \end{pmatrix} \text{의 역행렬 } A^{-1} \text{가 존재한다.} \Leftrightarrow \det(A) \neq 0$$

행렬 $A = \begin{pmatrix} 4 & 3 \\ 3 & 2 \end{pmatrix}$의 역행렬은 존재할까?

풀이

$\det(A) = 4 \times 2 - 3 \times 3 = -1 \neq 0$이므로 존재한다. A의 역행렬을 구하면 다음과 같다.

$$A^{-1} = \frac{1}{8-9}\begin{pmatrix} 2 & -3 \\ -3 & 4 \end{pmatrix} = \begin{pmatrix} -2 & 3 \\ 3 & -4 \end{pmatrix}$$

$\begin{pmatrix} x-3 & 5 \\ 4 & x-2 \end{pmatrix}$의 역행렬이 존재하지 않도록 하는 x 값은?

풀이

$\det(A) = (x-3)(x-2) - 5 \times 4 = 0$
$\therefore x = -2, 7$

 정사각행렬 A의 역행렬이 존재하면 유일하다.

 why? 정사각행렬 A의 서로 다른 역행렬 B, C가 존재한다고 가정하자. 역행렬 정의에 의해 다음이 성립한다.

$$AB = BA = I, \ AC = CA = I$$

한편, $B = BI = B(AC) = (BA)C = IC = C$이므로 $B = C$가 유도되어 가정에 모순이다.
따라서 A의 역행렬이 존재하면 유일하다.

정사각행렬 A, B의 역행렬 A^{-1}, B^{-1}가 모두 존재한다고 가정하자. 다음이 성립한다.

(1) $(A^{-1})^{-1} = A$ (2) $(AB)^{-1} = B^{-1}A^{-1}$

 (1) 역행렬 정의 $AA^{-1} = A^{-1}A = I$를 A^{-1} 입장에서 보면 A^{-1}의 역행렬은 분명히 A이다.

(2) $AB(B^{-1}A^{-1}) = AIA^{-1} = AA^{-1} = I$, $(B^{-1}A^{-1})AB = B^{-1}IB = B^{-1}B = I$이고 역행렬은 존재한다면 유일하므로, AB의 역행렬은 $B^{-1}A^{-1}$이다.

2차 정사각행렬 $A = \begin{pmatrix} a & b \\ c & d \end{pmatrix}$, $B = \begin{pmatrix} e & f \\ g & h \end{pmatrix}$에 대하여 AB의 역행렬 $(AB)^{-1}$를 구해 보자.

$(AB)^{-1} = B^{-1}A^{-1} = \dfrac{1}{eh-fg}\begin{pmatrix} h & -f \\ -g & e \end{pmatrix}\dfrac{1}{ad-bc}\begin{pmatrix} d & -b \\ -c & a \end{pmatrix} = \dfrac{1}{\det(B)}\dfrac{1}{\det(A)}\begin{pmatrix} h & -f \\ -g & e \end{pmatrix}\begin{pmatrix} d & -b \\ -c & a \end{pmatrix}$

즉, $(AB)^{-1}$가 존재하기 위한 필요충분조건은 $\det(A)\det(B) \neq 0$임을 알 수 있다.

 다음 성질은 행렬식을 계산할 때 아주 요긴하게 사용된다.

2차 정사각행렬 A, B에 대하여 $\det(AB) = \det(A)\det(B)$이다!

그리고 A 또는 B의 역행렬이 존재하지 않는다는 말은 $\det(A) = 0$ 또는 $\det(B) = 0$과 동치다. 다시 말해 $\det(AB) = 0$이다. 따라서 A 또는 B의 역행렬이 존재하지 않을 필요충분조건은 AB의 역행렬이 존재하지 않는 것이다.

1. n차 정사각행렬 A에 대하여 $AB = BA = I_n$인 n차 정사각행렬 B를 A의 **역행렬**이라 한다.

2. 행렬식은 역행렬이 존재하는지 판별하는 도구다.

3. 2차 정사각행렬 A, B에 대하여 $\det(AB) = \det(A)\det(B)$이다.

개념 쏙쏙 확인예제

※ 01~05 2차 정사각행렬에 대한 다음 명제의 참, 거짓을 판정하라.

01 A와 B의 역행렬이 존재하면 $AB=BA$이다.

02 $A^2=O$이면 $A+I$는 역행렬이 존재한다.

03 $AB=C$이고 C의 역행렬이 존재하면 A와 B 모두 역행렬이 존재한다.

04 $AB=A+B$이면 $A-I$의 역행렬이 존재한다.

05 $A=A^{-1}$이면 $A+3I$의 역행렬이 존재한다.

※ 06~08 두 2차 정사각행렬 A, B가 $AB+A^2B=I$, $(A-I)^2+B^2=O$를 만족한다. 다음 명제의 참, 거짓을 판정하라.

06 B의 역행렬이 존재한다.

07 $AB=BA$

08 $(A^3-A)^2+I=O$

※ 09~11 역행렬이 존재하는 두 2차 정사각행렬 A, B가 $(A+B)(A^{-1}+B^{-1})=4I$를 만족한다. 다음 명제의 참, 거짓을 판정하라.

09 $A^{-1}+B^{-1}$의 역행렬이 존재한다.

10 $A=I$이면 $B=I$이다.

11 $AB=\dfrac{1}{2}I$이면 $A^2+B^2=I$이다.

풀이

# 04 케일리-해밀턴 정리

마음을 편안하게 해주는 식 $\cdots = 0$

🐾 $x = \dfrac{-1+\sqrt{3}\,i}{2}$ 와 $y = \dfrac{-1-\sqrt{3}\,i}{2}$ 에 대하여 $x^{100}+y^{100}$을 구해 보자.

이 값을 구하기 위해 진짜 100번 제곱하면 몹시 고통스러울 것이다. (**천 번을 흔들려야 어른이 된다?**) $x+y=-1$, $xy=1$이므로 x, y는 이차방정식 $X^2+X+1=0$의 두 근이다. $X^2+X+1=0$의 양변에 $X-1$을 곱하면 $X^3=1$이다. 즉, $x^3=y^3=1$이다.

$$\therefore x^{100}+y^{100} = (x^3)^{33}x + (y^3)^{33}y = x+y = -1$$

이와 같이 대입해서 0이 되는 다항식을 찾으면 계산을 굉장히 쉽게 할 수 있다.

🐾 임의의 2차 정사각행렬에 대하여 대입해서 O가 되는 다항식을 반드시 찾을 수 있다.
두 행렬 $A = \begin{pmatrix} a & b \\ c & d \end{pmatrix}$, $I = \begin{pmatrix} 1 & 0 \\ 0 & 1 \end{pmatrix}$에 대해 다음이 성립한다.

$$(A-aI)(A-dI) = \begin{pmatrix} 0 & b \\ c & d-a \end{pmatrix}\begin{pmatrix} a-d & b \\ c & 0 \end{pmatrix} = \begin{pmatrix} bc & 0 \\ 0 & bc \end{pmatrix} = bcI$$

$$\Leftrightarrow A^2 - (a+d)A + adI = bcI$$
$$\Leftrightarrow A^2 - (a+d)A + (ad-bc)I = O$$

이 결과를 2차 정사각행렬에 대한 **케일리-해밀턴 정리(Cayley-Hamilton Theorem)**라고 한다. (어떤 정리에 사람 이름이 붙어있다면 대단한 발견이라는 방증이다.)

 예

행렬 $A = \begin{pmatrix} 2 & -3 \\ 1 & -1 \end{pmatrix}$에 대하여 A^4, A^5, A^6을 계산해 보자.

풀이

케일리–해밀턴 정리에 의해 $A^2 - A + I = O$이다. 이 식의 양변에 $A+I$를 곱하자.
$$(A+I)(A^2 - A + I) = A^3 + I = O$$
즉 $A^3 = -I$이고, $A^4 = AA^3 = -A$, $A^5 = -A^2 = -A + I$, $A^6 = A^3 A^3 = I$이다.

🐾 2차 정사각행렬 A에 대하여 $A^n = O\,(n \geq 3)$이면 $A^2 = O$이다.

  $A = \begin{pmatrix} a & b \\ c & d \end{pmatrix}$라 하자.

$$A^n = O \Rightarrow \det(A^n) = \{\det(A)\}^n = 0 \Rightarrow \det(A) = ad - bc = 0$$

케일리–해밀턴 정리에 의해 $A^2 - (a+d)A = O \Leftrightarrow A^2 = (a+d)A$이다. 즉, 다음과 같이 차수를 낮추는 계산을 반복할 수 있다.

$$A^n = A^{n-2}A^2 = A^{n-2}(a+d)A = (a+d)A^{n-1}$$
$$A^n = (a+d)A^{n-1} = (a+d)^2 A^{n-2}$$
$$\vdots$$
$$A^n = (a+d)^{n-2} A^2 = O$$

$a+d$는 행렬이 아니라 실수이므로 마지막 전개식으로부터 $a+d=0$ 또는 $A^2 = O$가 성립한다. $A^2 = O$이면 원하는 바가 증명된다. $a+d=0$이더라도 케일리–해밀턴 정리에 의해 $A^2 = (a+d)A - (ad-bc)I = O$이다.

 **SUMMARY**

임의의 2차 정사각행렬 $A = \begin{pmatrix} a & b \\ c & d \end{pmatrix}$에 대하여 다음 항등식이 성립한다.

$$A^2 - (a+d)A + (ad - bc)I = O$$

이 항등식을 **케일리–해밀턴 정리**라 한다. (단, I는 2차 항등행렬)

개념 쏙쏙 확인예제

※ 01~02 다음 명제의 참, 거짓을 판정하라.

01 $A = \begin{pmatrix} a & b \\ c & d \end{pmatrix}$ 에 대하여 $A^2 - A - 2I = O$ 이면 $a+b=1$ 이고 $ad-bc=-2$ 이다.

02 $A^2 + A + I = O$ 를 만족하는 2차 정사각행렬 A 는 존재하지 않는다.

03 행렬 $A = \begin{pmatrix} 2 & 1 \\ -5 & -2 \end{pmatrix}$ 에 대하여 $A + A^2 + A^3 + \cdots + A^{100} = \begin{pmatrix} a & b \\ c & d \end{pmatrix}$ 일 때, $a+b+c+d$ 값을 구하라.

04 행렬 $A = \begin{pmatrix} -1 & a \\ 0 & -1 \end{pmatrix}$ 에 대하여 A^3 의 모든 성분의 합이 4이다. 이때, a 값을 구하라.

05 행렬 $A = \begin{pmatrix} 0 & 1 \\ -1 & 1 \end{pmatrix}$ 에 대하여 $A^{2021} \begin{pmatrix} a \\ b \end{pmatrix} = \begin{pmatrix} 1 \\ 2 \end{pmatrix}$ 일 때, $a+b$ 값을 구하라.

05 연립일차방정식과 행렬의 관계

반복되는 부분을 생략하고, 간결하게 생각하자!

🐾 x, y에 대한 연립일차방정식 $\begin{cases} ax+by=u \\ cx+dy=v \end{cases}$를 행렬로 표현하면 다음과 같다.

$$\begin{pmatrix} a & b \\ c & d \end{pmatrix} \begin{pmatrix} x \\ y \end{pmatrix} = \begin{pmatrix} u \\ v \end{pmatrix}$$

즉, 연립일차방정식 $\begin{cases} ax+by=u \\ cx+dy=v \end{cases}$의 해 (x, y)를 구하는 과정을 행렬 계산으로 이해할 수 있다.

🐾 $ad-bc \neq 0$일 때, $\begin{pmatrix} a & b \\ c & d \end{pmatrix} \begin{pmatrix} x \\ y \end{pmatrix} = \begin{pmatrix} u \\ v \end{pmatrix}$ 양변의 왼쪽에 $\begin{pmatrix} a & b \\ c & d \end{pmatrix}$의 역행렬을 곱하자. 다음이 성립한다.

$$\begin{pmatrix} x \\ y \end{pmatrix} = \begin{pmatrix} a & b \\ c & d \end{pmatrix}^{-1} \begin{pmatrix} u \\ v \end{pmatrix}$$
$$= \frac{1}{ad-bc} \begin{pmatrix} d & -b \\ -c & a \end{pmatrix} \begin{pmatrix} u \\ v \end{pmatrix}$$
$$= \frac{1}{ad-bc} \begin{pmatrix} du-bv \\ -cu+av \end{pmatrix}$$

🐾 $ad-bc=0$일 때,

관계식	좌표평면에서 위치 관계	연립방정식의 해
$\dfrac{a}{c} = \dfrac{b}{d} = \dfrac{u}{v}$	두 직선 $ax+by=u$와 $cx+dy=v$가 서로 일치	해가 무수히 많다.
$\dfrac{a}{c} = \dfrac{b}{d} \neq \dfrac{u}{v}$	두 직선 $ax+by=u$와 $cx+dy=v$가 서로 평행	해가 없다.

(a) $\begin{cases} 3x+7y=2 \\ 2x+5y=-1 \end{cases} \Leftrightarrow \begin{pmatrix} 3 & 7 \\ 2 & 5 \end{pmatrix}\begin{pmatrix} x \\ y \end{pmatrix} = \begin{pmatrix} 2 \\ -1 \end{pmatrix} \Leftrightarrow \begin{pmatrix} x \\ y \end{pmatrix} = \dfrac{1}{15-14}\begin{pmatrix} 5 & -7 \\ -2 & 3 \end{pmatrix}\begin{pmatrix} 2 \\ -1 \end{pmatrix} = \begin{pmatrix} 17 \\ -7 \end{pmatrix}$ 이다.

(b) $\begin{cases} 2x-2y=1 \\ x-y=2 \end{cases} \Leftrightarrow \begin{pmatrix} 2 & -2 \\ 1 & -1 \end{pmatrix}\begin{pmatrix} x \\ y \end{pmatrix} = \begin{pmatrix} 1 \\ 2 \end{pmatrix}$, $\dfrac{2}{1} = \dfrac{-2}{-1} \neq \dfrac{1}{2}$ 이므로 해가 없다.

(c) $\begin{cases} 2x+3y=4 \\ 4x+6y=8 \end{cases} \Leftrightarrow \begin{pmatrix} 2 & 3 \\ 4 & 6 \end{pmatrix}\begin{pmatrix} x \\ y \end{pmatrix} = \begin{pmatrix} 4 \\ 8 \end{pmatrix}$, $\dfrac{2}{4} = \dfrac{3}{6} = \dfrac{4}{8}$ 이므로 해가 무수히 많다.

$$\begin{cases} ax+by=u \\ cx+dy=v \end{cases} \Leftrightarrow \begin{pmatrix} a & b \\ c & d \end{pmatrix}\begin{pmatrix} x \\ y \end{pmatrix} = \begin{pmatrix} u \\ v \end{pmatrix}$$

특히, $ad-bc \neq 0$이면 $\begin{pmatrix} x \\ y \end{pmatrix} = \begin{pmatrix} a & b \\ c & d \end{pmatrix}^{-1}\begin{pmatrix} u \\ v \end{pmatrix}$ 이다.

개념 쏙쏙 확인예제

※ 01~03 기울기가 0이 아닌 두 직선 $y=ax+b$, $y=cx+d$에 대하여 행렬 $A = \begin{pmatrix} a & b \\ c & d \end{pmatrix}$라고 정의하자. 다음 명제의 참, 거짓을 판정하라.

01 두 직선이 만나지 않으면 행렬 A의 역행렬이 존재한다.

02 두 직선이 일치하면 행렬 A의 역행렬이 존재한다.

03 두 직선이 x축 위에서 만나면 행렬 A의 역행렬이 존재하지 않는다.

04 역행렬이 존재하는 행렬 $A = \begin{pmatrix} a & b \\ c & d \end{pmatrix}$를 생각하자. x, y에 대한 연립방정식 $\begin{cases} ax+by=1 \\ cx+dy=2 \end{cases}$의 해가 $x=5$, $y=4$라고 한다. $A^{-1}\begin{pmatrix} 1 \\ 2 \end{pmatrix} = \begin{pmatrix} p \\ q \end{pmatrix}$일 때, $p+q$ 값을 구하라.

풀이

06 가우스 소거법

연립방정식을 풀고 싶다고요? 3가지 연산만 잘 하면 됩니다!

🐾 우리는 앞서 2×2 행렬과 미지수가 2개인 연립일차방정식을 다루었지만, 현장에서는 미지수가 4, 5개 심지어 100개 이상인 연립일차방정식을 풀어야 할 때도 있다.

🐾 '연립일차방정식과 행렬의 관계'에서 소개한 역행렬을 이용한 해법은 사람 입장에서는 편리하지만 컴퓨터 입장에서는 매우 불편하다. 미지수 개수가 많아지면 우리가 직접 계산하지 않고 컴퓨터의 도움을 받아 연립방정식을 푼다. 이때 효과적으로 사용할 수 있는 방법을 소개한다.

연립일차방정식 $\begin{cases} 3x + 7y = 2 \\ 2x + 5y = -1 \end{cases}$ 을 풀어 보자.

풀이

주어진 연립일차방정식을 행렬로 나타내면 다음과 같다.

$$\begin{cases} 3x + 7y = 2 & \cdots ① \\ 2x + 5y = -1 & \cdots ② \end{cases} \Leftrightarrow \begin{pmatrix} 3 & 7 \\ 2 & 5 \end{pmatrix} \begin{pmatrix} x \\ y \end{pmatrix} = \begin{pmatrix} 2 \\ -1 \end{pmatrix} \qquad \left(\begin{array}{cc|c} 3 & 7 & 2 \\ 2 & 5 & -1 \end{array} \right)$$

식 ①을 2배, 식 ②를 3배하면 다음과 같다.

$$\begin{cases} 6x + 14y = 4 & \cdots ③ \\ 6x + 15y = -3 & \cdots ④ \end{cases} \Leftrightarrow \begin{pmatrix} 6 & 14 \\ 6 & 15 \end{pmatrix} \begin{pmatrix} x \\ y \end{pmatrix} = \begin{pmatrix} 4 \\ -3 \end{pmatrix} \qquad \left(\begin{array}{cc|c} 6 & 14 & 4 \\ 6 & 1 & -3 \end{array} \right)$$

식 ④에서 식 ③을 빼면 다음과 같다.

$$\begin{cases} 6x + 14y = 4 & \cdots ③ \\ y = -7 & \cdots ⑤ \end{cases} \Leftrightarrow \begin{pmatrix} 6 & 14 \\ 0 & 1 \end{pmatrix} \begin{pmatrix} x \\ y \end{pmatrix} = \begin{pmatrix} 4 \\ -7 \end{pmatrix} \qquad \left(\begin{array}{cc|c} 6 & 14 & 4 \\ 0 & 1 & -7 \end{array} \right)$$

식 ③에서 식 ⑤를 14배하여 빼면 다음과 같다.

$$\begin{cases} 6x = 102 & \cdots ⑥ \\ y = -7 & \cdots ⑤ \end{cases} \Leftrightarrow \begin{pmatrix} 6 & 0 \\ 0 & 1 \end{pmatrix} \begin{pmatrix} x \\ y \end{pmatrix} = \begin{pmatrix} 102 \\ -7 \end{pmatrix} \qquad \left(\begin{array}{cc|c} 6 & 0 & 102 \\ 0 & 1 & -7 \end{array} \right)$$

식 ⑥을 6으로 나누면 다음과 같다.

$$\begin{cases} x = 17 \\ y = -7 \end{cases} \Leftrightarrow \begin{pmatrix} 1 & 0 \\ 0 & 1 \end{pmatrix}\begin{pmatrix} x \\ y \end{pmatrix} = \begin{pmatrix} 17 \\ -7 \end{pmatrix} \qquad \left(\begin{array}{cc|c} 1 & 0 & 17 \\ 0 & 1 & -7 \end{array}\right)$$

따라서 구하는 해는 $x=17$, $y=-7$이다.

😺 모든 연립일차방정식은 다음 3가지 방법을 반복 사용하면 풀 수 있다.

(1) 두 방정식의 위치를 바꾼다.
$$\begin{cases} 3x + 7y = 2 \\ 2x + 5y = -1 \end{cases} \Leftrightarrow \begin{cases} 2x + 5y = -1 \\ 3x + 7y = 2 \end{cases}$$

(2) 양변에 0이 아닌 상수를 곱한다.
$$\begin{cases} 3x + 7y = 2 \\ 2x + 5y = -1 \end{cases} \Leftrightarrow \begin{cases} -6x - 14y = -4 \\ 6x + 15y = -3 \end{cases}$$

(3) 양변에 상수를 곱한 방정식을 더한다.
$$\begin{cases} -6x - 14y = -4 \\ 6x + 15y = -3 \end{cases} \Leftrightarrow \begin{cases} -x - 14y = -4 \\ 15y = -7 \end{cases}$$

😺 연립일차방정식을 행렬로 나타내면 3가지 방법은 행렬에서 다음 조작에 대응한다.

(1) 행렬의 두 행을 바꾼다.
$$\begin{pmatrix} 3 & 7 \\ 2 & 5 \end{pmatrix}\begin{pmatrix} x \\ y \end{pmatrix} = \begin{pmatrix} 2 \\ -1 \end{pmatrix} \Leftrightarrow \begin{pmatrix} 2 & 5 \\ 3 & 7 \end{pmatrix}\begin{pmatrix} x \\ y \end{pmatrix} = \begin{pmatrix} -1 \\ 2 \end{pmatrix}$$

(2) 한 행의 모든 성분에 0이 아닌 상수를 곱한다.
$$\begin{pmatrix} 3 & 7 \\ 2 & 5 \end{pmatrix}\begin{pmatrix} x \\ y \end{pmatrix} = \begin{pmatrix} 2 \\ -1 \end{pmatrix} \Leftrightarrow \begin{pmatrix} -6 & -14 \\ 6 & 15 \end{pmatrix}\begin{pmatrix} x \\ y \end{pmatrix} = \begin{pmatrix} -4 \\ -3 \end{pmatrix}$$

(3) 상수를 곱한 행을 다른 행에 더한다.
$$\begin{pmatrix} -6 & -14 \\ 6 & 15 \end{pmatrix}\begin{pmatrix} x \\ y \end{pmatrix} = \begin{pmatrix} -4 \\ -3 \end{pmatrix} \Leftrightarrow \begin{pmatrix} -6 & -14 \\ 0 & 1 \end{pmatrix}\begin{pmatrix} x \\ y \end{pmatrix} = \begin{pmatrix} -4 \\ -7 \end{pmatrix}$$

이러한 과정을 반복하면 연립일차방정식 $AX=B$가 $I_n X = A^{-1}B \Leftrightarrow X = A^{-1}B$로 바뀐다. 즉, 행렬 A가 항등행렬이 되도록 양변에 방법 (1), (2), (3)을 기계적으로 반복하면 연립방정식이 스르륵 풀린다.

이 방법을 **가우스 소거법**(Gaussian elimination)이라 한다. 이때 미지수 x, y는 별 역할을 하지 않고 자리만 차지하고 있으므로 세로선(|)으로 대체하여 계산해도 무방하다.

연립일차방정식 $\begin{cases} 3x + 7y = 2 \\ 2x + 5y = -1 \end{cases}$ 을 가우스 소거법으로 풀면 다음과 같다.

풀이

$\begin{pmatrix} 3 & 7 & | & 2 \\ 2 & 5 & | & -1 \end{pmatrix}$

$\Rightarrow \begin{pmatrix} 6 & 14 & | & 4 \\ 6 & 15 & | & -3 \end{pmatrix}$: 1행에 2를 곱하고, 2행에 3을 곱한다.

$\Rightarrow \begin{pmatrix} 6 & 14 & | & 4 \\ 0 & 1 & | & -7 \end{pmatrix}$: 1행에 -1을 곱해서 2행에 더한다.

$\Rightarrow \begin{pmatrix} 6 & 0 & | & 102 \\ 0 & 1 & | & -7 \end{pmatrix}$: 2행에 -14를 곱해서 1행에 더한다.

$\Rightarrow \begin{pmatrix} 1 & 0 & | & 17 \\ 0 & 1 & | & -7 \end{pmatrix}$: 1행에 $\dfrac{1}{6}$을 곱한다. (| 왼쪽에 항등행렬 등장!)

$\therefore x = 17,\ y = -7$

🐾 미지수가 2개인 연립일차방정식을 푸는 과정에서는 두 행의 위치를 바꿀 필요가 없다. 미지수 개수가 3개 이상이면 두 행을 바꾸는 과정이 반드시 필요하다.

가우스 소거법은 연립일차방정식에 대응하는 행렬의 행 연산을 통해 연립일차방정식을 푸는 알고리즘이다.

개념 쏙쏙 확인예제

※ 01~03 다음 연립일차방정식의 해를 가우스 소거법을 이용하여 구하라.

01 $\begin{cases} 4x - 6y = -11 \\ -3x + 8y = 10 \end{cases}$

02 $\begin{cases} x + y - z = 9 \\ 8y + 6z = -6 \\ -2x + 4y - 6z = 40 \end{cases}$

03 $\begin{cases} 4y + 3z = 8 \\ 2x - z = 2 \\ 3x + 2y = 5 \end{cases}$

풀이

4.2 선형변환

창의성이란 무언가를 연결하는 것이다. 창의적인 사람에게 어떻게 그런 일을 했냐고 물으면 그 사람은 겸연쩍어 할 것이다. 딱히 한 일이 없으니까. 그저 빤히 보였을 뿐이 다. – 스티븐 폴 잡스(Steven Paul Jobs, 1955-2011)

'6단계의 분리'라는 말을 들어본 적이 있는가? 스탠리 밀그램(Stanley Milgram) 박사가 처음 제안한 가설로, 아는 사람의 아는 사람을 수소문하는 식으로 다리만 건너면 전 세계 모든 사람이 다 연결된다고 한다. 오랜 세월 동안 이 가설이 맞다 틀리다 논란이 많았지만, 2011년 11월에 페이스북 데이터 팀이 억 천백만 명의 친구 관계를 분석한 결과에 따르면 페이스북 사용자의 평균 거리는 4.74라고 한다. 온 인류를 대상으로 할 때 두 사람 사이의 평균 거리가 어떻게 되는지 예단하기는 힘들겠지만, 우리의 통념보다 지구는 더 좁은 것 같다.

이처럼 두 대상을 연결하면 놀라운 일이 많이 발생한다. 이번 절에서 행렬은 '벡터로 이루어진 집합'(벡터공간)을 서로 연결하는 다리(선형변환)임을 공부한다. 이번 절은 3장과 4장을 집대성하는 클라이맥스라 볼 수 있다.

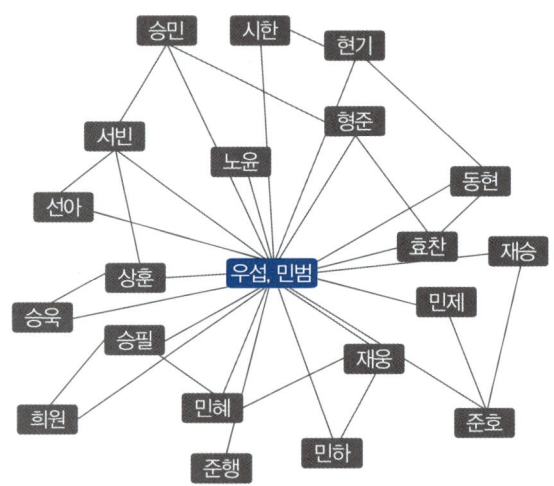

 Keyword

선형변환, 닮음변환, 회전변환, 대칭변환, 역변환, 선형변환에 의한 직선의 이동

 # 선형변환

일차함수(line)의 성질(ar)을 가지는 함수(linear map)

🐾 정의역과 공역이 모두 X인 함수를 X의 **변환(transformation)** 혹은 **연산자(operator)**라 한다. 이 책에서는 $X = \mathbb{R}$ 또는 $X = \mathbb{R}^2$인 경우만 다룬다. 변환 f에 의하여 점 $\mathrm{P}(x, y)$가 점 $\mathrm{P}'(x', y')$에 대응하는 것을 행벡터로 나타내면 다음과 같다.

$$f : \begin{pmatrix} x \\ y \end{pmatrix} \mapsto \begin{pmatrix} x' \\ y' \end{pmatrix}$$

위 식에서 $\vec{p} = \begin{pmatrix} x \\ y \end{pmatrix}$, $\vec{q} = \begin{pmatrix} x' \\ y' \end{pmatrix}$라고 하면 $\vec{q} = f(\vec{p})$와 같이 더욱 간결하게 쓸 수 있다.

▶▶ 선형변환이란?

변환 $f : \mathbb{R}^2 \to \mathbb{R}^2$이 벡터 $\vec{p}$, $\vec{q}$와 실수 a에 대하여 다음을 만족할 때, 변환 f를 **선형변환(linear transformation)**이라고 한다.

$$f(\vec{p} + \vec{q}) = f(\vec{p}) + f(\vec{q}), \ f(a\vec{p}) = af(\vec{p})$$

또는 위와 같은 성질을 만족할 때, 변환 f가 **선형성(linearity)**을 가진다고 한다.

 예

원점을 지나는 일차함수 $f(x) = mx$에 대하여 다음이 성립한다.

$$f(x_1 + x_2) = f(x_1) + f(x_2), \ f(ax) = af(x) \quad (단, a는 실수)$$

즉, $f(x)$는 $\mathbb{R}$의 선형변환이다.

🐾 선형변환 $f : \mathbb{R}^2 \to \mathbb{R}^2$를 생각하자. $f(\vec{p}+\vec{q}) = f(\vec{p}) + f(\vec{q})$에서 $\vec{p} = \vec{q} = \vec{0}$를 대입하면 다음이 성립한다.

$$f(\vec{0}) = f(\vec{0}) + f(\vec{0}) \Leftrightarrow f(\vec{0}) = \vec{0}$$

모든 선형변환은 원점을 고정한다!

🐾 좌표평면 위 임의의 점 (x, y)는 $\begin{pmatrix} x \\ y \end{pmatrix} = x \begin{pmatrix} 1 \\ 0 \end{pmatrix} + y \begin{pmatrix} 0 \\ 1 \end{pmatrix}$이라 쓸 수 있다. 선형변환 f가 주어지면 선형성에 의해 $f\begin{pmatrix} x \\ y \end{pmatrix} = xf\begin{pmatrix} 1 \\ 0 \end{pmatrix} + yf\begin{pmatrix} 0 \\ 1 \end{pmatrix}$이라 쓸 수 있다.

이제 $f\begin{pmatrix} 1 \\ 0 \end{pmatrix} = \begin{pmatrix} a \\ c \end{pmatrix}$, $f\begin{pmatrix} 0 \\ 1 \end{pmatrix} = \begin{pmatrix} b \\ d \end{pmatrix}$라 하자. $f\begin{pmatrix} x \\ y \end{pmatrix} = x\begin{pmatrix} a \\ c \end{pmatrix} + y\begin{pmatrix} b \\ d \end{pmatrix} = \begin{pmatrix} ax+by \\ cx+dy \end{pmatrix} = \begin{pmatrix} a & b \\ c & d \end{pmatrix}\begin{pmatrix} x \\ y \end{pmatrix}$이다. 라 하자.

즉, **임의의 선형변환** $f : \begin{pmatrix} x \\ y \end{pmatrix} \mapsto \begin{pmatrix} x' \\ y' \end{pmatrix}$는 $\begin{pmatrix} x' \\ y' \end{pmatrix} = \begin{pmatrix} a & b \\ c & d \end{pmatrix}\begin{pmatrix} x \\ y \end{pmatrix}$ **꼴로 표현할 수 있다.**

(단, a, b, c, d는 상수) 이때 행렬 $A = \begin{pmatrix} a & b \\ c & d \end{pmatrix}$를 **선형변환 f의 행렬표현**이라 한다.

🐾 $\begin{pmatrix} a & b \\ c & d \end{pmatrix}\begin{pmatrix} x_1 \\ y_1 \end{pmatrix} = \begin{pmatrix} p \\ q \end{pmatrix}$, $\begin{pmatrix} a & b \\ c & d \end{pmatrix}\begin{pmatrix} x_2 \\ y_2 \end{pmatrix} = \begin{pmatrix} r \\ s \end{pmatrix}$이면 $\begin{pmatrix} a & b \\ c & d \end{pmatrix}\begin{pmatrix} x_1 & x_2 \\ y_1 & y_2 \end{pmatrix} = \begin{pmatrix} p & r \\ q & s \end{pmatrix}$이다.

why?
$\begin{pmatrix} a & b \\ c & d \end{pmatrix}\begin{pmatrix} x_1 \\ y_1 \end{pmatrix} = \begin{pmatrix} p \\ q \end{pmatrix} \Leftrightarrow \begin{cases} ax_1 + by_1 = p \\ cx_1 + dy_1 = q \end{cases}$, $\begin{pmatrix} a & b \\ c & d \end{pmatrix}\begin{pmatrix} x_2 \\ y_2 \end{pmatrix} = \begin{pmatrix} r \\ s \end{pmatrix} \Leftrightarrow \begin{cases} ax_2 + by_2 = r \\ cx_2 + dy_2 = s \end{cases}$

$\begin{pmatrix} a & b \\ c & d \end{pmatrix}\begin{pmatrix} x_1 & x_2 \\ y_1 & y_2 \end{pmatrix} = \begin{pmatrix} p & r \\ q & s \end{pmatrix} \Leftrightarrow \begin{cases} ax_1 + by_1 = p \\ ax_2 + by_2 = r \\ cx_1 + dy_1 = q \\ cx_2 + dy_2 = s \end{cases}$

🐾 임의의 2차 정사각행렬 A를 생각하자.

$$A\begin{pmatrix} 1 \\ 0 \end{pmatrix} = \begin{pmatrix} a \\ c \end{pmatrix}, A\begin{pmatrix} 0 \\ 1 \end{pmatrix} = \begin{pmatrix} b \\ d \end{pmatrix} \text{이면 } A = A\begin{pmatrix} 1 & 0 \\ 0 & 1 \end{pmatrix} = \begin{pmatrix} a & b \\ c & d \end{pmatrix} \text{이다.}$$

앞선 위의 관찰을 다시 선형변환 f의 관점으로 서술하면 다음과 같다.

$$f\begin{pmatrix}1\\0\end{pmatrix}=\begin{pmatrix}a\\c\end{pmatrix},\ f\begin{pmatrix}0\\1\end{pmatrix}=\begin{pmatrix}b\\d\end{pmatrix}$$이면 선형변환 f의 행렬표현 A는 $A=\begin{pmatrix}a&b\\c&d\end{pmatrix}$이다.

일차함수 $y=ax$에서 a를 알고 싶을 때 $x=1$을 대입하면 알 수 있듯이 **선형변환 f를 알고 싶다면 $\begin{pmatrix}1\\0\end{pmatrix}$과 $\begin{pmatrix}0\\1\end{pmatrix}$에 대응하는 점을 알면 된다!**

🐾 대표적인 선형변환을 몇 가지 소개하겠다.

닮음변환 (similar transformation)	회전변환 (rotation)	대칭변환 (symmetric transformation)

원점을 닮음의 중심으로 하고 닮음비가 k인 닮음변환	원점을 중심으로 θ만큼 회전이동하는 회전변환	직선 $y=(\tan\theta)x$에 대한 대칭변환 (단, $\tan\theta=m$)
$\begin{pmatrix}k&0\\0&k\end{pmatrix}$	$\begin{pmatrix}\cos\theta&-\sin\theta\\\sin\theta&\cos\theta\end{pmatrix}$	$\begin{pmatrix}\cos2\theta&\sin2\theta\\\sin2\theta&-\cos2\theta\end{pmatrix}$

SUMMARY

1. 선형변환은 원점을 고정한다.
2. 임의의 선형변환 $f:\begin{pmatrix}x\\y\end{pmatrix}\mapsto\begin{pmatrix}x'\\y'\end{pmatrix}$은 $\begin{pmatrix}x'\\y'\end{pmatrix}=\begin{pmatrix}a&b\\c&d\end{pmatrix}\begin{pmatrix}x\\y\end{pmatrix}$ 꼴로 표현할 수 있다.
3. 선형변환의 행렬표현은 $\begin{pmatrix}1\\0\end{pmatrix}$과 $\begin{pmatrix}0\\1\end{pmatrix}$의 발자취만 관찰하면 알 수 있다.

개념 쏙쏙 확인예제

※ 01~03 다음 명제의 참, 거짓을 판정하라.

01 두 점 $P(1,2)$, $Q(2,4)$를 각각 점 $P'(2,1)$, $Q'(3,4)$로 옮기는 선형변환 f가 존재한다.

02 선형변환 g의 행렬표현이 $\begin{pmatrix} 1 & 1 \\ 1 & 0 \end{pmatrix}$일 때, 점 $R(3,1)$은 선형변환 g에 의해 점 $R'(4,3)$으로 옮겨진다.

03 점 $S(2,3)$을 점 $S'(5,4)$로 옮기는 선형변환 h는 유일하게 존재한다.

※ 04~05 다음 변환이 선형변환인지 판별하라.

04 좌표평면 위의 각 점을 그 점에서 x축에 내린 수선의 발로 옮기는 변환 f

05 좌표평면 위의 각 점을 y축 방향으로 3만큼 평행이동한 점으로 옮기는 변환 g

06 직선 $y=-x$에 대하여 대칭이동한 후, 원점을 중심으로 닮음비가 k인 닮음변환을 시키는 선형변환의 행렬을 구하라.

07 원점을 중심으로 반시계방향으로 $90°$만큼 회전이동하는 선형변환의 행렬을 구하라.

 # 선형변환에 따른 도형의 변화

행렬은 곱은 왜 이렇게 복잡하게 정의했을까?

🐾 f, g가 선형변환일 때 합성 $(g \circ f)(x) = g(f(x))$도 선형변환이다. 또한 f, g의 행렬표현이 각각 A, B일 때 변환 $g \circ f$의 행렬표현은 BA이다. 즉, 행렬의 곱은 선형변환의 합성에 대응한다.

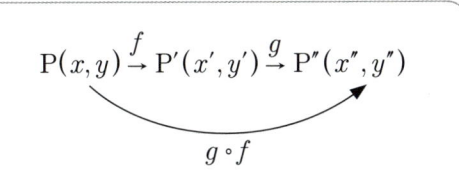

 선형변환은 $\begin{pmatrix}1\\0\end{pmatrix}$과 $\begin{pmatrix}0\\1\end{pmatrix}$의 발자취만 관찰하면 알 수 있다.

 $A = \begin{pmatrix}a & b\\c & d\end{pmatrix}$, $B = \begin{pmatrix}p & q\\r & s\end{pmatrix}$라 하자. 즉, $f\begin{pmatrix}1\\0\end{pmatrix} = \begin{pmatrix}a\\c\end{pmatrix}$, $f\begin{pmatrix}0\\1\end{pmatrix} = \begin{pmatrix}b\\d\end{pmatrix}$, $g\begin{pmatrix}1\\0\end{pmatrix} = \begin{pmatrix}p\\r\end{pmatrix}$, $g\begin{pmatrix}0\\1\end{pmatrix} = \begin{pmatrix}q\\s\end{pmatrix}$이다.

$$(g \circ f)\begin{pmatrix}1\\0\end{pmatrix} = g\begin{pmatrix}a\\c\end{pmatrix} = ag\begin{pmatrix}1\\0\end{pmatrix} + cg\begin{pmatrix}0\\1\end{pmatrix} = a\begin{pmatrix}p\\r\end{pmatrix} + c\begin{pmatrix}q\\s\end{pmatrix} = \begin{pmatrix}ap+cq\\ar+cs\end{pmatrix}$$

$$(g \circ f)\begin{pmatrix}0\\1\end{pmatrix} = g\begin{pmatrix}b\\d\end{pmatrix} = bg\begin{pmatrix}1\\0\end{pmatrix} + dg\begin{pmatrix}0\\1\end{pmatrix} = b\begin{pmatrix}p\\r\end{pmatrix} + d\begin{pmatrix}q\\s\end{pmatrix} = \begin{pmatrix}bp+dq\\br+ds\end{pmatrix}$$

$$\therefore (g \circ f)\begin{pmatrix}1 & 0\\0 & 1\end{pmatrix} = \begin{pmatrix}ap+cq & bp+dq\\ar+cs & br+ds\end{pmatrix} = \begin{pmatrix}(p,q)\cdot(a,c) & (p,q)\cdot(b,d)\\(r,s)\cdot(a,c) & (r,s)\cdot(b,d)\end{pmatrix} = \begin{pmatrix}p & q\\r & s\end{pmatrix}\begin{pmatrix}a & b\\c & d\end{pmatrix}$$

🐾 변환 f가 일대일대응일 때, f는 역함수 f^{-1}가 존재한다. f의 역함수 f^{-1}를 f의 **역변환**(inverse transformation)이라 한다. f의 행렬표현이 A일 때, f^{-1}의 행렬표현은 A^{-1}이다.

 변환 f^{-1}의 행렬표현을 B라 하자. 직전의 결과에 의해 다음이 성립한다.

 $$AB = I, \ BA = I \Leftrightarrow B = A^{-1}$$

몇 가지 선형변환 f에 의해 직선 $l : 2x+y-3=0$이 어디로 옮겨지는지 살펴보자.

직선 $l : 2x+y-3=0$ 위의 점을 (x, y)라 표기하고, 이 점이 선형변환 f에 의해 옮겨진 점을 (x', y')라 표기하겠다.

(a) 선형변환 $\begin{pmatrix} 2 & 1 \\ 4 & 2 \end{pmatrix}$를 생각하자. 다음이 성립한다.
$$\begin{pmatrix} x' \\ y' \end{pmatrix} = \begin{pmatrix} 2 & 1 \\ 4 & 2 \end{pmatrix} \begin{pmatrix} x \\ y \end{pmatrix} \Leftrightarrow \begin{cases} x' = 2x + y \\ y' = 4x + 2y = 2(2x+y) \end{cases}$$

$2x + y = 3$이므로 $\begin{cases} x' = 3 \\ y' = 6 \end{cases}$이다. 직선 $2x + y - 3 = 0$은 점 $\begin{pmatrix} 3 \\ 6 \end{pmatrix}$으로 옮겨진다. 이때, $\det \begin{pmatrix} 2 & 1 \\ 4 & 2 \end{pmatrix} = 4 - 4 = 0$이다.

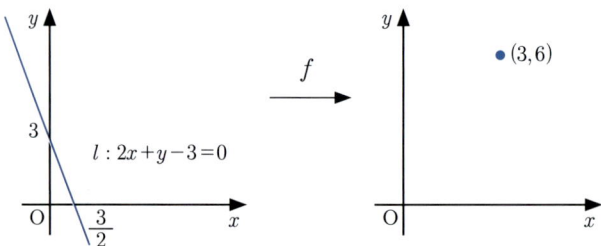

(b) 선형변환 $\begin{pmatrix} 6 & 4 \\ 3 & 2 \end{pmatrix}$를 생각하자. 다음이 성립한다.
$$\begin{pmatrix} x' \\ y' \end{pmatrix} = \begin{pmatrix} 6 & 4 \\ 3 & 2 \end{pmatrix} \begin{pmatrix} x \\ y \end{pmatrix} \Leftrightarrow \begin{cases} x' = 6x + 4y = 2(3x+2y) \\ y' = 3x + 2y \end{cases}$$

$x'=2y'$이므로 직선 $2x+y-3=0$은 직선 $x-2y=0$으로 옮겨진다. 이때, $\det \begin{pmatrix} 6 & 4 \\ 3 & 2 \end{pmatrix} = 12 - 12 = 0$이다.

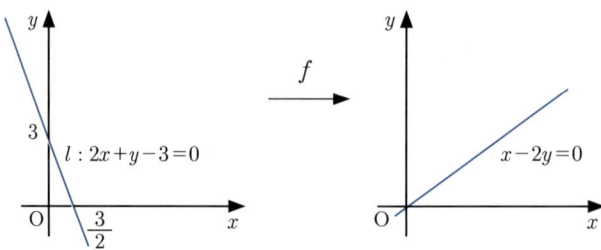

(c) 선형변환 $\begin{pmatrix} 2 & 5 \\ 1 & 3 \end{pmatrix}$을 생각하자. 다음이 성립한다.

$$\begin{pmatrix} x' \\ y' \end{pmatrix} = \begin{pmatrix} 2 & 5 \\ 1 & 3 \end{pmatrix} \begin{pmatrix} x \\ y \end{pmatrix} \Leftrightarrow \begin{pmatrix} x \\ y \end{pmatrix} = \begin{pmatrix} 2 & 5 \\ 1 & 3 \end{pmatrix}^{-1} \begin{pmatrix} x' \\ y' \end{pmatrix} = \begin{pmatrix} 3 & -5 \\ -1 & 2 \end{pmatrix} \begin{pmatrix} x' \\ y' \end{pmatrix}$$

여기에서 $x' = 3x' - 5y'$, $y = -x' + 2y'$이다. 두 관계식을 $2x + y - 3 = 0$에 대입하여 정리하자.

$$2(3x' - 5y') + (-x' + 2y') - 3 = 5x' - 8y' - 3 = 0$$

따라서 직선 $2x + y - 3 = 0$은 직선 $5x - 8y - 3 = 0$으로 옮겨진다. 이때, $\det \begin{pmatrix} 2 & 5 \\ 1 & 3 \end{pmatrix} = 6 - 5 = 1 \neq 0$ 이다.

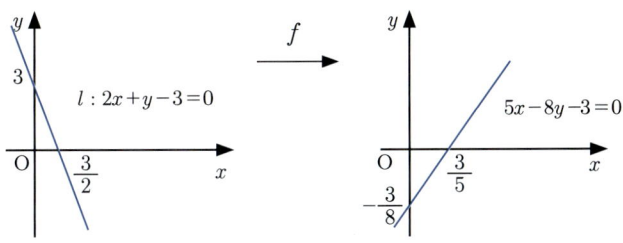

🐾 직전 [예]를 통해 확인한 내용을 정리하면 다음과 같다. 선형변환 f의 행렬표현을 A라 하자.
(1) f의 역변환 f^{-1}가 존재할 때($\Leftrightarrow \det(A) \neq 0$일 때) f에 의해 직선은 <u>직선</u>으로 옮겨진다.
(2) f의 역변환 f^{-1}가 존재하지 않을 때($\Leftrightarrow \det(A) = 0$일 때) f에 의해 직선은 <u>원점을 지나는 직선 또는 한 점</u>으로 옮겨진다.

1. 행렬의 곱은 선형변환의 합성에 대응한다. 특히, f의 역변환 f^{-1}는 역행렬에 대응한다.
2. f의 역변환 f^{-1}가 존재하면 f에 의해 직선은 직선으로 옮겨진다. f의 역변환 f^{-1}가 존재하지 않으면 직선은 원점을 지나는 직선 또는 한 점으로 옮겨진다.

개념 쏙쏙 확인예제

※ 01~03 다음 명제의 참, 거짓을 판정하라.

01 원점을 중심으로 θ만큼 회전이동하는 변환에 대하여 역변환의 행렬표현은 $\begin{pmatrix} \cos\theta & \sin\theta \\ -\sin\theta & \cos\theta \end{pmatrix}$ 이다.

02 선형변환 f, g 각각의 행렬을 A, B라고 하면 $AB = BA$이다.

03 선형변환 h의 행렬표현이 $\begin{pmatrix} 3 & 1 \\ 1 & 2 \end{pmatrix}$일 때, 좌표평면 위의 점 중에서 h에 의하여 자기 자신으로 옮겨지는 점은 유일하다.

04 선형변환 f의 행렬이 $\begin{pmatrix} k+1 & -2 \\ 1 & -k+2 \end{pmatrix}$일 때, $f(\mathrm{P}) = \mathrm{P}$인 점 P가 원점 이외에도 존재하도록 k 값을 구하라.

05 다음 중 아래 왼쪽 그림과 같은 직각삼각형이 선형변환에 의하여 옮겨질 수 있는 도형을 있는 대로 고르면?

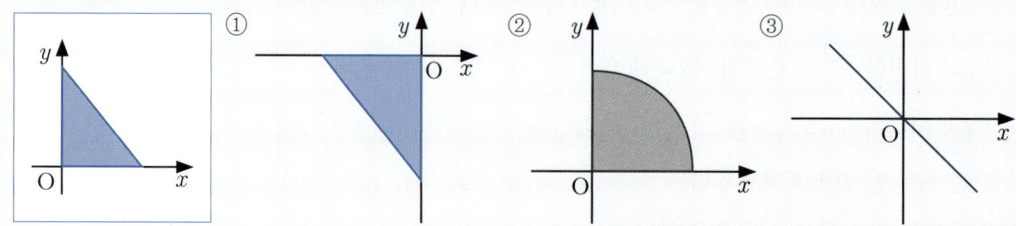

06 원점을 중심으로 $\theta + \alpha$만큼 회전이동하는 선형변환 f의 행렬을 구하라. 이로부터 삼각함수의 덧셈정리를 유도하라.

풀이

4장 연습문제

01 2차 정사각행렬 A의 (i,j) 성분이 $a_{ij} = (2i+j$의 양의 약수의 개수$)$라고 하자. 행렬 A의 모든 성분의 합을 구하라(단, $i=1, 2, j=1, 2$).

02 행렬 $A = \begin{pmatrix} 3 & 1 \\ 0 & 1 \end{pmatrix}$에 대하여 A^6의 $(1, 2)$ 성분을 구하라.

※ 03~05 다음 집합 S에 대하여 다음 명제의 참, 거짓을 판정하라. 단, O는 2×2 영행렬이다.

$$S = \left\{ \begin{pmatrix} x & y \\ -y & x \end{pmatrix} \middle| x, y \text{는 실수} \right\}$$

03 행렬 $A, B \in S$에 대하여 $A + B \in S$이다.

04 행렬 $A, B \in S$에 대하여 $AB = BA$가 성립한다.

05 행렬 $A, B \in S$에 대하여 $AB = O$이면 $A = O$ 또는 $B = O$이다.

※ 06~08 2차 정사각행렬 A, B에 대하여 등식 $A + B = 3I$, $AB = 4B$가 성립한다고 하자. 다음 명제의 참, 거짓을 판정하라.

06 $A = 4I$

07 $B^2 + B = O$

08 $A^2 - B^2 = 3(A - B)$

09 2차 정사각행렬 $A = \begin{pmatrix} 1 & 1 \\ 0 & x \end{pmatrix}$에 대하여 $\det(A^2) = \det(5A)$를 만족하는 모든 상수 x의 합을 구하라.

10 행렬 $A = \begin{pmatrix} 1 & 1 \\ x & x \end{pmatrix}$와 2차 정사각행렬 B가 다음 조건을 만족한다고 하자.

> (가) $B \begin{pmatrix} 1 \\ -1 \end{pmatrix} = \begin{pmatrix} 0 \\ 0 \end{pmatrix}$ (나) $AB = 2A$ (다) $BA = 4B$

행렬 $A+B$의 $(1, 2)$ 성분과 $(2, 1)$ 성분의 합을 구하라.

11 행렬 $A = \begin{pmatrix} -1 & a \\ b & 2 \end{pmatrix}$가 $A^2 = A$이고 $a^2 + b^2 = 10$일 때, $(a+b)^2$ 값을 구하라(a, b는 상수).

12 실수 x, y에 대한 연립일차방정식이 다음과 같다고 하자.
$$\begin{cases} ax + by = t \\ cx + dy = t^2 \end{cases}$$
행렬 $\begin{pmatrix} a & b \\ c & d \end{pmatrix}$의 역행렬이 $\begin{pmatrix} 9 & -3 \\ 3 & 5 \end{pmatrix}$일 때, $x+y$의 최솟값을 구하라(단, t는 실수).

13 2차 정사각행렬 A가 $A\begin{pmatrix} 1 \\ 2 \end{pmatrix} = \begin{pmatrix} 4 \\ 3 \end{pmatrix}$, $A\begin{pmatrix} 1 \\ 1 \end{pmatrix} = \begin{pmatrix} 3 \\ 2 \end{pmatrix}$를 만족한다. 연립일차방정식 $A\begin{pmatrix} x \\ y \end{pmatrix} = \begin{pmatrix} 7 \\ 5 \end{pmatrix}$의 해가 $x = a, y = b$일 때, $a+b$ 값을 구하라.

14 2차 정사각행렬 A가 $A^2 - A - I = O$, $A\begin{pmatrix} 2 \\ 3 \end{pmatrix} = \begin{pmatrix} 1 \\ -4 \end{pmatrix}$를 만족한다. 연립방정식 $(A+I)\begin{pmatrix} x \\ y \end{pmatrix} = \begin{pmatrix} 2 \\ 3 \end{pmatrix}$의 해를 $x = \alpha, y = \beta$라 할 때, $\alpha + \beta$ 값을 구하라.

※ 15~17 두 2차 정사각행렬 A, B가 $A^2=I$, $B^2=B$를 만족할 때, 다음 명제의 참, 거짓을 판정하라.

15 행렬 B가 역행렬을 가지면 $B=I$이다.

16 $(I-A)^5 = 2^4(I-A)$

17 $(I-ABA)^2 = I-ABA$

※ 18~20 1×2 행렬을 원소로 하는 집합 S와 2×1 행렬을 원소로 하는 집합 T가 다음과 같다.

$$S = \{(a\ b)\,|\,a+b \neq 0\},\ T = \left\{\begin{pmatrix} p \\ q \end{pmatrix} \middle|\, pq \neq 0\right\}$$

집합 S의 원소 A에 대하여 다음 명제의 참, 거짓을 판정하라.

18 집합 T의 원소 P에 대하여 PA는 역행렬이 존재하지 않는다.

19 집합 S의 원소 B와 집합 T의 원소 P에 대하여 $PA=PB$이면 $A=B$이다.

20 집합 T의 원소 중 $PA\begin{pmatrix}1\\1\end{pmatrix} = \begin{pmatrix}1\\1\end{pmatrix}$을 만족하는 P가 있다.

21 선형변환 f의 행렬이 $M = \begin{pmatrix} 1 & -3 \\ 2 & 1 \end{pmatrix}$일 때, 점 A(4, 2), B(2, −2), C(−1, 4)에 대하여 $f(A) = xf(B) + yf(C)$를 만족하는 실수 x, y의 합을 구하라.

22 좌표평면 위의 점 P(3, 2)를, 점 C(2, 2)를 중심으로 60°만큼 회전이동시킨 점 Q(a, b)에 대하여 $a-b$ 값을 구하라.

23 행렬표현이 $\begin{pmatrix} 3 & -2 \\ 1 & -1 \end{pmatrix}$인 선형변환 f에 의해 직선 l이 직선 m으로 옮겨진다. 두 직선 l, m의 교점 좌표가 $(1, -1)$일 때, 두 직선 l, m과 x축, y축으로 둘러싸인 부분의 넓이를 구하라.

24 어떤 직선을 원점을 중심으로 $-30°$만큼 회전한 다음 직선 $y = -x$에 대하여 대칭이동하였더니 직선 $2x + 3y = 1$이 되었다. 처음 직선의 방정식을 구하라.

5장
극한

한없이 가까워짐을
수학으로 표현하는 방법

5.1 수열과 급수

우리는 알게 될 것이다. 우리는 알아야만 한다.
– 다비트 힐베르트(David Hilbert, 1862–1943)

수열이란 수의 나열이다. 즉, 다음 소개하는 두 가지 수의 나열은 모두 수열이다.

1,	2,	3,	4,	5,	…
872.10,	865.12,	847.53,	885.56,	886.11,	…

첫 번째 수열에서 5 다음에 6이 올 것을 쉽게 예측할 수 있다. 하지만 두 번째 수열에서 다섯 번째 수(886.11) 다음에 어떤 수가 올지 예측하기란 전혀 쉽지 않다. 만약 두 번째 수열의 규칙이 직관적으로 한눈에 보인다면 골치 아프게 수학 공부할 필요 없다. 지금 당장 전 재산을 가지고 여의도로 가길 바란다. 두 번째 수열은 2020년 11월 24일부터 2020년 11월 30일까지 주식 지수(코스닥 종가)다. 세상 수많은 사람이 이 수열의 규칙을 찾고 싶어 발을 동동 구르지만, 규칙을 찾기 쉽지 않은 듯하다.

이 책에서는 첫 번째 수열처럼 누구나 공감할 명쾌한 규칙이 있는 수열만을 다룬다. 누구나 공감할 수 있는 규칙이란 수식(mathematical expressions)으로 표현할 수 있음을 의미한다. 천 리 길도 한 걸음이란 말이 있다. 기본적인 수열부터 시작하여 한 걸음씩 전진하다 보면 언젠가는 지금까지 아무도 정확한 규칙을 찾지 못한 수열의 규칙 또한 찾아낼 수 있을 것이다.

 Keyword

수열, 일반항, 점화식, 등차수열, 공차, 등차중항, 등비수열, 공비, 등비중항, 급수, 시그마, 자연수 거듭제곱의 합, 수렴한다, 발산한다, 진동한다, 극한값, 압축정리, 거미줄 다이어그램, 급수, 부분합, 일반항 판정법, 교대급수, 등비급수, 비교판정법

 # 등차수열

덧셈으로 생각할 수 있는 가장 쉬운 규칙

🐾 자연수 집합 $\mathbb{N}$을 정의역으로 하는 함수 $f : \mathbb{N} \to \mathbb{R}$를 간단히 $\{a_n\}$이라 쓰고 **수열**(sequence)이라 한다. 수열을 이루는 각 수 $f(n)$을 a_n으로 나타내며 **항**(term)이라 부른다.

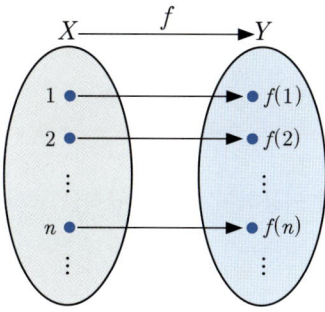

🐾 수열의 규칙을 표현하는 방법은 크게 2가지가 있다. 그 중 첫 번째 방법은 일반항을 이용하여 표현하는 방법이다. **일반항**(general term)이란 수열의 n번째 항을 n에 대하여 표현한 식이다.

 예

수열 $1, 3, 5, \cdots$를 생각하자. 이 수열의 n번째 수는 $2n-1$이다.

🐾 주어진 수열의 일반항을 구하기 쉽지 않은 경우도 자주 있다. 예컨대 다음 수열에서 13 다음에 올 수는 무엇일까?

$$1, 1, 2, 3, 5, 8, 13, \cdots$$

이 수열을 열심히 째려보면 n번째 항과 $n+1$번째 항을 더해서 $n+2$번째 항이 된다는 규칙을 문득 알아차릴 수 있을 것이다. 8과 13 다음에 올 숫자는 $21(=8+13)$이다. 하지만 정작 이 수열의 n번째 항을 n에 대한 식으로 표현하려 시도하면 숨이 턱 막힌다.

독자보다 수학 경험이 조금 더 많은 필자가 산 넘고 물 건너 땀을 뻘뻘 흘리며 대신 일반항을 구해 봤더니 다음과 같이 나왔다.

$$a_n = \frac{1}{\sqrt{5}}\left\{\left(\frac{1+\sqrt{5}}{2}\right)^n - \left(\frac{1-\sqrt{5}}{2}\right)^n\right\}$$

겁먹지 말자. 이 일반항 알 필요 없다. 수열을 처음 배운다면 이 수열의 규칙을 다음처럼 표현해도 충분하다.

$$a_1 = a_2 = 1,\ a_{n+2} = a_n + a_{n+1}$$

이처럼 이웃하는 항 사이의 관계를 이용하여 수열의 규칙을 묘사하는 방식을 점화식이라 한다.

🐾 우리가 다룰 수열의 규칙은 덧셈 아니면 곱셈이다. 등차수열은 덧셈을 규칙으로 가지는 수열 중 가장 기본이다.

▶▶ 등차수열이란?

첫 번째 항 a_1에 차례로 일정한 수 d를 더하여 얻은 수열을 등차수열(arithmetic sequence)이라 하고, 일정한 수 d를 공차(common difference)라고 한다.

🐾 등차수열 정의에서 d는 difference(차, $b-a$)의 줄임말이다. 잘 알고 있겠지만 덧셈과 뺄셈은 동전의 양면과도 같다. 수학에서 두 수를 빼보는 이유는 혹시 덧셈을 규칙으로 가지고 있지 않은지 확인하기 위해서다. 등차수열 정의에서 두 항 사이의 차(difference)가 일정(等, 같을 등)하다는 부분을 수식으로 표현하면 다음과 같다.

$$a_{n+1} - a_n = d\ (단,\ n=1, 2, \cdots)$$

이 성질을 이용하면 등차수열의 일반항을 유도할 수 있다.

$$a_1 = a_1$$
$$a_2 = a_1 + d \qquad\qquad = a_1 + d$$
$$a_3 = a_2 + d = a_1 + d + d \qquad = a_1 + 2d$$
$$\vdots$$
$$a_n = a_{n-1} + d = \{a + (n-2)d\} + d \quad = a_1 + (n-1)d$$

등차수열 2, 5, 8, 11, …의 일반항을 구해 보자.

첫 번째 항은 2이고 공차는 3이다. 이 등차수열의 n번째 항은 $a_n = 2 + 3(n-1) = 3n - 1$이다. 이처럼 등차수열의 일반항은 n에 대한 일차식이다.

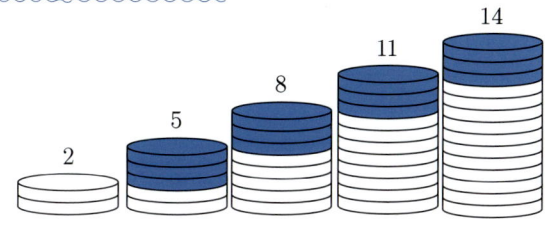

🐾 수열은 정의역이 자연수 집합인 함수라 하였다. 그렇다면 n에 대한 일차식으로 표현되는 등차수열은 일차함수의 특수한 경우로 생각할 수 있다. 다시 말해 일차함수의 그래프에서 정의역이 자연수인 경우만 찾아서 점을 톡톡 찍어주면 등차수열의 그래프다.

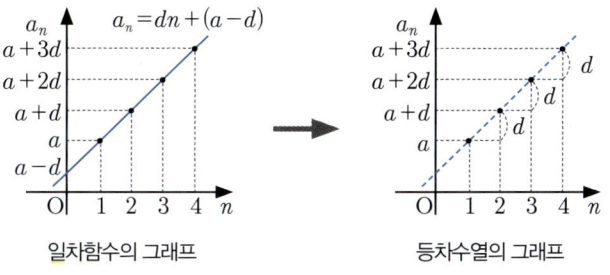

일차함수의 그래프 → 등차수열의 그래프

😺 일차함수의 성질을 이용하면 등차수열 문제를 쉽게 풀 수 있다.

$$\text{두 점 } (x_1, y_1), (x_2, y_2) \text{를 지나는 직선의 방정식} : y = \frac{y_2 - y_1}{x_2 - x_1}(x - x_1) + y_1$$

다음도 덩달아 성립한다.

$$\text{두 점 } (i, a_i), (j, a_j) \text{를 지나는 등차수열의 일반항} : a_n = \frac{a_j - a_i}{j - i}(n - i) + a_i$$

특히 일차함수 식에서 일차항의 계수는 기울기이고 등차수열에서 일차항의 계수는 공차다. 즉, 등차수열의 공차는 직선의 기울기와 같다.

제3항이 12, 제10항이 −9인 등차수열의 일반항 a_n을 구하라.

풀이 1

첫 번째 항을 a_1, 공차를 d라 하자.

$$a_3 = a_1 + (3-1)d = 12, \quad \text{즉 } a_1 + 2d = 12 \cdots ①$$
$$a_{10} = a_1 + (10-1)d = -9, \quad \text{즉 } a_1 + 9d = -9 \cdots ②$$

이제 a_1과 d에 대한 연립일차방정식 ①, ②를 연립하여 풀면 $a_1 = 18$, $d = -3$을 얻는다. 주어진 등차수열의 일반항은 다음과 같다.

$$a_n = 18 + (n-1) \times (-3) = -3n + 21$$

풀이 2

주어진 등차수열을 좌표평면 위에 찍어보면 두 점 (3, 12), (10, −9)를 지난다. 두 점을 지나는 등차수열의 일반항은 다음과 같다.

$$a_n = \frac{-9 - 12}{10 - 3}(n - 3) + 12 = -3n + 21$$

 첫 번째 항이 4이고 공차가 5인 등차수열의 7개 항 4, 9, 14, 19, 24, 29, 34에서 제일 가운데 위치한 항 19는 무척 특별하다. 등차수열의 나머지 항을 둘씩 적절히 묶어주면 항상 평균이 19가 되도록 할 수 있기 때문이다.

$$\frac{4+34}{2} = \frac{9+29}{2} = \frac{14+24}{2} = 19$$

정리하면 등차수열에서 이웃한 $2n-1$개의 항이 나열되어 있을 때 가장 가운데 위치한 a_n(중앙값)은 무척 중요하다. 주어진 수의 평균이기 때문이다. 이제부터 등차수열이 나열되어 있을 때 중앙에 위치한 항을 간단히 **등차중항**이라 부르자.

세 수 1, x, 15가 이 순서대로 등차수열을 이룰 때, 상수 x 값은 $x = \frac{1+15}{2} = 8$이다.

SUMMARY

1. (1) 자연수 집합을 정의역으로 하는 함수 $f : \mathbb{N} \to \mathbb{R}$을 **수열**이라 한다.

   (2) 수열 $\{a_n\}$을 이루는 각 수 $f(n)$을 간단히 a_n으로 나타내며 n번째 **항**이라 한다.

2. 수열의 규칙을 표현하는 방법은 **일반항**과 **점화식** 2가지가 있다.

3. (1) **등차수열** : 첫 번째 항 a_1에 차례로 일정한 수 d를 더하여 얻은 수열

   (2) **공차** : 일정한 수 d

   (3) 등차수열 $\{a_n\}$의 일반항 : $a_n = a_1 + (n-1)d$

4. 등차수열에서 이웃한 홀수개 항이 나열되어 있을 때 가장 가운데 위치한 항을 **등차중항**이라 한다. 특히 세 수 a, b, c가 등차수열을 이루면 $a+c=2b$가 성립한다.

개념 쏙쏙 확인예제

※ 01~03 다음 명제의 참, 거짓을 판정하라.

01 모든 항이 1인 수열 1, 1, 1, 1, … 은 등차수열이 아니다.

02 등차수열 $\{a_n\}$과 등차수열 $\{b_n\}$의 합으로 이루어진 수열 $\{a_n+b_n\}$은 등차수열이다.

03 등차수열 $\{a_n\}$과 등차수열 $\{b_n\}$의 곱으로 이루어진 수열 $\{a_n b_n\}$은 등차수열이다.

04 등차수열 $\{a_n\}$에 대하여 $a_2+a_4=8$, $a_7=52$가 성립한다고 하자. 이 등차수열 $\{a_n\}$의 공차 d를 구하라.

05 다음 수열이 등차수열이 되도록 하는 실수 x, y, z에 대하여 $x+y+z$ 값을 구하라.

$$-1, x, y, z, 35$$

06 어느 직각삼각형에서 세 변의 길이가 작은 것부터 순서대로 $a, b, 3$이고, 이 순서대로 등차수열을 이룬다고 한다. 이 직각삼각형의 넓이를 구하라.

풀이

 # 등비수열

곱셈으로 생각할 수 있는 가장 쉬운 규칙

🐾 우리가 다룰 수열의 규칙은 덧셈 아니면 곱셈이다. 등비수열은 곱셈을 규칙으로 가지는 수열 중 가장 기본이다.

▶▶ 등비수열이란?

> 첫 번째 항 a_1에 차례로 일정한 수 r을 곱하여 얻은 수열을 **등비수열**(geometric sequence)이라 하고, 일정한 수 r을 **공비**(common ratio)라고 한다.

🐾 등비수열 정의에서 r은 ratio(비, $\dfrac{b}{a}$)의 줄임말이다. 잘 알고 있겠지만 곱셈과 나눗셈은 동전의 양면과도 같다. 수학에서 두 수를 나누어 보는 이유는 혹시 곱셈을 규칙으로 가지고 있지 않은지 확인하기 위해서다.

등비수열 정의에서 두 항 사이의 비(ratio)가 일정(等, 같을 등)하다는 부분을 수식으로 표현하면 다음과 같다.

$$\frac{a_{n+1}}{a_n} = r \ (단, \ n=1, 2, \cdots)$$

이 성질을 이용하면 등비수열의 일반항을 유도할 수 있다.

$$\begin{aligned}
a_1 &= a_1 \\
a_2 &= a_1 \times r & &= a_1 r \\
a_3 &= a_2 \times r = (a_1 r) \times r & &= a_1 r^2 \\
&\ \ \vdots \\
a_n &= a_{n-1} \times r = (a_1 r^{n-2}) \times r & &= a_1 r^{n-1}
\end{aligned}$$

 예

등비수열 16, 8, 4, 2, ⋯ 의 일반항을 구해 보자.

풀이

첫 번째 항은 16이고 공차는 $\frac{1}{2}$이다. 이 등비수열의 n번째 항은 $a_n = 16 \times \left(\frac{1}{2}\right)^{n-1} = \left(\frac{1}{2}\right)^{n-5}$이다. 이처럼 등비수열의 일반항은 n에 대해 지수함수 꼴이다.

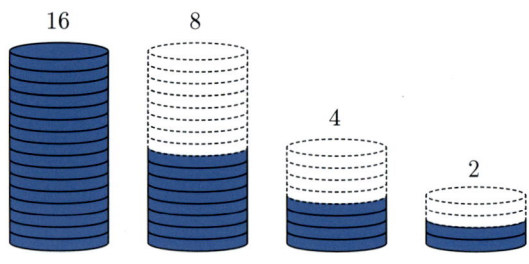

🐾 등비수열 $\{r^n\}$은 지수함수의 정의역을 자연수 집합으로 제한한 함수라고 이해할 수도 있다.

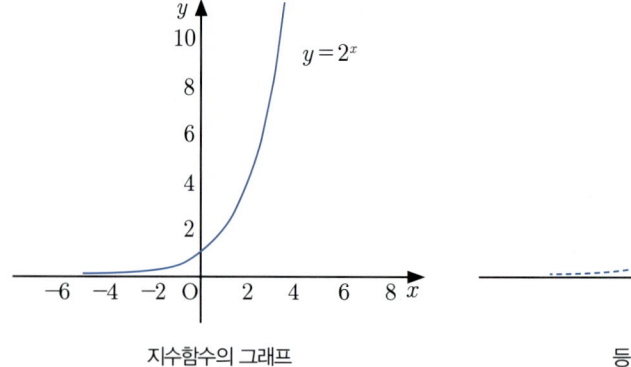

지수함수의 그래프

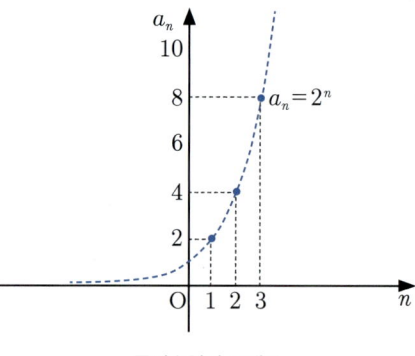

등비수열의 그래프

초항이 3이고 공비가 2인 등비수열의 7개 항 3, 6, 12, 24, 48, 96, 192에서 제일 가운데 위치한 항 24는 무척 특별하다. 등비수열의 나머지 항을 둘씩 적절히 묶어주면 항상 두 수의 곱의 제곱근이 24가 되도록 할 수 있기 때문이다.

$$3 \times 192 = 6 \times 96 = 12 \times 48 = 24^2$$

이 성질은 우연이 아니다. 임의의 등비수열에 대하여 성립한다. 등비수열에서 이웃한 $2n-1$개의 항이 나열되어 있을 때 가장 가운데 위치한 a_n(중앙값)은 무척 중요하다. 곱셈 관점에서 볼 때 나머지 항을 대표하는 값, 다시 말해 평균이기 때문이다. 이제부터 등비수열이 나열되어 있을 때 중앙에 위치한 항을 간단히 **등비중항**이라 부르자.

세 수 3, x, 27이 이 순서대로 등비수열을 이룰 때, 상수 x 값을 구하라.

x는 3과 27의 등비중항이다.

$$x^2 = 3 \times 27 = 81$$

이 식을 정리하면 $x=9$ 또는 -9를 얻는다. $x=9$를 대입하면 3, 9, 27은 공비가 3인 등비수열이고, $x=-9$를 대입하면 3, -9, 27은 공비가 -3인 등비수열이다.

2.1절에서 학습한 로그 공식 $\log xy = \log x + \log y$가 기억나는가? 이 공식을 사용하면 두 수의 곱(xy)을 합($\log x + \log y$)으로 바꿀 수 있다! 이를 응용하여 등비수열 $\{ar^{n-1}\}$에 로그를 취하자.

$$\log(ar^{n-1}) = \log a + (n-1)\log r$$

위 식은 n에 대한 일차식 $A + d(n-1)$ 꼴이므로 등차수열이다.

일반적으로 다음 관계가 성립한다.

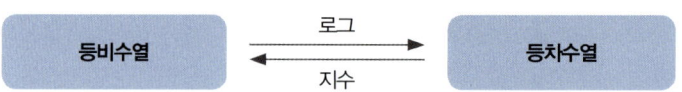

등비수열 2, 4, 8, 16, …에 밑이 2인 로그를 취하자.

$$1(=\log_2 2),\ 2(=\log_2 4),\ 3(=\log_2 8),\ 4(=\log_2 16),\ \cdots$$

이 수열은 등차수열이다.

1. (1) **등비수열** : 첫 번째 항 a_1에 차례로 일정한 수 r을 곱하여 얻은 수열

    (2) **공비** : 일정한 수 r

    (3) 등비수열 $\{a_n\}$의 일반항 : $a_1 r^{n-1}$

2. 등비수열에서 이웃한 홀수개의 항이 나열되어 있을 때 가장 가운데 위치한 항을 **등비중항**이라 한다. 특히 세 수 a, b, c가 등비수열을 이루면 $b^2 = ac$가 성립한다.

개념 쏙쏙 확인예제

※ 01~03 다음 명제의 참, 거짓을 판정하라.

01 모든 항이 1인 수열 1, 1, 1, 1, … 은 등비수열이 아니다.

02 등비수열 $\{a_n\}$과 등비수열 $\{b_n\}$의 합으로 이루어진 수열 $\{a_n + b_n\}$은 등비수열이다.

03 등비수열 $\{a_n\}$과 등비수열 $\{b_n\}$의 곱으로 이루어진 수열 $\{a_n b_n\}$은 등비수열이다.

04 각 항이 실수이고 제4항이 24, 제7항이 192인 등비수열의 일반항 a_n을 구하라.

05 모든 항이 양수인 등비수열 $\{a_n\}$에 대하여 $a_2 a_4 = 16$, $a_3 a_5 = 64$가 성립할 때, a_7 값을 구하라.

06 1이 아닌 양수 a, b, c가 이 순서대로 등비수열을 이룰 때, $\log_b a + \log_b c$ 값을 구하라.

풀이

 시그마의 성질

천하의 아귀가 왜 이렇게 혓바닥이 길어? 후달리냐? – 〈타짜〉(2006)

🐾 고대 그리스의 수학자 디오판토스는 본인 묘비에 다음과 같이 수수께끼를 남겼다.

이 묘에 묻힌 사람은 생애의 6분의 1이 소년이었다. 그 후 12분의 1이 지나 수염이 났으며 또 다시 7분의 1이 지나 결혼했다. 결혼한 지 5년 뒤에 아들이 태어났으나 아들은 아버지의 반밖에 살지 못했다. 그는 아들이 죽은 후 4년 뒤에 세상을 떠났다.

당시 최고 수학자가 야심차게 낸 수수께끼인 만큼 동시대 사람들에겐 결코 만만치 않은 문제였을 것이다. 하지만 현대 수학의 힘을 빌려서 적절한 미지수를 도입하면 중학교 1학년도 풀 수 있는 간단한 문제가 된다. 디오판토스의 나이를 x로 놓자. 묘비의 수수께끼는 다음과 같이 간단한 일차방정식에 불과하다.

$$\frac{1}{6}x + \frac{1}{12}x + \frac{1}{7}x + 5 + \frac{1}{2}x + 4 = x$$

이처럼 적절한 표기법을 사용하여 주어진 상황을 잘 요약하면 우리는 효과적이고 간결하게 사고할 수 있다.

🐾 이제부터 우리는 수열의 $\{a_n\}$의 i번째 항부터 j번째 항까지의 합 $a_i + a_{i+1} + \cdots + a_j$를 간단히 다음과 같이 나타낸다.

$$a_i + a_{i+1} + \cdots a_j = \sum_{k=i}^{j} a_k$$

수학자들이 이러한 표기법을 사용하는 이유는 명확하다. 편리하기 때문이다.

④ 빠짐없이 더하라. → $\sum_{k=i}^{j} a_k$ ← ③ 여기까지(끝항 번호)
← ① 일반항이 이렇게 주어진 수열(n 대신 k를 대입한 식)을
← ② 여기부터 시작해서(시작항 번호)

$$\sum_{n=3}^{10} a_n = a_3 + a_4 + a_5 + a_6 + a_7 + a_8 + a_9 + a_{10}$$

😺 두 수열 $\{a_n\}$, $\{b_n\}$과 상수 c에 대하여 다음이 성립한다.

(1) $\sum_{k=1}^{n}(a_k+b_k) = \sum_{k=1}^{n}a_k + \sum_{k=1}^{n}b_k$

(2) $\sum_{k=1}^{n}ca_k = c\sum_{k=1}^{n}a_k$

(3) $\sum_{k=1}^{n}c = cn$

---

(1) $\sum_{k=1}^{n}(a_k+b_k) = (a_1+b_1)+(a_2+b_2)+\cdots+(a_n+b_n)$
$= (a_1+a_2+\cdots a_n)+(b_1+b_2+\cdots+b_n)$ (∵ 교환법칙)
$= \sum_{k=1}^{n}a_k + \sum_{k=1}^{n}b_k$

(2) $\sum_{k=1}^{n}ca_k = ca_1+ca_2+\cdots+ca_n$
$= c(a_1+a_2+\cdots+a_n)$ (∵ 분배법칙)
$= c\sum_{k=1}^{n}a_k$

(3) $\sum_{k=1}^{n}c = \underbrace{c+c+\cdots+c}_{n\text{번}} = cn$

😺 더할 때 성립하면 뺄 때도 성립한다.

$$\sum_{k=1}^{n}(a_k-b_k) = \sum_{k=1}^{n}a_k - \sum_{k=1}^{n}b_k$$

❗ **주의** 일반적으로 $\sum_{k=1}^{n}a_k b_k \neq \left(\sum_{k=1}^{n}a_k\right)\left(\sum_{k=1}^{n}b_k\right)$이다. 예를 들어 $a_n=b_n=1$인 경우를 생각해 보자.

좌변 : $\sum_{k=1}^{n}a_k b_k = \sum_{k=1}^{n}1 = n$ 우변 : $\left(\sum_{k=1}^{n}a_k\right)\left(\sum_{k=1}^{n}b_k\right) = n^2$

 예

$\sum_{n=1}^{10} a_n = 10$, $\sum_{n=1}^{10} a_n^2 = 20$일 때 $\sum_{n=1}^{10} (2a_n - 1)^2$ 값을 구하라.

풀이

$$\sum_{n=1}^{10} (2a_n - 1)^2 = \sum_{n=1}^{10} (4a_n^2 - 4a_n + 1)$$
$$= 4\sum_{n=1}^{10} a_n^2 - 4\sum_{n=1}^{10} a_n + \sum_{n=1}^{10} 1 = 4 \times 20 - 4 \times 10 + 1 \times 10 = 50$$

🐾 $\{a_n\}$이 등차수열이면 $\sum_{k=1}^{n} a_k = \dfrac{a_1 + a_n}{2} \times n$이다. 즉, 등차수열의 합은 (평균)×(항의 개수)다.

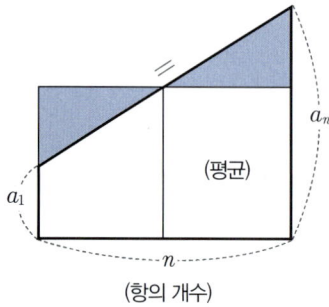

 예

다음과 같이 두 수 5와 71 사이에 7개의 수 $x_1, x_2, \cdots, x_7$을 순서대로 넣은 수열을 생각하자.

$$5, x_1, x_2, \cdots, x_7, 71$$

이 수열이 등차수열일 때, 수열의 합을 구하라.

풀이

주어진 등차수열의 평균은 $\dfrac{5 + 71}{2} = 38$이고 항의 개수는 9이다. 따라서 주어진 등차수열의 합은 $38 \times 9 = 342$이다.

🐾 등비수열 $\{a_n\}$의 공비 r이 1이 아니면 $\sum_{k=1}^{n} a_k = a_1 \dfrac{r^n - 1}{r - 1}$이다.

$$\sum_{k=1}^{n} a_k = a_1 + a_1 r + \cdots + a_1 r^{n-2} + a_1 r^{n-1} \cdots ①$$

$$r\sum_{k=1}^{n} a_k = a_1 r + a_1 r^2 + \cdots + a_1 r^{n-1} + a_1 r^n \cdots ②$$

②에서 ①을 빼면 $(r-1)\sum_{k=1}^{n} a_k = a_1 r^n - a_1 = a_1(r^n - 1) \Leftrightarrow \sum_{k=1}^{n} a_k = \dfrac{a_1(r^n - 1)}{r - 1}$

🐾 등비수열의 합을 구하는 과정에서 중간에 위치한 항이 모두 소거되고 제일 앞과 제일 뒤의 항만 남는다. 이 아이디어는 다른 수열의 합을 구할 때도 종종 사용한다. 마치 긴 망원경을 접어 짧게 만드는 것과 유사하여 **망원경법(telescoping method)**이라 부르기도 한다.

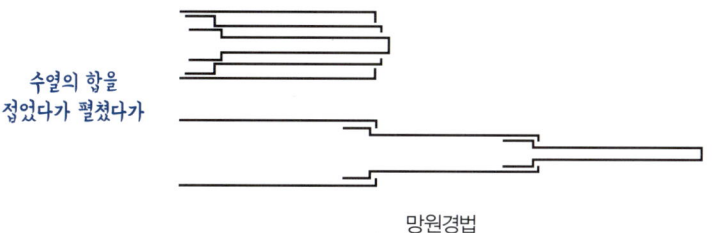

망원경법

🐾 망원경법을 이용한 계산을 몇 가지 더 살펴보자. 이때 다음 항등식은 유용하다.

$$\dfrac{1}{AB} = \dfrac{1}{B-A}\left(\dfrac{1}{A} - \dfrac{1}{B}\right) \text{ (단, } A \neq B\text{)}$$

우변을 통분하자. 좌변이 됨을 쉽게 확인할 수 있다.

$$\dfrac{1}{B-A} \times \dfrac{B-A}{AB} = \dfrac{1}{AB}$$

 예

다음을 간단히 하라.

(a) $\dfrac{1}{1 \times 2} + \dfrac{1}{2 \times 3} + \cdots + \dfrac{1}{2020 \times 2021}$

(b) $\sum_{n=1}^{120} (\sqrt{n+1} - \sqrt{n})$

풀이

(a) $\dfrac{1}{1 \times 2} + \dfrac{1}{2 \times 3} + \cdots + \dfrac{1}{2020 \times 2021}$

$= \sum_{n=1}^{2020} \dfrac{1}{n(n+1)} = \sum_{n=1}^{2020} \left(\dfrac{1}{n} - \dfrac{1}{n+1} \right)$

$= \left(1 - \dfrac{1}{2}\right) + \left(\dfrac{1}{2} - \dfrac{1}{3}\right) + \cdots + \left(\dfrac{1}{2019} - \dfrac{1}{2020}\right) + \left(\dfrac{1}{2020} - \dfrac{1}{2021}\right)$

$= 1 - \dfrac{1}{2021}$

$= \dfrac{2020}{2021}$

(b) $\sum_{n=1}^{120} (\sqrt{n+1} - \sqrt{n}) = (\sqrt{2} - 1) + (\sqrt{3} - \sqrt{2}) + \cdots + (\sqrt{121} - \sqrt{120})$

$\qquad = \sqrt{121} - 1 = 11 - 1 = 10$

🐾 **자연수 거듭제곱의 합** 자연수 n과 k에 대하여 다음 등식이 성립한다.

(1) $\sum_{k=1}^{n} k = \dfrac{n(n+1)}{2}$

(2) $\sum_{k=1}^{n} k^2 = \dfrac{n(n+1)(2n+1)}{6}$

(3) $\sum_{k=1}^{n} k^3 = \left\{ \dfrac{n(n+1)}{2} \right\}^2$

증명은 생략한다. 하지만 반드시 외워야 한다!

(a) $1 + 2 + \cdots + 10 = \left(\dfrac{1+10}{2}\right) \times 10 = 55$

(b) $1^2 + 2^2 + \cdots + 10^2 = \dfrac{10 \times 11 \times 21}{6} = 385$

(c) $1^3 + 2^3 + \cdots + 10^3 = \left(\dfrac{10 \times 11}{2}\right)^2 = 3025$

1. 수열 $\{a_n\}$의 i번째 항부터 j번째 항까지 합 $a_i + a_{i+1} + \cdots + a_j$를 간단히 $\sum\limits_{n=i}^{j} a_n$이라 한다.

2. 두 수열 $\{a_n\}$, $\{b_n\}$과 상수 c에 대하여 다음이 성립한다.

   (1) $\sum\limits_{k=1}^{n}(a_k \pm b_k) = \sum\limits_{k=1}^{n} a_k \pm \sum\limits_{k=1}^{n} b_k$

   (2) $\sum\limits_{k=1}^{n} ca_k = c \sum\limits_{k=1}^{n} a_k$ (특히 $\sum\limits_{k=1}^{n} c = c \sum\limits_{k=1}^{n} 1 = cn$)

3. 등차수열과 등비수열의 합

   (1) $\{a_n\}$이 등차수열 : $\sum\limits_{k=1}^{n} a_k = \left(\dfrac{a_1 + a_n}{2}\right) \times n$

   (2) $\{a_n\}$이 공비 r이 1이 아닌 등비수열 : $\sum\limits_{k=1}^{n} a_k = \dfrac{a_1(r^n - 1)}{r - 1}$

4. 자연수 거듭제곱의 합

   (1) $1 + 2 + 3 + \cdots + n = \sum\limits_{k=1}^{n} k = \dfrac{n(n+1)}{2}$

   (2) $1^2 + 2^2 + 3^2 + \cdots + n^2 = \sum\limits_{k=1}^{n} k^2 = \dfrac{n(n+1)(2n+1)}{6}$

   (3) $1^3 + 2^3 + 3^3 + \cdots + n^3 = \sum\limits_{k=1}^{n} k^3 = \left\{\dfrac{n(n+1)}{2}\right\}^2$

개념 쏙쏙 확인예제

※ 01~02 다음 명제의 참, 거짓을 판정하라.

01 $\sum_{k=1}^{n} a_k b_k = 0$ 이면 모든 k에 대해 $a_k = 0$ 또는 $b_k = 0$ 이다.

02 $\sum_{k=1}^{n} a_k = \sum_{k=m}^{n+m-1} a_{k-m+1}$

03 $\sum_{k=1}^{n} a_k = n^2 - n$ 일 때 $\sum_{k=1}^{10} a_{2k-1}$ 값을 구하라.

04 $\sum_{k=1}^{10} \left(\sum_{n=1}^{k} n \right)$ 을 구하라.

05 $\sum_{k=1}^{n} \dfrac{1}{1+2+\cdots+k}$ 을 간단히 하라.

풀이

 수열의 극한과 부등식

중요한 건 다가가고 있다는 것

🐾 이제부터 본격적으로 극한을 다룬다. 중요한 개념 두 가지를 소개하겠다.

(1) **무한소 0** : 0은 아니지만 0에 한없이 가까워지는 것.

예를 들어 $1 \to 0.1 \to 0.01 \to 0.001 \to \cdots$

(2) **상수 0** : 처음부터 끝까지 쭉 0인 것.

예를 들어 $0 \to 0 \to 0 \to 0 \to \cdots$

🐾 수직선(line of numbers)에서 오른쪽으로 끝없이 가는 것을 ∞(무한대라 읽는다), 수직선에서 왼쪽으로 끝없이 가는 것을 −∞(음의 무한대 또는 마이너스 무한대라 읽는다)로 표기한다.

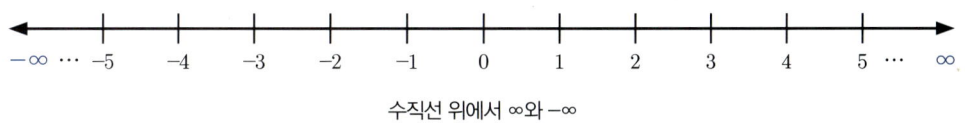

수직선 위에서 ∞와 −∞

▶▶ 수열의 수렴과 발산이란?

수열 $\{a_n\}$에서 n이 한없이 커질 때 $|a_n - \alpha|$가 무한소 0이거나 상수 0이면 $\{a_n\}$은 α에 **수렴한다**(converge)고 하며 간단히 $\lim\limits_{n \to \infty} a_n = \alpha$ 또는 $a_n \to \alpha$라고 표기한다. 이때 α를 수열의 **극한값**(limit)이라고 한다. 또한 수렴하지 않는 수열을 가리켜 **발산한다**(diverge)고 한다.

 **예**

$1 \to \dfrac{1}{2} \to \cdots \to \dfrac{1}{n} \to \cdots$ 은 0은 아니지만 0에 한없이 가까워진다(무한소 **0**). 즉 $a_n = \dfrac{1}{n}$ 일 때 $\lim\limits_{n \to \infty} a_n = 0$ 이다.

🐾 수열이 발산하는 경우를 좀 더 구체적으로 분류해 보자.

(1) 수열 $\{a_n\}$ 에서 n이 한없이 커질 때 $|a_n|$이 한없이 커지면 $\{a_n\}$은 **무한대로 발산한다**고 한다.

(2) a_n이 양수이고 무한대로 발산하면 $\{a_n\}$은 양의 무한대로 발산한다고 하며 $\lim\limits_{n \to \infty} a_n = \infty$ 라 표기한다.

(3) a_n이 음수이고 무한대로 발산하면 음의 무한대로 발산한다고 하며 $\lim\limits_{n \to \infty} a_n = -\infty$ 라 표기한다.

(4) 수열 $\{a_n\}$이 수렴하지도 않고, 무한대로 발산하지도 않을 때 $\{a_n\}$은 **진동한다**(oscillate)고 한다.

 **예**

(a) 수열 $\{n^2\}$: $1 \to 2^2 \to \cdots \to n^2 \to \cdots$ 은 양의 무한대로 발산한다. 즉, $\lim\limits_{n \to \infty} n^2 = \infty$ 이다.

(b) 수열 $\{-n^2\}$: $-1 \to -2^2 \to \cdots \to -n^2 \to \cdots$ 은 음의 무한대로 발산한다. 즉, $\lim\limits_{n \to \infty} (-n^2) = -\infty$ 이다.

(c) 수열 $\{(-1)^n\}$: $-1 \to 1 \to -1 \to 1 \to \cdots$ 은 수렴하지도 않고 양의 무한대나 음의 무한대로 발산하지도 않는다. 즉, 진동한다.

$$\text{수열의 극한} \begin{cases} \text{수렴} \begin{cases} |a_n - \alpha| = 0 : \text{상수 } 0 \\ |a_n - \alpha| \neq 0 : \text{무한소 } \mathbf{0} \end{cases} \\ \text{발산} \begin{cases} \infty \\ -\infty \\ \text{진동} \end{cases} \end{cases}$$

 예

정수 n에 대하여 $n \leq x < n+1$일 때 $[x] = n$이라 하자. 수열 $a_n = \left[3 + \dfrac{2}{n}\right]$의 극한값은 어떻게 될까?

 풀이

$a_1 = 5$, $a_2 = 4$, $a_3 = 3$, $a_4 = 3$, $\cdots$ 이므로 $\displaystyle\lim_{n\to\infty} a_n = 3$이다.

🐾 지수함수 $y = r^x$의 그래프를 생각해 보자.

(1) $r > 1$: $y = r^x$은 증가함수이고 $x = \infty$일 때 양의 무한대로 발산한다.

(2) $r = 1$: $y = r^x = 1^x = 1$이므로 함숫값은 항상 1이다.

(3) $0 < r < 1$: $y = r^x$은 감소함수이고 $x \to \infty$일 때 0으로 수렴한다.

(4) $r \leq -1$: $y = |r|^x$에서 $x \to \infty$일 때 $|r|^x$ 값은 양의 무한대로 발산한다. $\displaystyle\lim_{n\to\infty} r^n$은 진동한다.

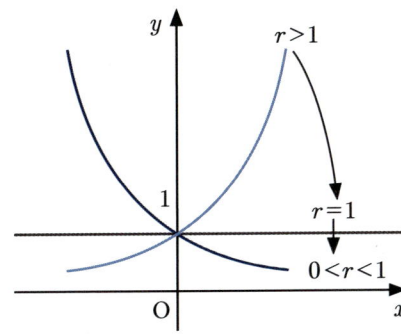

r 값에 따른 함수 $y = r^x$의 그래프

따라서 등비수열 $\{r^n\}$이 수렴할 조건은 $-1 < r \leq 1$이다.

🐾 수렴하는 수열은 극한과 사칙연산의 순서를 바꾸어 계산할 수 있다. 일종의 교환법칙이다. 수렴하는 수열 $\{a_n\}$, $\{b_n\}$에 대하여 $\lim\limits_{n\to\infty} a_n = \alpha$, $\lim\limits_{n\to\infty} b_n = \beta$이면 다음이 성립한다.

(1) $\lim\limits_{n\to\infty}(a_n \pm b_n) = \alpha \pm \beta$

(2) $\lim\limits_{n\to\infty} a_n b_n = \alpha\beta$

(2)를 응용하면 다양한 결과를 유도할 수 있다. b_n 대신 $\dfrac{1}{b_n}$을 대입하자. $\lim\limits_{n\to\infty}\dfrac{a_n}{b_n} = \dfrac{\alpha}{\beta}$ (단, $\beta \neq 0$) 이다. 이번에는 $b_n = c$(단 c는 상수)를 대입하자. $\lim\limits_{n\to\infty} ca_n = c\alpha$이다.

🔵 **주의** 발산하는 수열은 극한과 사칙연산의 순서를 바꾸어 계산할 수 없다.

$$\lim_{n\to\infty}\frac{n+1}{n+1} = \lim_{n\to\infty} 1 = 1 \qquad \leftarrow \text{옳은 계산}$$

$$\lim_{n\to\infty}\frac{n+1}{n+1} = \lim_{n\to\infty}(n+1)\lim_{n\to\infty}\frac{1}{n+1} = \infty \times 0 \qquad \leftarrow \text{틀린 계산}$$

🐾 두 수열 $\{a_n\}$, $\{b_n\}$에 대하여 $a_n \leq b_n$이면 $\lim\limits_{n\to\infty} a_n \leq \lim\limits_{n\to\infty} b_n$이다. $a_n < b_n$이지만 $\lim\limits_{n\to\infty} a_n = \lim\limits_{n\to\infty} b_n$인 경우도 존재함을 주의하자. 예를 들어, 모든 자연수 n에 대하여 $\dfrac{1}{n+1} < \dfrac{1}{n}$이지만 극한을 취하면 $\lim\limits_{n\to\infty}\dfrac{1}{n+1} = \lim\limits_{n\to\infty}\dfrac{1}{n} = 0$이다.

🐾 직전의 결과를 응용하면 유용한 결론을 얻을 수 있다.

▶▶ **압축정리란?**

$a_n \leq b_n \leq c_n$이고 $\lim\limits_{n\to\infty} a_n = \lim\limits_{n\to\infty} c_n = \alpha$일 때 $\lim\limits_{n\to\infty} b_n = \alpha$이다.

이 성질을 **압축정리**(squeeze theorem) 또는 **샌드위치 정리**(sandwich theorem) 라고 한다.

$a_n \leq b_n$이므로 $\lim\limits_{n \to \infty} a_n \leq \lim\limits_{n \to \infty} b_n$이다. 또한 $b_n \leq c_n$이므로 $\lim\limits_{n \to \infty} b_n \leq \lim\limits_{n \to \infty} c_n$이다.
$\lim\limits_{n \to \infty} a_n = \lim\limits_{n \to \infty} c_n = \alpha$이므로 $\lim\limits_{n \to \infty} b_n = \alpha$이다. α 이상이면서 이하인 값은 α 자신뿐이다.

$\lim\limits_{n \to \infty} \dfrac{1}{n} \sin n^2$의 극한값은 무엇일까?

풀이

$-1 \leq \sin n^2 \leq 1$이므로 $-\dfrac{1}{n} \leq \dfrac{1}{n} \sin n^2 \leq \dfrac{1}{n}$이다. $\lim\limits_{n \to \infty}\left(-\dfrac{1}{n}\right) = \lim\limits_{n \to \infty} \dfrac{1}{n} = 0$이므로 압축정리에 따르면 $\lim\limits_{n \to \infty} \dfrac{1}{n} \sin n^2 = 0$이다.

🐾 유리식 또는 무리식이 섞여 있는 극한은 다음과 같이 계산한다.

(1) $\dfrac{\infty}{\infty}$ 꼴인 유리식 또는 무리식의 극한은 분모의 최고차항으로 분모, 분자를 나눈다.

(2) $\infty - \infty$ 꼴인 무리식의 극한은 유리화하여 $\dfrac{\infty}{\infty}$ 꼴로 변형한다.

$\lim\limits_{n \to \infty} \dfrac{2n^2 + 4n + 1}{n^2 + 1}$을 계산해 보자.

풀이

$\dfrac{2n^2 + 4n + 1}{n^2 + 1} = \dfrac{\dfrac{1}{n^2}(2n^2 + 4n + 1)}{\dfrac{1}{n^2}(n^2 + 1)} = \dfrac{2 + \dfrac{4}{n} + \dfrac{1}{n^2}}{1 + \dfrac{1}{n^2}}$이다. $n \to \infty$일 때 $\dfrac{1}{n} \to 0$, $\dfrac{1}{n^2} \to 0$이다.

즉, $\lim\limits_{n \to \infty} \dfrac{2n^2 + 4n + 1}{n^2 + 1} = \lim\limits_{n \to \infty} \dfrac{2 + \dfrac{4}{n} + \dfrac{1}{n^2}}{1 + \dfrac{1}{n^2}} = 2$이다.

$\lim\limits_{n\to\infty}(\sqrt{n^2+2n}-\sqrt{n^2-6n})$을 계산해 보자.

풀이

분자를 유리화하자.

$$(\sqrt{n^2+2n}-\sqrt{n^2-6n})\frac{\sqrt{n^2+2n}+\sqrt{n^2-6n}}{\sqrt{n^2+2n}+\sqrt{n^2-6n}}=\frac{(n^2+2n)-(n^2-6n)}{\sqrt{n^2+2n}+\sqrt{n^2-6n}}$$

$$=\frac{8n}{\sqrt{n^2+2n}+\sqrt{n^2-6n}}=\frac{8n}{\sqrt{n^2+2n}+\sqrt{n^2-6n}}\times\frac{\frac{1}{n}}{\frac{1}{n}}=\frac{8}{\sqrt{1+\frac{2}{n}}+\sqrt{1-\frac{6}{n}}}$$

$$\therefore \lim_{n\to\infty}(\sqrt{n^2+2n}-\sqrt{n^2-6n})=\lim_{n\to\infty}\frac{8}{\sqrt{1+\frac{2}{n}}+\sqrt{1-\frac{6}{n}}}=\frac{8}{1+1}=4$$

😺 수열의 점화식이 주어지면 일반항을 구하지 않아도 그래프의 도움을 받아 손쉽게 극한값을 구할 수 있다. 이 방법을 **거미줄 다이어그램(cobweb diagram)**이라 한다.

첫 번째 항이 a_1이고 점화식이 $a_{n+1}=f(a_n)$인 수열의 거미줄 다이어그램은 다음과 같이 그린다.

(1) 곡선 $y=f(x)$와 직선 $y=x$의 그래프를 그린다.

(2) 곡선 $y=f(x)$ 위의 점 $(a_1,f(a_1))=(a_1,a_2)$를 이용하여 $(0,a_2)$를 찾고, 점 $(0,a_2)$를 직선 $y=x$에 대하여 대칭이동하여 점 $(a_2,0)$을 찾는다.

(3) 같은 방식으로 점 $(a_n,0)$의 위치를 알 때 곡선 $y=f(x)$에 대입하여 순차적으로 점 $(a_n,f(a_n))=(a_n,a_{n+1})$, $(0,a_{n+1})$, $(a_{n+1},0)$을 찾는다.

(4) 이 과정을 반복했을 때 도달하는 점의 x좌표가 $\lim\limits_{n\to\infty}a_n$이다.

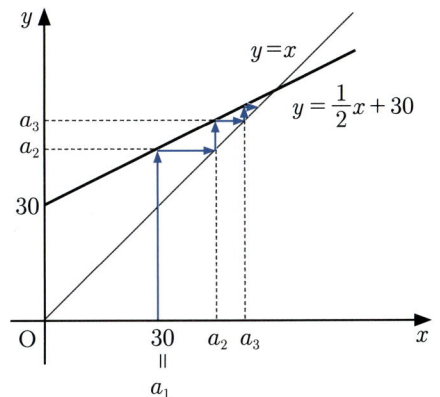

$a_{n+1} = \frac{1}{2}a_n + 30$으로 정의된 수열 $\{a_n\}$에 대하여 $a_1 = 30$이다. $\lim\limits_{n \to \infty} a_n$ 값을 생각해 보자.

거미줄 다이어그램에서 수열의 극한값 $\lim\limits_{n \to \infty} a_n$은 직선 $y = \frac{1}{2}x + 30$과 직선 $y = x$의 교점 $(60, 60)$의 x좌표 60이다.

1. 수열 $\{a_n\}$에서 n이 한없이 커질 때 $|a_n - \alpha|$가 무한소 **0**이거나 상수 0이면 $\{a_n\}$은 α에 **수렴**한다고 하며 간단히 $\lim\limits_{n \to \infty} a_n = \alpha$ 또는 $a_n \to \alpha$라고 표기한다.

2. 모든 수열은 수렴하거나 무한대로 발산하거나 진동한다.

3. 수렴하는 수열은 극한과 사칙연산의 순서를 바꾸어 계산할 수 있다.

4. $a_n \le b_n \le c_n$이고 $\lim\limits_{n \to \infty} a_n = \lim\limits_{n \to \infty} c_n = \alpha$일 때 $\lim\limits_{n \to \infty} b_n = \alpha$이다.

개념 쏙쏙 확인예제

※ 01~03 수열 $\{a_n\}$, $\{b_n\}$에 대하여 다음 명제의 참, 거짓을 판정하라.

01 $\lim\limits_{n\to\infty} a_n = 0$, $\lim\limits_{n\to\infty} b_n = \infty$이면 $\lim\limits_{n\to\infty} a_n b_n = 0$이다.

02 $\lim\limits_{n\to\infty} a_n = \infty$, $\lim\limits_{n\to\infty} b_n = \infty$이면 $\lim\limits_{n\to\infty} (a_n - b_n) = 0$이다.

03 $\lim\limits_{n\to\infty} a_n = \lim\limits_{n\to\infty} b_n = 0$이면 $\lim\limits_{n\to\infty} \dfrac{a_n}{b_n} = 1$이다.

04 수열 $\{a_n\}$이 $\lim\limits_{n\to\infty}(n+4)a_n = 5$를 만족할 때, $\lim\limits_{n\to\infty}(5n+2)a_n$ 값을 구하라.

05 자연수 n에 대하여 $\sqrt{n^2+3n+1}$의 소수부분을 a_n이라 하자. $\lim\limits_{n\to\infty} 100 a_n$ 값을 구하라.

06 수열 $\left\{ x^n \left(\dfrac{x-1}{2} \right)^n \right\}$이 수렴하기 위한 정수 x의 개수를 구하라.

풀이

 # 급수

더해서 관찰하기

▶▶ 급수란?

수열 $\{a_n\}$의 첫 번째 항부터 제n항까지의 합에서 유도한 새로운 수열을 **급수(series)**라 한다. 급수의 각 항은 다음과 같다.

$$a_1,\ a_1+a_2,\ a_1+a_2+a_3,\ \cdots$$

🐾 급수는 이전의 결과를 계속 누적해서 얻은 새로운 수열이다. 이 때문에 경제학에서는 수열을 **유량(flow)**, 급수를 **저량(stock)**이라 부르기도 한다.

🐾 급수의 n번째 항 $S_n = a_1 + a_2 + \cdots + a_n = \sum_{k=1}^{n} a_k$을 급수의 **부분합(partial sum)**이라고 한다. 이때 급수를 만드는 재료인 수열 a_n과 부분합 S_n 사이의 관계는 다음과 같다.

$$a_1 = S_1,\ a_n = S_n - S_{n-1}\ (n \geq 2)$$

부분합의 극한 $\lim_{n \to \infty} S_n$이 일정한 값 S로 수렴할 때 이 **급수의 값**은 S라고 한다. 식으로는 다음과 같이 표현한다.

$$\lim_{n \to \infty} S_n = \sum_{n=1}^{\infty} a_n = S$$

수렴하지 않는 수열은 발산하듯이 수렴하지 않는 급수는 발산한다고 한다.

수렴하는 급수의 성질은 수렴하는 수열의 성질과 비슷하다. 두 급수 $\sum_{n=1}^{\infty} a_n, \sum_{n=1}^{\infty} b_n$이 수렴하면 다음이 성립한다.

(1) $\sum_{n=1}^{\infty}(a_n \pm b_n) = \sum_{n=1}^{\infty} a_n \pm \sum_{n=1}^{\infty} b_n$ 　　(2) $\sum_{n=1}^{\infty} ca_n = c \sum_{n=1}^{\infty} a_n$ (단, c는 상수)

🐾 항을 모두 더하기 전에 급수가 수렴할지 가늠할 수 없을까? 재료를 관찰하면 힌트를 얻을 수 있다. 이를 급수의 **일반항 판정법**이라 한다.

$$\text{급수 } \sum_{n=1}^{\infty} a_n \text{이 수렴하면 } \lim_{n \to \infty} a_n = 0 \text{이다.}$$

$\sum_{n=1}^{\infty} a_n = \lim_{n \to \infty} S_n = S$ 일 때 $\lim_{n \to \infty} a_n = \lim_{n \to \infty}(S_n - S_{n-1}) = \lim_{n \to \infty} S_n - \lim_{n \to \infty} S_{n-1} = S - S = 0$

더해서 얻은 수열(S_n)이 수렴하려면 재료가 되는 수열(a_n)이 0에 가까워야 한다.

급수 $\sum_{n=1}^{\infty} n = 1 + 2 + \cdots + n + \cdots$ 은 $\lim_{n \to \infty} n \neq 0$이므로 발산한다.

🐾 1.2절에서 명제의 역과 대우를 다뤘다. 명제 $p \to q$가 참일 때 대우 명제 $\sim q \to \sim p$는 반드시 참이지만 역 $q \to p$는 참, 거짓을 판정할 수 없다. 다시 말해, 다음 명제는 참이다.

$$\lim_{n \to \infty} a_n \neq 0 \text{이면 급수 } \sum_{n=1}^{\infty} a_n \text{은 수렴하지 않는다. (일반항 판정법의 대우)}$$

다음 명제의 참, 거짓을 가리는 질문에는 팔짱 끼고 침묵을 지켜야 한다.

$$\lim_{n \to \infty} a_n = 0 \text{이면 급수 } \sum_{n=1}^{\infty} a_n \text{은 수렴한다. (일반항 판정법의 역)}$$

사실 위 명제는 거짓이다.

 **예**

급수 $\sum_{n=1}^{\infty} \frac{1}{n} = 1 + \frac{1}{2} + \frac{1}{3} + \cdots$ 은 $\lim_{n \to \infty} \frac{1}{n} = 0$ 이지만 발산한다.

 풀이

$$1 > \frac{1}{2}$$
$$\frac{1}{2} \geq \frac{1}{2}$$
$$\frac{1}{3} + \frac{1}{4} > \frac{1}{4} + \frac{1}{4} = \frac{1}{2}$$
$$\frac{1}{5} + \frac{1}{6} + \frac{1}{7} + \frac{1}{8} > \frac{1}{8} + \frac{1}{8} + \frac{1}{8} + \frac{1}{8} = \frac{1}{2}$$
$$\vdots$$
$$\therefore \sum_{n=1}^{\infty} \frac{1}{n} > \sum_{n=1}^{\infty} \frac{1}{2} = \frac{1}{2} + \frac{1}{2} + \frac{1}{2} + \cdots = \infty$$

1. 수열 $\{a_n\}$의 첫 번째 항부터 제n항까지의 합에서 유도한 새로운 수열을 **급수**라 한다.
   급수의 n번째 항 $S_n = a_1 + a_2 + \cdots + a_n = \sum_{k=1}^{n} a_k$ 을 급수의 **부분합**이라 한다.

2. 수열 a_n과 급수 $\sum_{n=1}^{\infty} a_n$의 부분합 S_n 사이의 관계는 다음과 같다.
$$a_1 = S_1,\ a_n = S_n - S_{n-1}\ (n \geq 2)$$

3. 급수 $\sum_{n=1}^{\infty} a_n$이 수렴하면 $\lim_{n \to \infty} a_n = 0$이다. 이를 급수의 **일반항 판정법**이라 한다.

개념 쏙쏙 확인예제

※ 01~03 수열 $\{a_n\}$, $\{b_n\}$에 대하여 다음 명제의 참, 거짓을 판정하라.

01 $\sum\limits_{n=1}^{\infty} a_n b_n = \left(\sum\limits_{n=1}^{\infty} a_n\right)\left(\sum\limits_{n=1}^{\infty} b_n\right)$

02 수열 $\{a_n\}$이 수렴하면 $\sum\limits_{n=1}^{\infty} a_n$도 수렴한다.

03 급수 $\sum\limits_{n=1}^{\infty} a_n b_n$이 수렴하고 $\lim\limits_{n \to \infty} a_n \neq 0$이면 $\lim\limits_{n \to \infty} b_n = 0$이다.

04 다음 급수의 수렴 또는 발산을 판정하고 수렴한다면 그 값을 구하라.

$$\frac{1}{1+\sqrt{3}} + \frac{1}{\sqrt{3}+\sqrt{5}} + \frac{1}{\sqrt{5}+\sqrt{7}} + \cdots$$

05 급수 $\sum\limits_{n=2}^{\infty} \log\left(1 - \frac{1}{n^2}\right)$의 수렴 또는 발산을 판정하고 수렴한다면 그 값을 구하라.

06 첫 번째 항이 2이고 공차가 3인 등차수열 $\{a_n\}$에 대하여 급수 $\sum\limits_{n=1}^{\infty} \frac{1}{a_n a_{n+1}}$ 값을 구하라.

 ## 06 교대급수

상쇄를 일으키는 힘

▶▶ 교대급수란?

수열 $\{a_n\}$에서 이웃한 두 항의 부호가 서로 반대라 하자. 모든 자연수 n에 대하여 $a_n a_{n+1} < 0$일 때 급수 $\sum_{n=1}^{\infty} a_n$을 **교대급수(alternating series)**라고 한다.

 예

$1 - \dfrac{1}{2} + \dfrac{1}{3} - \dfrac{1}{4} + \cdots = \sum_{n=1}^{\infty} (-1)^{n-1} \dfrac{1}{n}$ 은 교대급수다.

🐾 서로 반대인 부호가 번갈아 등장하면 급수가 양의 무한대로 발산하거나 음의 무한대로 발산하는 일을 막아준다. 너무 커질 것 같으면 적당히 빼주고, 너무 작아질 것 같으면 적당히 더해줘서 급수가 수렴할 것이다. 이 때문에 교대급수에서는 일반항 판정법을 더욱 강력하게 사용할 수 있다.

$|a_n| > |a_{n+1}|$인 교대급수 $\sum_{n=1}^{\infty} a_n$이 수렴한다. $\Leftrightarrow \lim_{n \to \infty} a_n = 0$

 예

급수 $\sum_{n=1}^{\infty} \dfrac{1}{n} = 1 + \dfrac{1}{2} + \dfrac{1}{3} + \dfrac{1}{4} + \cdots$ 은 발산하지만 급수 $\sum_{n=1}^{\infty} \dfrac{(-1)^{n-1}}{n} = 1 - \dfrac{1}{2} + \dfrac{1}{3} - \dfrac{1}{4} + \cdots$ 은 수렴한다.

개념 쏙쏙 확인예제

01 다음 급수의 수렴 또는 발산을 판정하라.

$$1+(-1)+1+(-1)+1+\cdots$$

02 다음 급수의 수렴 또는 발산을 판정하고 수렴한다면 그 값을 구하라.

$$1+\left(-\frac{1}{2}\right)+\frac{1}{2}+\left(-\frac{1}{3}\right)+\frac{1}{3}+\cdots$$

풀이

<!-- 07 -->
등비급수

쉽게 계산할 수 있는 대표적인 급수

▶▶ 등비급수와 등비급수의 수렴 조건은?

등비수열의 합으로 유도한 새로운 수열을 **등비급수(geometric series)**라고 한다. 급수의 합은 부분합의 극한이므로 등비급수의 값은 다음과 같다.

$$\sum_{n=1}^{\infty} r^{n-1} = \lim_{n \to \infty} \sum_{k=1}^{n} r^{k-1} = \begin{cases} \lim_{n \to \infty} \dfrac{(1-r^n)}{1-r} & (r \neq 1) \\ \lim_{n \to \infty} n & (r = 1) \end{cases}$$

등비급수 $\sum_{n=1}^{\infty} ar^{n-1} (a \neq 0)$은 $|r| < 1$일 때 $\dfrac{a}{1-r}$로 수렴하고, $|r| \geq 1$일 때 발산한다.

❗ **잠깐** 등비수열 $\{r^{n-1}\}$은 $-1 < r \leq 1$일 때 수렴, 등비급수 $\sum_{n=1}^{\infty} r^{n-1}$은 $|r| < 1$일 때 수렴.

🐾 모든 자연수 n에 대하여 $0 \leq a_n \leq b_n$일 때 다음이 성립한다. 이를 급수의 **비교판정법(comparison test)**이라고 한다.

(1) $\sum_{n=1}^{\infty} b_n$이 수렴하면 $\sum_{n=1}^{\infty} a_n$도 수렴한다.

(2) $\sum_{n=1}^{\infty} a_n$이 발산하면 $\sum_{n=1}^{\infty} b_n$도 발산한다.

등비급수는 수렴 또는 발산을 쉽게 따질 수 있으며 수렴하는 급수는 값까지 정확히 구할 수 있다. 이런 점 때문에 등비급수는 낯선 급수의 수렴 또는 발산을 판단하는 기준으로 자주 사용한다.

개념 쏙쏙 확인예제

01 다음 급수의 수렴 또는 발산을 판정하라.

$$\sum_{n=1}^{\infty} \frac{1}{n^2} = 1 + \frac{1}{2^2} + \frac{1}{3^2} + \cdots$$

02 첫 번째 항이 2인 등비급수 $\sum_{n=1}^{\infty} a_n$ 값이 3이라 하자. $\sum_{n=1}^{\infty} a_n^2$ 값을 구하라.

5.2 함수의 극한과 연속

만물의 근원은 물이다. – 탈레스(Thales, BC 624?–BC 545?)

만물의 근원은 수다. – 피타고라스(Pythagoras, BC 570–BC 495)

만물은 더 이상 쪼갤 수 없는 것(원자)으로 구성되어 있다. – 데모크리토스(Democritos, BC 460?–BC 370?)

만물의 근원은 물, 수, 더 이상 쪼갤 수 없는 것이라고 말했던 고대 그리스 자연철학에서 시작하여 물질의 구성 요소를

$$원자 \to 핵과\ 전자 \to 양성자와\ 중성자 \to 쿼크$$

라고 설명한 오늘날의 핵물리학자에 이르기까지, 유럽 문명은 분석적인 사고에 능하다. 그들의 철학, 수학, 물리학 등은 모두 겉보기에 하나인 현상들을 잘게 쪼개어 여러 단계로 분해하고, 그 속에서 보다 본질적인 인과관계를 찾아내며 발전해왔다. 6장에서 다루는 미분과 적분은 이러한 분석적 사고방식의 정수라 할 수 있다.

세상의 많은 일은 연속적이다. 반면, 미분적분학에서는 이 연속적인 흐름을 정지시키고 세밀하게 관찰한다. 동영상을 일시정지하고 한 장면씩 꼼꼼히 관찰하다 보면 이전에는 발견하지 못했던 것을 발견할 수 있다.

 Keyword

수렴, 극한, 좌극한, 우극한, 연속, 연속함수, 사잇값 정리, 최대·최소 정리

 # 극한과 연속

'연속'의 수학적 정의는?

🐾 수직선(line of numbers) 위에서 움직일 수 있는 방향은 4가지뿐이다.

(1) 우극한 $x \to a+$: $x > a$이면서 a에 도달하기 직전 ($\boxed{a} \Leftarrow x$)

(2) 좌극한 $x \to a-$: $x < a$이면서 a에 도달하기 직전 ($x \Rightarrow \boxed{a}$)

(3) 양의 무한대 $x \to \infty$: 오른쪽으로 끝없이 나아간다.

(4) 음의 무한대 $x \to -\infty$: 왼쪽으로 끝없이 나아간다.

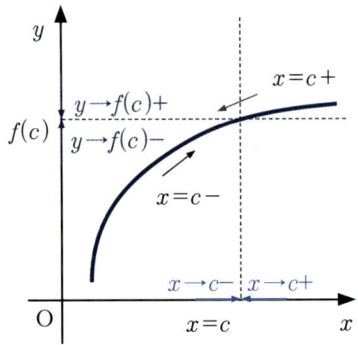

y축 위에서 움직일 때 우극한은 위에서 아래로 내려오는 방향(⇩), 좌극한은 아래에서 위로 올라가는 방향(⇧)이다.

▶▶ **함수의 극한이란?**

$x \to a$일 때 $|f(x) - l|$이 무한소 **0**이거나 상수 0이면 $f(x)$는 $x=a$에서 l에 **수렴**한다고 한다. 이를 기호로 다음과 같이 나타낸다.

$$\lim_{x \to a} f(x) = l \text{ 또는 } `x \to a \text{일 때 } f(x) \to l`$$

l을 $f(x)$의 **극한(limit)**이라 한다. $\lim_{x \to a-} f(x) = f(a^-)$는 **좌극한(left limit)**을 의미하고 $\lim_{x \to a+} f(x) = f(a^+)$는 **우극한(right limit)**을 의미한다.

 예

(a) $f(x)=x-1$이라 하면 $\lim_{x\to 3}f(x)=2$이다. $x\to 3$일 때 $|f(x)-2|$는 무한소 **0**이다.

(b) $g(x)=1$이라 하면 $\lim_{x\to 3}g(x)=1$이다. $x\to 3$일 때 $|g(x)-1|$은 상수 0이다.

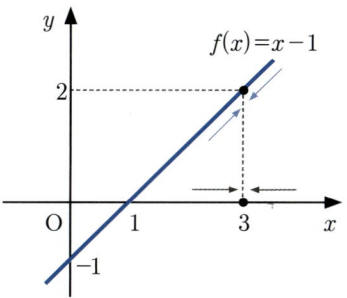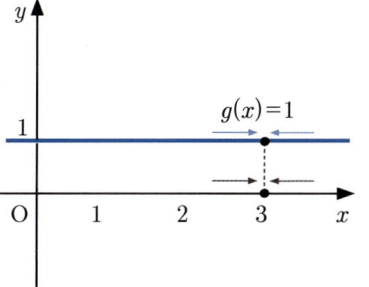

▶▶ 함수의 연속이란?

$x=a$에서 함숫값이 정의되어 있고 다음 관계식을 만족한다고 하자.

$$f(a)=\lim_{x\to a}f(x) \Leftrightarrow f(a)=f(a^-)=f(a^+)$$

x와 a가 가까우면 $f(x)$와 $f(a)$도 가깝다!

함수 $y=f(x)$는 $x=a$에서 **연속**(continuous)이라 한다. $x=a$에서 연속이 아니면 $x=a$에서 불연속이라고 한다. 정의역의 모든 점에서 연속인 함수를 **연속함수**(continuous function)라고 한다.

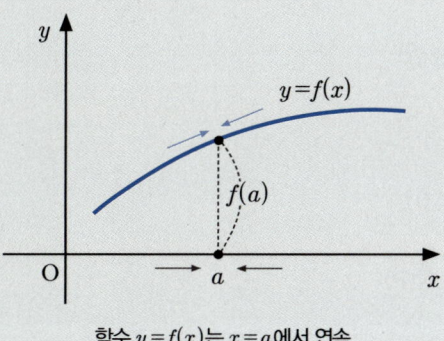

함수 $y=f(x)$는 $x=a$에서 연속

😺 연속을 판정할 때 구간의 왼쪽 끝점에서는 함숫값과 우극한만 비교하고, 오른쪽 끝점에서는 함숫값과 좌극한만 비교한다.

😺 $x \to a$일 때 $f(x) \to \infty$이면 $f(x)$는 **양의 무한대로 발산**한다고 하고 다음과 같이 표기한다.

$$\lim_{x \to a} f(x) = \infty$$

$x \to a$일 때 $f(x) \to -\infty$이면 $f(x)$는 **음의 무한대로 발산**한다고 하고 다음과 같이 표기한다.

$$\lim_{x \to a} f(x) = -\infty$$

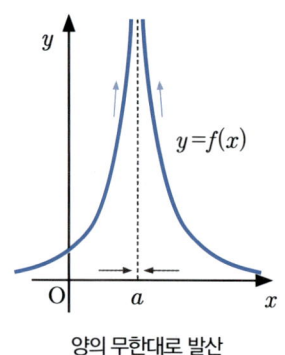
양의 무한대로 발산

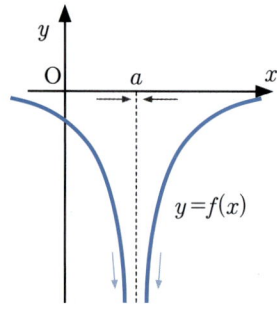
음의 무한대로 발산

😺 수열의 극한과 마찬가지로 수렴하는 함수는 극한과 사칙연산의 순서를 바꾸어 계산할 수 있다.

$x = a$에서 수렴하는 함수 $f(x)$, $g(x)$가 $\lim_{x \to a} f(x) = \alpha$, $\lim_{x \to a} g(x) = \beta$이면 다음이 성립한다.

(1) $\lim_{x \to a} \{f(x) + g(x)\} = \alpha \pm \beta$

(2) $\lim_{x \to a} \{f(x)g(x)\} = \alpha\beta$

(3) $\lim_{x \to a} \dfrac{f(x)}{g(x)} = \dfrac{\alpha}{\beta}$ (단, $\beta \neq 0$)

(4) $\lim_{x \to a} kf(x) = k\alpha$ (단, k는 상수)

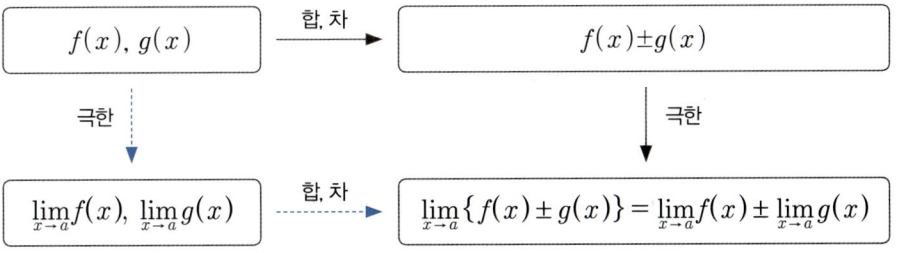

따라서 $x=a$에서 $f(x)$, $g(x)$가 연속($\Leftrightarrow \lim_{x \to a} f(x) = f(a)$, $\lim_{x \to a} g(x) = g(a)$)이면 다음 함수도 $x=a$에서 연속이다.

(1) $y = f(x) \pm g(x)$

(2) $y = f(x)g(x)$

(3) $y = \dfrac{f(x)}{g(x)}$ (단, $g(a) \neq 0$)

😺 연속함수는 가까운 것들을 가까이 있도록 옮겨준다.

$$x=a\text{에서 } y=f(x)\text{가 연속이고}$$
$x=f(a)$에서 $y=g(x)$가 연속이면 합성함수 $y=(g \circ f)(x)$도 $x=a$에서 연속이다.

😺 다음 함수는 연속함수다.

(1) 다항함수 $y = a_n x^n + \cdots + a_1 x + a_0$

(2) 유리함수 $\dfrac{f(x)}{g(x)}$ (f, g는 다항함수)

(3) 무리함수 $\sqrt{f(x)}$ (f는 유리함수)

🐾 연속함수는 극한값과 함숫값이 같다. 함숫값을 대입하여 극한값을 쉽게 구할 수 있다.

$\lim\limits_{x \to 2}(x+2)$에서 $y=x+2$는 연속함수다. 즉, $x \to 2$일 때 극한값 $\lim\limits_{x \to 2}(x+2)$는 x에 2를 대입한 값인 4이다.

🐾 5.1절 수열의 극한에서 다룬 부등식의 성질은 함수의 극한에서도 여전히 성립한다.

(1) $f(x) \le g(x)$이면 $\lim\limits_{x \to a} f(x) \le \lim\limits_{x \to a} g(x)$이다.

(2) $f(x) \le h(x) \le g(x)$이고 $\lim\limits_{x \to a} f(x) = \lim\limits_{x \to a} g(x) = l$이면 $\lim\limits_{x \to a} h(x) = l$이다.

🐾 극한을 계산할 때 다음 성질을 알고 있으면 유용하다.

(1) $\lim\limits_{x \to a} \dfrac{f(x)}{g(x)} = \alpha < \infty$이고 $\lim\limits_{x \to a} g(x) = 0$이면 $\lim\limits_{x \to a} f(x) = 0$이다.

(2) $\lim\limits_{x \to a} \dfrac{f(x)}{g(x)} = \alpha (\ne 0) < \infty$이고 $\lim\limits_{x \to a} f(x) = 0$이면 $\lim\limits_{x \to a} g(x) = 0$이다.

---

(1) $\lim\limits_{x \to a} f(x) = \lim\limits_{x \to a}\left(g(x) \times \dfrac{f(x)}{g(x)}\right) = \lim\limits_{x \to a} g(x) \times \lim\limits_{x \to a} \dfrac{f(x)}{g(x)} = 0$

 $\frac{0}{0}$ 꼴 극한을 계산해야 할 때는 분모·분자에서 0이 되는 인수를 찾아 약분한다.

예

$\lim_{x \to 2} \dfrac{x^2 - 4}{x - 2}$ 의 극한값은 무엇일까?

풀이

곧바로 2를 대입하면 분모와 분자가 모두 0이므로 극한값을 구할 수 없다.

하지만 $\dfrac{x^2-4}{x-2} = \dfrac{(x+2)(x-2)}{x-2} = x+2$ 로 약분하면 $x=2$를 대입할 수 있고 극한값이 4임을 알 수 있다.

$\therefore \lim_{x \to 2} \dfrac{x^2-4}{x-2} = 4$

SUMMARY

1. $x \to a$일 때, $|f(x) - l|$이 무한소 **0**이거나 상수 0이면 함수 $f(x)$는 $x=a$에서 l에 **수렴**한 다고 한다. 이를 기호로는 다음과 같이 나타낸다.

$$\lim_{x \to a} f(x) = l \text{ 또는 } `x \to a \text{일 때 } f(x) \to l\text{'}$$

$x < a$이며 $x \to a$인 것을 **좌극한**, $x > a$이며 $x \to a$인 것을 **우극한**이라 한다.

2. $x = a$에서 함숫값이 정의되어 있고 $f(a) = \lim_{x \to a} f(x) \Leftrightarrow f(a) = f(a^-) = f(a^+)$일 때, 함수 $y = f(x)$는 $x = a$에서 **연속**이다.

3. $\dfrac{0}{0}$ 꼴 극한은 분모·분자에서 0이 되는 인수를 찾아 약분하여 계산한다.

개념 쏙쏙 확인예제

※ 01~05 다음 명제의 참, 거짓을 판정하라.

01 $\lim_{x \to a} \{f(x)g(x)\} = 0$이면 $\lim_{x \to a} f(x) = 0$ 또는 $\lim_{x \to a} g(x) = 0$이다.

02 $x=a$에서 $y=|f(x)|$가 연속이면 $y=f(x)$도 $x=a$에서 연속이다.

03 $x=a$에서 $y=f(x)$가 연속이면 $y=|f(x)|$도 $x=a$에서 연속이다.

04 $x=a$에서 $y=f(x)+g(x)$가 연속이면 $y=f(x)$와 $y=g(x)$도 $x=a$에서 연속이다.

05 $x=a$에서 $f(x)$가 연속이고 $g(x)$는 불연속이면 $f(x)g(x)$는 $x=a$에서 불연속이다.

06 함수 $f(x)$에 대하여 $\lim_{x \to 2} \dfrac{f(x-2)}{x-2} = 3$일 때 $\lim_{x \to 0} \dfrac{x-2f(x)}{x^2+f(x)}$ 값을 구하라.

07 다음 조건을 만족하는 다항함수 $f(x)$에 대하여 $\lim_{x \to -1} f(x)$ 값을 구하라.

> (가) $\lim_{x \to \infty} \dfrac{x^2-3}{f(x)} = \dfrac{1}{3}$ (나) $\lim_{x \to -2} \dfrac{f(x)}{x^2-4} = 2$

풀이

 ## 사잇값 정리

정상에 올랐다는 건 베이스캠프를 지났다는 것

🐾 연속함수의 그래프에서 함숫값의 발자취를 바라보면 다음을 관찰할 수 있다.

▶▶ **사잇값 정리란?**

함수 f가 구간 $[a, b]$에서 연속이고 $f(a) \neq f(b)$일 때, $f(a)$와 $f(b)$ 사이 임의의 값 k에 대하여 $f(c)=k$인 $c \in (a, b)$가 적어도 하나 존재한다.

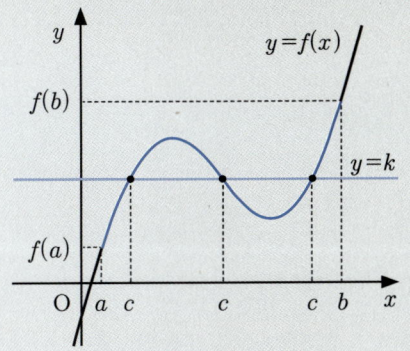

이를 **사잇값 정리**(intermediate value theorem)라고 한다.

사잇값 정리는 본질적으로 연속함수의 그래프가 연결되어 있음과 관련이 있다.

 예

(a) 오늘 최저기온이 $-3°$고 최고기온이 $7°$라면 기온이 $0°$인 시각이 적어도 한 번 존재한다.

(b) 정지해 있던 차가 시속 100km로 달린다면 그 사이에 속도가 50km/h인 순간이 적어도 한 번 있다.

▶▶ **사잇값 정리의 따름정리는?**

연속함수 $y=f(x)$에 대하여 $f(a)f(b)<0$이면 열린구간 (a,b)에서 방정식 $f(x)=0$의 실근이 적어도 하나 존재한다.

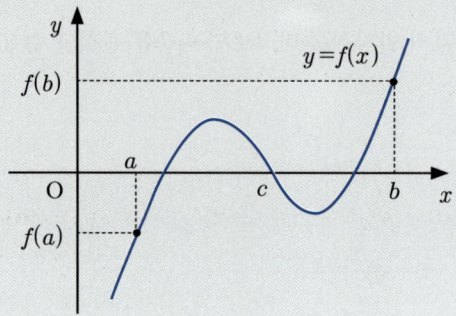

SUMMARY

1. 함수 f가 구간 $[a,b]$에서 연속이고 $f(a) \neq f(b)$일 때, $f(a)$와 $f(b)$ 사이 임의의 값 k에 대하여 $f(c)=k$인 $c \in (a,b)$가 적어도 하나 존재한다.

2. 함수 f가 연속함수이고 $f(a)f(b)<0$이면, 방정식 $f(x)=0$은 a와 b 사이에서 적어도 하나의 실근을 가진다.

개념 쏙쏙 확인예제

01 방정식 $x^{99}+x+a=0$은 오직 하나의 실근을 갖는다.
이 실근이 0보다 크고 1보다 작을 때 상수 a 값의 범위를 구하라.

02 세 실수 a, b, c $(a<b<c)$에 대하여 다음 방정식이 서로 다른 두 실근을 가짐을 설명하라.

$$(x-a)(x-b)+(x-b)(x-c)+(x-c)(x-a)=0$$

풀이

 ## 최대·최소 정리

중요한 일은 경계에서 일어나는 경우가 많다.

🐾 이차함수의 최대·최소 문제를 풀 때 주어진 구간이 열린구간인지 닫힌구간인지에 따라 최댓값 또는 최솟값이 존재하기도 하고 존재하지 않기도 했다. 일반적으로 다음이 성립한다.

▶▶ **최대·최소 정리란?**

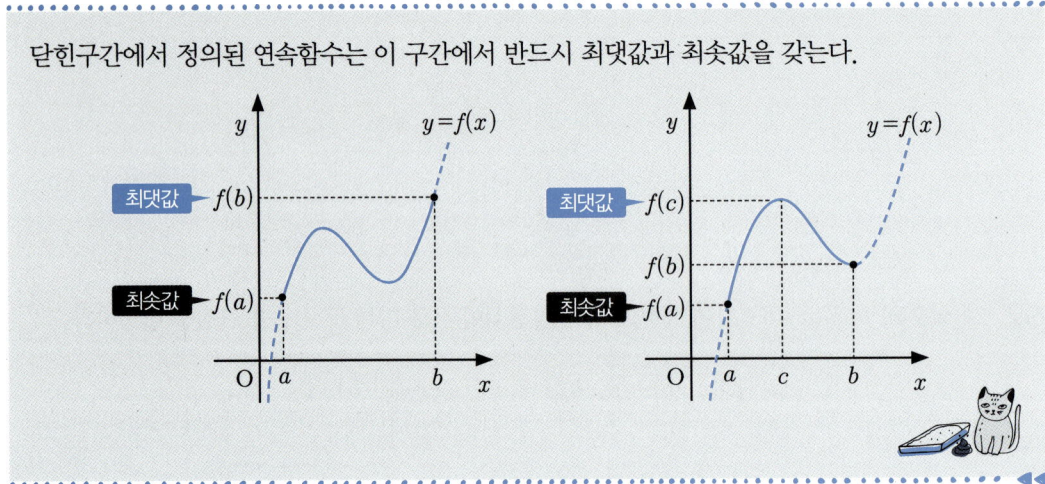

닫힌구간에서 정의된 연속함수는 이 구간에서 반드시 최댓값과 최솟값을 갖는다.

 예

닫힌구간 $[-1, 1]$에서 $f(x) = \dfrac{1}{x}$은 최댓값도 최솟값도 가지지 않는다.
$x = 0$에서 불연속이므로 최대·최소 정리의 가정을 만족하지 않는다.

개념 쏙쏙 확인예제

※ 01~02 다음 함수가 주어진 구간에서 최댓값과 최솟값을 갖는지 판단하라.

01 $f(x) = x^2 - 3x$ $[-1, 3]$

02 $f(x) = \dfrac{1}{x-3}$ $[2, 4]$

※ 03~04 주어진 구간에서 다음 함수의 최댓값과 최솟값을 각각 구하라.

03 $f(x) = x^2 - 2x - 1$ $[-1, 2]$

04 $f(x) = \dfrac{x-1}{x+1}$ $[0, 3]$

풀이

5장 연습문제

01 등차수열 $\{a_n\}$에 대하여 $a_1 = 6$, $a_{10} = -12$일 때, $|a_1| + |a_2| + \cdots + |a_{20}|$ 값을 구하라.

02 수열 $\{a_n\}$은 공비가 양수인 등비수열이다. 두 자연수 m, n에 대하여 $a_m = n$, $a_{2n} = m$일 때, a_{2m-2n}을 m과 n에 대한 식으로 나타내라(단, $m > n$).

03 수열 $\{a_n\}$에 대하여 첫 번째 항부터 제n항까지의 합을 S_n이라고 하자. 수열 $\{S_{2n-1}\}$은 공차가 -3인 등차수열이고, 수열 $\{S_{2n}\}$은 공차가 2인 등차수열이다. $a_2 = 1$일 때, a_{10} 값을 구하라.

04 $a_1, a_2, \cdots, a_n$은 이 순서대로 등차수열을 이루고, 다음 조건을 만족한다.

> (가) $a_1 + a_2 + a_3 = 20$
> (나) $a_{n-2} + a_{n-1} + a_n = 130$
> (다) $a_1 + a_2 + \cdots + a_n = 250$

이때, 자연수 n 값을 구하라.

05 수렴하는 두 수열 $\{a_n\}$, $\{b_n\}$이 $a_{n+1} = -\dfrac{1}{2}b_n + \dfrac{3}{2}$, $b_{n+1} = -\dfrac{1}{2}a_n + \dfrac{3}{2}(n=1,2,3,\cdots)$을 만족할 때, $\lim\limits_{n\to\infty}\dfrac{a_n+b_n}{a_n}$ 값을 구하라.

06 n이 자연수이고 x에 대한 이차방정식 $x^2+2nx-3n=0$의 음수인 근을 a_n이라 할 때, $\lim\limits_{n\to\infty}\dfrac{n}{a_n}$ 값을 구하라.

07 2 이상의 자연수 n에 대하여 점 $(n,0)$에서 원 $x^2+y^2=1$에 그은 접선의 접점을 A_n이라 하고 점 $(n,0)$과 점 A_n 사이의 길이를 l_n이라 할 때, $\sum\limits_{n=2}^{\infty}\dfrac{4}{l_n^2}$ 값을 구하라.

08 $\sum\limits_{n=1}^{\infty}\dfrac{n}{(n+1)!}$의 합을 구하라(단, $n! = 1 \times 2 \times 3 \times \cdots \times n$).

09 함수 $y=f(x)$, $y=g(x)$의 그래프가 다음 그림과 같다고 하자.

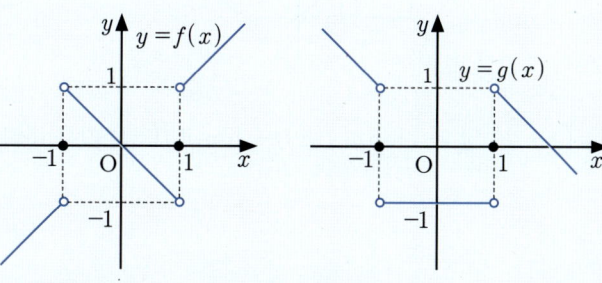

$\lim\limits_{x\to 1^-}f(g(x)) + \lim\limits_{x\to 1^+}f(g(x))$를 계산하라.

10 함수 $f(x)=[x]^2-3[x]+4$가 $x=n$에서 연속일 때, 자연수 n 값을 구하라(단, $[x]$는 x보다 크지 않은 최대의 정수).

11 실수 전체 집합에서 정의된 함수 $f(x)=\sum_{n=0}^{\infty}\dfrac{x^k}{(1+x^2)^n}$에 대하여 함수 $f(x)$가 연속함수가 되도록 하는 자연수 k의 최솟값을 구하라.

12 함수 $y=f(x)$의 그래프가 다음 그림과 같다고 하자.

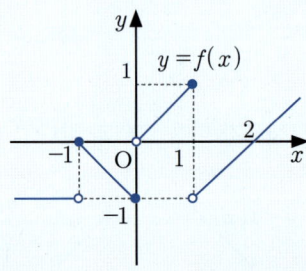

함수 $g(x)=(x-2)^2$일 때, $\lim_{x\to 0+}g(f(x))+\lim_{x\to 1+}g(f(x))$ 값을 구하라.

6장
미적분

세상을 표현하는
아름다운 방법

6.1 미분

미분하십시오! – 천싱선(Shiing-Shen Chern, 1911-2004)

스마트폰 이전의 세계와 이후의 세계는 완전히 다르다. 스마트폰을 통해 사용자가 장소에 상관없이 자유롭게 인터넷에 접속하고 필요한 정보를 실시간으로 확인할 수 있게 되었기 때문이다. 미분 또한 마찬가지다. 미분 이전에는 불가능했던 많은 일을 미분은 가능하게 만들었다. 조금 과장해서 말하면 미분은 전지전능한 도구다. 약간 겸손하게 말하더라도 미분을 제대로 이해하면 세상을 보는 눈이 달라진다!

간단히 말해 미분적분학은 잘게 쪼개어 구하고자 하는 무엇인가를 찾는 방법이다. 이런 이유로 미분적분학을 수학적 해석학(解析學)이라 부르기도 한다. 말 그대로 쪼개어(析, 쪼갤 석) 답(解, 풀해)을 구하는 것이란 의미가 담겨있다.

 Keyword

미분계수, 미분가능성, 도함수, 미분법, 곱의 미분법, 몫의 미분법, 연쇄법칙, 합성함수의 미분법, 자연상수, 자연로그, 역함수 미분법, 음함수 미분법, 매개변수로 나타낸 함수

미분계수

초고속 카메라로 관찰하기

🐾 함수 $y=f(x)$를 생각하자.

$$\frac{\Delta y}{\Delta x} = \frac{f(b)-f(a)}{b-a} = \frac{f(a+\Delta x)-f(a)}{\Delta x}$$

위 식의 값을 $[a,b]=[a, a+\Delta x]$에서 $f(x)$의 **평균변화율(average rate of change)**이라고 한다. 이는 함수의 그래프에서 $(a, f(a))$와 $(a+\Delta x, f(a+\Delta x))$를 잇는 직선의 기울기와 같다.

극한값 $\lim\limits_{b \to a}\dfrac{f(b)-f(a)}{b-a} = \lim\limits_{\Delta x \to 0}\dfrac{f(a+\Delta x)-f(a)}{\Delta x}$ 가 존재하면 그 값을 $x=a$에서의 **순간변화율** 또는 **미분계수(differential coefficient)**라 하고 다음과 같이 나타낸다.

$$f'(a) \ \text{또는} \ y'|_{x=a} \ \text{또는} \ \left[\frac{dy}{dx}\right]_{x=a}$$

미분계수는 함수의 그래프 위의 점 $(a, f(a))$에서 접선의 기울기와 같다.

미분계수는 (접선의) 기울기를 나타내는 계수(coefficient)다.

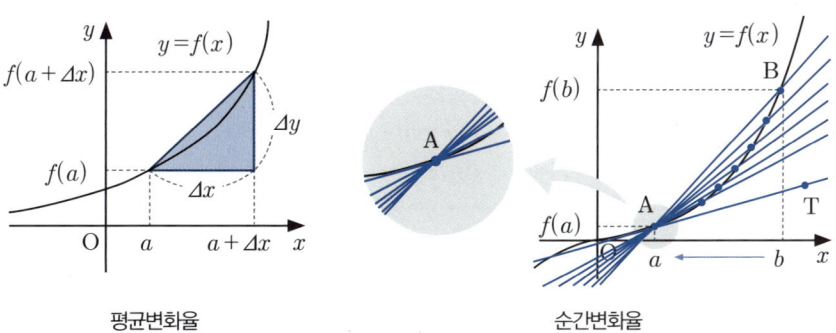

평균변화율 　　　　　순간변화율

😺 함수 $y=f(x)$에 대하여 $x=a$에서의 미분계수가 존재하면 함수 $f(x)$는 $x=a$에서 **미분가능 (differentiable)**하다고 한다. 함수 $f(x)$가 정의역의 모든 점에서 미분가능할 때, $f(x)$는 미분가능한 함수라고 한다.

😺 수학자조차도 모든 연속함수가 미분가능하다고 생각하던 때가 있었다. 사실 미분가능성과 연속성의 관계는 다음과 같다.

▶▶ 미분가능성과 연속성의 관계는?

함수 $f(x)$가 $x=a$에서 미분가능하면 $x=a$에서 연속이다.

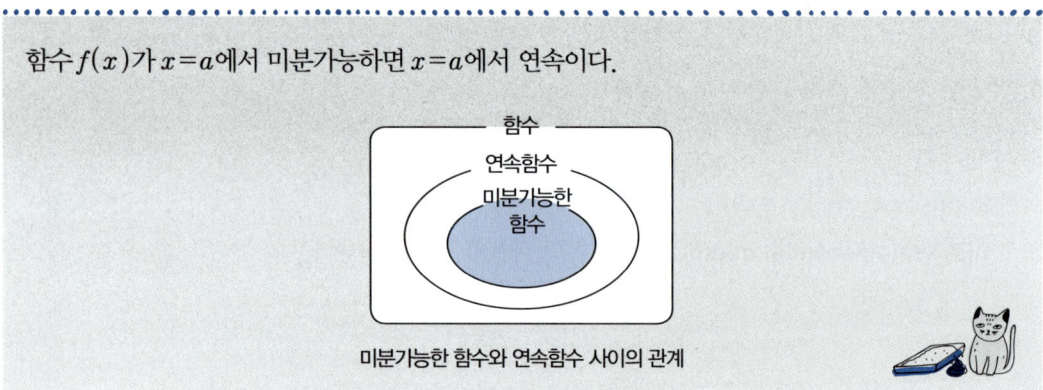

미분가능한 함수와 연속함수 사이의 관계

  $x \neq a$일 때 $f(x) = \dfrac{f(x)-f(a)}{x-a} \times (x-a) + f(a)$이다.

가정에서 극한값 $\lim\limits_{x \to a}\dfrac{f(x)-f(a)}{x-a} = f'(a)$가 존재한다.

$$\lim_{x \to a} f(x) = \lim_{x \to a}\left\{\dfrac{f(x)-f(a)}{x-a} \times (x-a) + f(a)\right\}$$
$$= f'(a) \times 0 + f(a)$$
$$= f(a)$$

미분가능성과 연속성의 관계를 직관적으로 서술해 보자. 연속함수의 그래프는 끊임없이 이어져 있고, 미분가능한 함수의 그래프는 부드럽게(smooth) 이어져 있다.

함수 $f(x) = |x|$는 $x=0$에서 연속이지만 미분가능하지 않다.

$\lim_{h \to 0} f(h) = 0 = f(0)$이므로 $x=0$에서 $f(x)$는 연속이다. 그러나 다음이 성립한다.

$$\lim_{h \to 0-} \frac{f(0+h)-f(0)}{h} = \lim_{h \to 0-} \frac{-h}{h} = -1 \neq 1 = \lim_{h \to 0+} \frac{h}{h} = \lim_{h \to 0+} \frac{f(0+h)-f(0)}{h}$$

따라서 $x=0$에서 미분가능하지 않다.

1. 함수 $f(x)$에 대하여 극한값 $\lim_{b \to a} \dfrac{f(b)-f(a)}{b-a} = \lim_{\Delta x \to 0} \dfrac{f(a+\Delta x)-f(a)}{\Delta x}$ 가 존재하면 그 값을 $x=a$에서의 **순간변화율** 또는 **미분계수**라 한다.

2. 함수 $f(x)$가 $x=a$에서 미분가능하면 $x=a$에서 연속이다. 그 역은 성립하지 않는다.

개념 쏙쏙 확인예제

※ 01~02 다음 명제의 참, 거짓을 판정하라.

01 함수 $f(x)$가 $x=a$에서 미분가능하면 $\lim\limits_{h \to 0} \dfrac{f(a+mh)-f(a-nh)}{h}$는 수렴한다.

02 $\lim\limits_{h \to 0} \dfrac{f(a+h)-f(a-h)}{2h}$ 값이 존재하면 $f(x)$는 $x=0$에서 미분가능하다.

03 함수 $f(x)=x^2-2$에 대하여 x 값이 a에서 $a+2$까지 변할 때의 평균변화율과 $x=2$에서 미분계수가 같을 때, 상수 a 값을 구하라.

04 미분가능한 함수 $f(x)$에 대해 $f(3), f'(3)$을 이용하여 다음 극한값을 나타내라.

$$\lim_{x \to 3} \dfrac{x-3}{xf(x)-3f(3)}$$

05 미분가능한 함수 $f(x)$에 대하여 $f'(1)=2$일 때 다음 극한값을 구하라.

$$\lim_{n \to \infty} n\left\{f\left(1+\dfrac{3}{n}\right)-f\left(1-\dfrac{9}{n}\right)\right\}$$

 ## 02 도함수

원함수로부터 유도된 함수

😺 함수 $y=f(x)$가 미분가능하다는 것은 정의역에 속하는 모든 a마다 $x=a$에서 미분계수 $f'(a)$가 존재함을 의미한다. 따라서 정의역에 속하는 모든 a마다 대응하는 $f'(a)$를 생각할 수 있다.

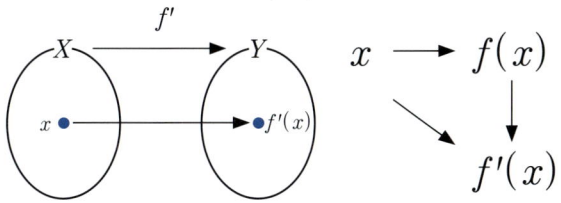

x에 $f(x)$가 대응하는 함수 관계

▶▶ 도함수란?

정의역에 속하는 a마다 $f'(a)$를 대응시키는 함수 관계를 생각할 수 있다. 이 새로운 함수를 $f(x)$의 **도함수(derivative)**라고 하고, 기호로 다음과 같이 나타낸다.

$$f'(x), \quad y', \quad \frac{dy}{dx}, \quad \frac{d}{dx}f(x)$$

도함수는 영어로 derived function이라고도 한다. 즉 $f(x)$에서 유도된(derived) **함수**다.

😺 함수 $f(x)$의 도함수 $f'(x)$를 구하는 것을 함수 $f(x)$를 x에 대하여 **미분한다(differentiate)**고 하며 계산법을 **미분법**이라고 한다.

미분계수?	접선의 기울기!	$f'(x)$
도함수?	함수!	$f'(x)$
미분?	계산!	$f'(x)$

상수함수 $f(x) = c$ (c는 상수)의 도함수를 구하라.

$f'(x)$를 구해 보자.

$$f'(x) = \lim_{h \to 0} \frac{f(x+h)-f(x)}{h}$$
$$= \lim_{h \to 0} \frac{c-c}{h}$$
$$= \lim_{h \to 0} 0 = 0$$

따라서 $f'(x) = 0$이다.

🐾 n이 자연수일 때 함수 $f(x) = x^n$의 도함수 $f'(x)$는 다음과 같다.

$$f'(x) = nx^{n-1}$$

증명은 생략한다. 하지만 결과는 반드시 기억해야 한다.

(a) x^2의 도함수는 $2x$다.

(b) x^3의 도함수는 $3x^2$이다.

🐾 지수가 음수일 때는 어떨까?

예를 들어 $n=-1$인 경우를 생각해 보자. 함수 $f(x)=\dfrac{1}{x}$의 도함수 $f'(x)$는 다음과 같다.

$$f'(x) = -\dfrac{1}{x^2} = -1 \times x^{-2}$$

이번에도 역시 증명은 생략한다. 믿어라!

1. 함수 $y=f(x)$가 미분가능할 때 정의역에 속하는 a마다 $f'(a)$를 대응시키는 함수 관계를 생각할 수 있다. 새로운 함수를 $f(x)$의 **도함수**라고 하고, 기호로 다음과 같이 나타낸다.

$$f'(x), \quad y', \quad \dfrac{dy}{dx}, \quad \dfrac{d}{dx}f(x)$$

2. 도함수를 구하는 계산을 **미분법**이라고 한다.

3. 정수 n에 대하여 $(x^n)' = n \cdot x^{n-1}$이다.

개념 쏙쏙 확인예제

※ 01~03 다음 명제의 참, 거짓을 판정하라.

01 함수 $f(x)$의 도함수 $f'(x)$는 항상 미분가능하다.

02 함수 $f(x)$의 도함수는 유일하다.

03 함수 $f(x)$와 $g(x)$가 서로 다른 함수이면 도함수 $f'(x)$, $g'(x)$도 서로 다른 함수다.

04 함수 $f(x) = x^{100} + x^{99} + x^{98} + \cdots + x^2 + x + 1$에 대하여 $f'(1)$ 값을 구하라.

05 함수 $f(x) = x^8 - 2x + 1$에 대하여 함수 $g(x)$를 $g(x) = \dfrac{f(x) - f(2)}{x - 2}$로 정의한다. 함수 $g(x)$가 $x = 2$에서 연속일 때 $g(2)$ 값을 구하라.

06 함수 $f(x) = \begin{cases} \dfrac{x^2}{2} + x + \dfrac{3}{2} & (x < 1) \\ -x^2 + 4x & (x \geq 1) \end{cases}$일 때, 다음 중 옳은 것을 있는 대로 고르라.

> ㉠ $f(x)$는 $x = 1$에서 연속이다.
> ㉡ $f(x)$는 $x = 1$에서 미분가능하다.
> ㉢ $f(x)$의 도함수 $f'(x)$는 $x = 1$에서 연속이다.

 ## 함수의 사칙연산과 미분

도함수를 만드는 주문

😺 수렴하는 수열 $\{a_n\}$, $\{b_n\}$에 대하여 다음 수열도 수렴하는 수열이다.

$$a_n \pm b_n, \quad a_n b_n, \quad \frac{a_n}{b_n}(단, b_n \neq 0), \quad ca_n(단, c는 상수)$$

함수 $f(x)$, $g(x)$가 $x=a$에서 연속일 때 다음 함수도 $x=a$에서 연속이다.

$$f \pm g, \quad f \times g, \quad \frac{f}{g}(단, g(a) \neq 0), \quad cf(단, c는 상수)$$

그렇다면 함수 $f(x)$, $g(x)$가 $x=a$에서 미분가능할 때는 어떨까?

😺 미분가능한 함수의 합, 차는 여전히 미분가능하다. 이때 미분계수는 다음과 같다.

$$\{f(x) \pm g(x)\}'|_{x=a} = f'(a) \pm g'(a)$$

$$\begin{aligned}\{f(x) \pm g(x)\}'|_{x=a} &= \lim_{h \to 0} \frac{\{f(a+h) \pm g(a+h)\} - \{f(x) \pm g(x)\}}{h} \\ &= \lim_{h \to 0} \frac{f(a+h) - f(x)}{h} \pm \lim_{h \to 0} \frac{g(a+h) - g(x)}{h} \\ &= f'(a) \pm g'(a)\end{aligned}$$

다항함수 $f(x) = a_n x^n + a_{n-1} x^{n-1} + \cdots + a_1 x + a_0$의 도함수 $f'(x)$를 구하라. (단, n은 0 이상의 정수)

풀이

상수 c에 대하여 다음이 성립한다.

$$\{cf(x)\}' = \lim_{h \to 0} \frac{cf(x+h) - cf(x)}{h} = c \times \lim_{h \to 0} \frac{f(x+h) - f(x)}{h} = cf'(x)$$

x^n의 도함수는 nx^{n-1}이다.

$$\therefore f'(x) = na_n x^{n-1} + (n-1)a_{n-1} x^{n-2} + \cdots + 2a_2 x + a_1$$

🐾 미분가능한 함수의 곱도 여전히 미분가능하다. 이때 미분계수는 다음과 같다.

$$\{f(x)g(x)\}'|_{x=a} = f'(a)g(a) + f(a)g'(a)$$

증명은 생략한다. 하지만 결과를 반드시 기억해야 한다!

주어진 함수는 미분가능하다. 주어진 함수를 미분하라.

(a) $y = (x+1)(2x-1)$

(b) $y = (x^2 - 1)(2x+1)(x+1)$

풀이

(a) $y' = (x+1)'(2x-1) + (x+1)(2x-1)' = (2x-1) + 2(x+1) = 4x+1$

(b) $y' = (x^2-1)'\{(2x+1)(x+1)\} + (x^2-1)\{(2x+1)(x+1)\}'$
$= (x^2-1)'(2x+1)(x+1) + (x^2-1)\{(2x+1)'(x+1) + (2x+1)(x+1)'\}$
$= (x^2-1)'(2x+1)(x+1) + (x^2-1)(2x+1)'(x+1) + (x^2-1)(2x+1)(x+1)'$
$= 2x(2x+1)(x+1) + 2(x^2-1)(x+1) + (x^2-1)(2x+1)$

🐾 미분가능한 함수의 몫도 여전히 미분가능하다. 이때 미분계수는 다음과 같다.

$$\left\{\frac{f(x)}{g(x)}\right\}'\bigg|_{x=a} = \frac{f'(a)g(a)-f(a)g'(a)}{\{g(a)\}^2}$$

$$\frac{d}{dx}\left\{\frac{1}{g(x)}\right\} = \lim_{h\to 0}\frac{\frac{1}{g(x+h)}-\frac{1}{g(x)}}{h}$$
$$= \lim_{h\to 0}\frac{g(x)-g(x+h)}{h}\times \lim_{h\to 0}\frac{1}{g(x+h)g(x)} = -\frac{g'(x)}{\{g(x)\}^2}$$

$\dfrac{f(x)}{g(x)} = f(x)\times \dfrac{1}{g(x)}$ 을 미분하면 다음과 같다.

$$\left\{f(x)\times\frac{1}{g(x)}\right\}' = f'(x)\frac{1}{g(x)} + f(x)\left\{\frac{1}{g(x)}\right\}'$$
$$= \frac{f'(x)}{g(x)} - \frac{f(x)g'(x)}{\{g(x)\}^2}$$
$$= \frac{f'(x)g(x) - f(x)g'(x)}{\{g(x)\}^2}$$

주어진 함수는 미분가능하다. 주어진 함수를 미분하라.

(a) $y = \dfrac{1}{x^4-1}$ (b) $y = \dfrac{x^2+1}{x-1}$ (c) $y = \dfrac{2x}{f(x)+1}$

풀이

(a) $y' = -\dfrac{(x^4-1)'}{(x^4-1)^2} = -\dfrac{4x^3}{(x^4-1)^2}$

(b) $y = \dfrac{x^2-1+2}{x-1} = x+1+\dfrac{2}{x-1} \Rightarrow y' = 1-\dfrac{2}{(x-1)^2}$

(c) $y' = \dfrac{(2x)'\{f(x)+1\} - 2x\{f(x)+1\}'}{\{f(x)+1\}^2} = \dfrac{2f(x)+2-2xf'(x)}{\{f(x)+1\}^2}$

🐾 지금까지 계산한 미분법을 정리하면 다음과 같다.

합·차의 미분법 $\quad \{f(x) \pm g(x)\}'|_{x=a} = f'(a) \pm g'(a)$

곱의 미분법 $\quad \{f(x)g(x)\}'|_{x=a} = f'(a)g(a) + f(a)g'(a)$

상수배의 미분법 $\{cf(x)\}'|_{x=a} = cf'(a)$

몫의 미분법 $\quad \left\{\dfrac{f(x)}{g(x)}\right\}'\bigg|_{x=a} = \dfrac{f'(a)g(a) - f(a)g'(a)}{\{g(a)\}^2}$

🐾 몫의 미분법을 이용하면 x^n (n은 정수)의 도함수를 구할 수 있다.

정수 n에 대하여 x^n의 도함수는 nx^{n-1}이다.

 $n \geq 0$인 경우 : 앞서 도함수를 배우며 확인했다.

 $n < 0$인 경우 : $(x^n)' = \left(\dfrac{1}{x^{-n}}\right)' = -\dfrac{-nx^{-n-1}}{(x^{-n})^2} = \dfrac{nx^{-n-1}}{x^{-2n}} = nx^{n-1}$

이 결과로부터 우리는 다음과 같이 말할 수 있다.

모든 다항함수와 유리함수는 미분가능한 함수다!

🐾 미분법은 다항식의 나눗셈을 계산할 때도 도움을 준다. 다음 예는 1.3절 나머지정리에서 학습한 내용을 더 쉽게 푸는 방법이다.

다항식 $f(x)$를 $(x-a)^2$으로 나눈 나머지를 f를 이용하여 나타내라.

풀이

$f(x)$를 $(x-a)^2$으로 나눌 때 몫을 $Q(x)$, 나머지를 $px+q$라고 하자(단, p, q는 상수).

$$f(x) = (x-a)^2 Q(x) + (px+q) \cdots ①$$

①의 양변에 $x=a$를 대입하면 $f(a)=pa+q$이다. ①의 양변을 x에 대해 미분하자.

$$f'(x) = 2(x-a)Q(x) + (x-a)^2 Q'(x) + p$$

이 식의 양변에 $x=a$를 대입하면 $f'(a)=p$이다.

$\therefore p=f'(a)$, $q=f(a)-af'(a)$ $\Rightarrow$ 나머지 항은 $f'(a)x+f(a)-af'(a)$이다.

SUMMARY

두 함수 f, g가 $x=a$에서 미분가능할 때 다음이 성립한다.

(1) $\{f(x) \pm g(x)\}'|_{x=a} = f'(a) \pm g'(a)$

(2) $\{f(x)g(x)\}'|_{x=a} = f'(a)g(a) + f(a)g'(a)$

(3) $\left\{\dfrac{f(x)}{g(x)}\right\}'\bigg|_{x=a} = \dfrac{f'(a)g(a) - f(a)g'(a)}{\{g(a)\}^2}$

개념 쏙쏙 확인예제

01 모든 실수 x에 대하여 미분가능한 함수 $f(x)$가 다음을 만족한다고 하자.

$$(x+1)f(x) = x^3 + x^2 + x + 1$$

$f'(1)$ 값을 구하라.

02 미분가능한 두 함수 $f(x)$, $g(x)$에 대하여 $f(x) = \dfrac{2x}{g(x)-1}$, $f'(0) = 3$일 때, $g(0)$ 값을 구하라(단, $g(x) \neq 1$).

03 다항식 $x^{10} - x + 3$을 $(x+1)(x-1)^2$으로 나누었을 때의 나머지를 $R(x)$라 하자. $R(2)$ 값을 구하라.

04 미분가능한 함수 $f(x)$는 모든 실수 x에 대하여 $f(x) > 0$, $f'(x) = f(x)$이다. 이때 함수 $g(x) = \dfrac{x^2+1}{f(x)}$에 대하여 $g'(1)$ 값을 구하라.

 ## 연쇄법칙

양파를 까듯이 겉에서부터 속까지 하나하나 벗긴다.

🐾 2.1절 합성함수와 역함수에서 $x=a$에서 $y=f(x)$가 연속이고 $x=f(a)$에서 $y=g(x)$가 연속이면 합성함수 $y=(g\circ f)(x)$도 $x=a$에서 연속임을 배웠다. 미분가능한 함수에서도 비슷한 이야기를 할 수 있다.

함수 $f:X\to Y$가 $x=a$에서 미분가능하고 함수 $g:Y\to Z$가 $y=f(a)$에서 미분가능하다고 하자. 합성함수 $g\circ f:Y\to Z$도 $x=a$에서 미분가능하다. 이때, 합성함수 $g\circ f$의 $x=a$에서 미분계수는 다음과 같다.

$$(g\circ f)'(a)=g'(f(a))f'(a)$$

  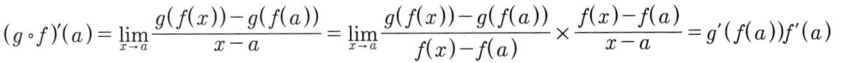

$$(g\circ f)'(a)=\lim_{x\to a}\frac{g(f(x))-g(f(a))}{x-a}=\lim_{x\to a}\frac{g(f(x))-g(f(a))}{f(x)-f(a)}\times\frac{f(x)-f(a)}{x-a}=g'(f(a))f'(a)$$

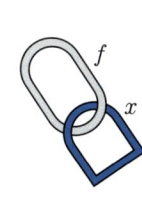 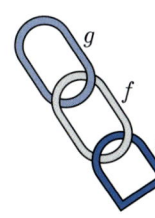

← 사슬을 채워나가듯 미분계수를 곱해나간다.

▶▶ 합성함수의 미분은?

미분가능한 두 함수 $y=f(x)$, $z=g(y)$에 대하여 합성함수 $z=g(f(x))$도 미분가능하며 도함수는 다음과 같다.

$$z'=g'(f(x))f'(x)\ \text{또는}\ \frac{dz}{dx}=\frac{dz}{dy}\times\frac{dy}{dx}$$

특히 $\dfrac{dz}{dx} = \dfrac{dz}{dy} \times \dfrac{dy}{dx}$에서 dy가 고리(chain)처럼 걸려 있는 듯하다고 해서 합성함수의 미분법을 **연쇄법칙(chain rule)**이라고도 한다.

$$X \qquad\qquad Y \qquad\qquad Z$$
$$x \xrightarrow{\ f\ } y=f(x) \xrightarrow{\ g\ } z=g(y)=g(f(x))$$
$$g \circ f$$

$$(g \circ f)'(x) = g'(y)f'(x) = g'(f(x))f'(x)$$

$$\dfrac{dz}{dx} = \dfrac{dz}{dy} \times \dfrac{dy}{dx}$$

▶▶ 연쇄법칙의 따름정리

미분가능한 함수 $f(x)$와 정수 n에 대하여 $\{f(x)\}^n$의 도함수는 다음과 같다.

$$n\{f(x)\}^{n-1} \times f'(x)$$

  $y=\{f(x)\}^n$은 $y=u^n$과 $u=f(x)$의 합성함수다. 연쇄법칙에 의해 도함수는 다음과 같다.

$$\dfrac{dy}{dx} = \dfrac{dy}{du} \times \dfrac{du}{dx} = nu^{n-1} \times f'(x) = n\{f(x)\}^{n-1} \times f'(x)$$

🐾 **따름정리의 따름정리** $(ax+b)^n$의 도함수는 $n(ax+b)^{n-1} \times a$이다.

함수 $f : X \to Y$가 $x=a$에서 미분가능하고 함수 $g : Y \to Z$가 $y=f(a)$에서 미분가능하다고 하자. 합성함수 $g \circ f$의 $x=a$에서 미분계수는 $(g \circ f)'(a) = g'(f(a))f'(a)$이다.

개념 쏙쏙 확인예제

※ 01~02 다음 명제의 참, 거짓을 판정하라.

01 미분가능한 함수 $g(x)$에 대해 합성함수 $g(f(x))$가 미분가능하면 $f(x)$도 미분가능하다.

02 미분가능한 함수 $f(x)$에 대해 합성함수 $g(f(x))$가 미분가능하면 $g(x)$도 미분가능하다.

03 함수 $f(x)$가 미분가능하고 $f(1)=1$, $f'(1)=3$, $F(x)=f(f(x))$일 때, $F'(1)$ 값을 구하라.

04 함수 $f(x)=(2x-3)^3(x^2+1)^2$에 대하여 $f'(1)$ 값을 구하라.

05 미분가능한 함수 $f(x)$에 대하여 $\lim_{x \to 0}\dfrac{f(x)}{x}=1$, $\lim_{x \to 1}\dfrac{f(x)}{x-1}=\dfrac{1}{2}$이라 하자. $\lim_{x \to 1}\dfrac{f(f(x))}{2x^2-x-1}$ 값을 구하라.

풀이

# 05 다항함수의 미분

다항함수는 미분해도 다항함수

🐾 다항함수의 가장 큰 특징은 차수(degree)가 존재한다는 점이다.
모든 다항함수는 차수에 따라 분류할 수 있다.

n차 다항함수 $f(x)=a_n x^n + \cdots$와 m차 다항함수 $g(x)=b_m x^m + \cdots$에 대하여 다음이 성립한다.

$$\lim_{x\to\infty}\frac{f(x)}{g(x)} = \lim_{x\to\infty}\frac{a_n x^n + \cdots}{b_m x^m + \cdots} = \begin{cases} \infty \text{ 또는 } -\infty & (n > m) \\ a_n/b_m & (n = m) \\ 0 & (n < m) \end{cases}$$

이 극한값은 다음 관찰과 함께 다항함수를 추론하는 데 유용하게 쓰인다.

(1) n차 다항함수 $f(x)$의 도함수 $f'(x)$는 $(n-1)$차 다항함수다. (단, n은 자연수)

(2) 미분가능한 함수 f에 대하여 극한값 $\lim_{x\to a}\dfrac{f(x)-b}{x-a}=\alpha$가 존재하면 $f(a)=b$, $f'(a)=\alpha$이다.

why?

(2) $f(x)$가 미분가능하면 연속이다. 따라서 다음이 성립한다.

$$\begin{aligned} f(a) &= \lim_{x\to a} f(x) \\ &= \lim_{x\to a}\left\{\frac{f(x)-b}{x-a}\times (x-a) + b\right\} \\ &= \lim_{x\to a}\frac{f(x)-b}{x-a} \times \lim_{x\to a}(x-a) + b \\ &= \alpha \times 0 + b = b \end{aligned}$$

$$\begin{aligned} f'(a) &= \lim_{x\to a}\frac{f(x)-f(a)}{x-a} \\ &= \lim_{x\to a}\frac{f(x)-b}{x-a} = \alpha \end{aligned}$$

개념 쏙쏙 확인예제

01 다음 조건을 만족하는 다항함수 $f(x)$에 대하여 $\lim_{x \to -1} f(x)$ 값을 구하라.

> (가) $\lim_{x \to \infty} \dfrac{x^2 - 3}{f(x)} = \dfrac{1}{3}$ (나) $\lim_{x \to -2} \dfrac{f(x)}{x^2 - 4} = 2$

02 다항함수 $f(x)$가 모든 실수 x에 대하여 다음 두 조건을 만족한다. 이때 $f(2)$ 값을 구하라.

> (가) $\dfrac{1}{2}(x+1)f'(x) = f(x) + 2$ (나) $f(0) = 0$

 # 06 삼각함수의 극한과 미분

나는 미분하면 너, 너는 미분하면 나

🐾 다음 세 식은 삼각함수의 극한을 계산할 때 가장 기본이 되는 식이다. 반드시 외우자.

$$\lim_{x \to 0} \frac{\sin x}{x} = 1, \quad \lim_{x \to 0} \frac{\tan x}{x} = 1, \quad \lim_{x \to 0} \frac{1 - \cos x}{x^2} = \frac{1}{2}$$

 반지름 길이가 1이고 중심각 크기가 $0 < x < \frac{\pi}{2}$ 인 부채꼴 ABC에서 다음이 성립한다.

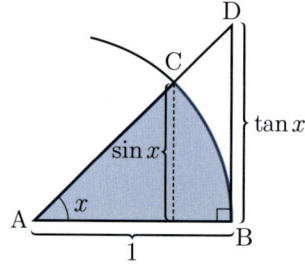

△ABC의 넓이 < ▽ABC의 넓이 < △ABD의 넓이

이 부등식을 관찰하면 부등식 $\sin x < x < \tan x$를 얻을 수 있다.
이 부등식과 5.1절 압축정리를 적절히 사용하면 원하는 극한값을 얻을 수 있다.
자세한 증명은 생략한다.

$\frac{\sin x}{x}$ 에 대한 극한값을 안다고 가정하면 $\lim_{x \to 0} \frac{1 - \cos x}{x^2}$ 값은 쉽게 알 수 있다.

$$\frac{1 - \cos x}{x^2} = \frac{(1 - \cos x)(1 + \cos x)}{x^2 (1 + \cos x)} = \left(\frac{\sin x}{x}\right)^2 \frac{1}{1 + \cos x}$$

따라서 $\lim_{x \to 0} \frac{1 - \cos x}{x^2} = 1 \times \frac{1}{2} = \frac{1}{2}$ 이다.

😺 다항함수는 차수를 기준으로 계산하므로 다루기 편하다. 따라서 미분가능한 함수를 다항함수로 근사시킬 수 있다면 계산을 편하게 할 수 있다. 이러한 관점에서 삼각함수의 극한 식 3개는 다음과 같이 얘기할 수 있다.

$x \to 0$일 때 $\sin x \simeq x$, $\tan x \simeq x$, $\cos x \simeq 1 - \dfrac{x^2}{2}$으로 근사할 수 있다.

▶▶ 삼각함수의 미분은?

다음 두 식은 삼각함수의 미분을 계산할 때 가장 기본이 되는 식이다. 반드시 외우자.

$$(\sin x)' = \cos x$$
$$(\cos x)' = -\sin x$$

---

 why? 삼각함수의 덧셈정리에 의해 다음이 성립한다.

$$\begin{aligned}\sin(x+h) &= \sin\left(x + \frac{h}{2} + \frac{h}{2}\right) \\ &= \sin\left(x + \frac{h}{2}\right)\cos\frac{h}{2} + \cos\left(x + \frac{h}{2}\right)\sin\frac{h}{2}\end{aligned}$$

$$\begin{aligned}\sin x &= \sin\left(x + \frac{h}{2} - \frac{h}{2}\right) \\ &= \sin\left(x + \frac{h}{2}\right)\cos\frac{h}{2} - \cos\left(x + \frac{h}{2}\right)\sin\frac{h}{2}\end{aligned}$$

$$\therefore \sin(x+h) - \sin x = 2\cos\left(x + \frac{h}{2}\right)\sin\frac{h}{2} = \cos\left(x + \frac{h}{2}\right)\frac{\sin(h/2)}{1/2}$$

따라서 다음이 성립한다.

$$\begin{aligned}(\sin x)' &= \lim_{h \to 0} \frac{\sin(x+h) - \sin x}{h} \\ &= \lim_{h \to 0}\left\{\cos(x + h/2) \times \frac{\sin(h/2)}{h/2}\right\} = \cos x\end{aligned}$$

코사인 미분 식도 비슷한 방식으로 증명할 수 있다.

🐾 다른 삼각함수의 미분은 사인과 코사인 미분 식을 이용하여 계산할 수 있다.

다음 등식이 성립함을 보여라.

(a) $(\tan x)' = \sec^2 x$

(b) $(\cot x)' = -\csc^2 x$

풀이

(a) $(\tan x)' = \left(\dfrac{\sin x}{\cos x}\right)' = \dfrac{\cos^2 x + \sin^2 x}{\cos^2 x} = \dfrac{1}{\cos^2 x} = \sec^2 x$ ($\because$ 몫의 미분법)

(b) $(\cot x)' = \left(\dfrac{\cos x}{\sin x}\right)' = -\csc^2 x$ 도 같은 방식으로 어렵지 않게 증명할 수 있다.

1. $\lim\limits_{x \to 0} \dfrac{\sin x}{x} = \lim\limits_{x \to 0} \dfrac{\tan x}{x} = 1,\ \lim\limits_{x \to 0} \dfrac{1 - \cos x}{x^2} = \dfrac{1}{2}$

2. $(\sin x)' = \cos x,\ (\cos x)' = -\sin x$

개념 쏙쏙 확인예제

※ 01~02 다음 식이 성립함을 보여라.

01 $(\sec x)' = \sec x \tan x$

02 $(\csc x)' = -\csc x \cot x$

03 $\lim\limits_{x \to 0} \dfrac{\sin(3x^3 + 5x^2 + 4x)}{2x^3 + 2x^2 + x}$ 값을 구하라.

04 두 함수 $f(x) = \sin x$, $g(x) = \tan x$에 대하여 $\lim\limits_{x \to 0} \dfrac{f(g(x))}{x}$ 값을 구하라.

05 함수 $y = \sin^4 x + \cos^4 x$의 도함수를 구하라.

풀이

07 지수함수의 극한과 미분

미분해도 변하지 않는 함수가 있다?!

자연수 n에 대하여 $\lim_{n\to\infty}\left(1+\dfrac{1}{n}\right)^n$ 은 2.7182…인 무리수로 수렴한다. 이 극한값을 e로 나타내고 **자연상수**라 부른다. 또한 실수 x, t에 대하여 다음이 성립한다.

$$\lim_{x\to\infty}\left(1+\frac{1}{x}\right)^x = \lim_{t\to 0}(1+t)^{1/t} = e$$

무리수 e를 밑으로 하는 로그 $\log_e x$를 **자연로그(natural logarithm)**라 하고 간단히 $\ln x$로 나타낸다.

▶▶ 지수함수와 로그함수의 극한은?

다음 두 식은 지수함수와 로그함수의 극한을 계산할 때 가장 기본이 되는 식이다. 반드시 외우자.

$$\lim_{x\to 0}\frac{e^x-1}{x}=1, \ \lim_{x\to 0}\frac{\ln(1+x)}{x}=1$$

($x \to 0$일 때 $e^x \simeq 1+x$이다!)

연속함수와 극한은 순서를 바꾸어 계산할 수 있다. 다시 말해 f가 연속함수일 때 다음이 성립한다.

$$\lim_{x\to a}f(x)=f(\lim_{x\to a}x)=f(a)$$

$y=\ln x$는 연속함수이므로 $\lim_{x\to 0}\dfrac{\ln(1+x)}{x}=\lim_{x\to 0}\ln(1+x)^{\frac{1}{x}}=\ln\left\{\lim_{x\to 0}(1+x)^{\frac{1}{x}}\right\}=\ln e=1$이다.

또 $e^x-1=t$로 놓으면 $x=\ln(1+t)$이고 $x\to 0$일 때 $t\to 0$이므로 다음이 성립한다.

$$\lim_{x\to 0}\frac{e^x-1}{x}=\lim_{t\to 0}\frac{t}{\ln(1+t)}=\frac{1}{\lim_{t\to 0}\dfrac{\ln(1+t)}{t}}=1$$

$a^x = e^{\ln a^x} = e^{x(\ln a)}$이므로 우리는 밑이 e인 경우만 알면 다음 극한도 알 수 있다.

$$\lim_{x \to 0} \frac{a^x - 1}{x} = \ln a, \quad \lim_{x \to 0} \frac{\log_a(1+x)}{x} = \frac{1}{\ln a}$$

$$\begin{aligned} \lim_{x \to 0} \frac{a^x - 1}{x} &= \lim_{x \to 0} \frac{e^{(\ln a)x} - 1}{(\ln a)x} \times \ln a \\ &= 1 \times \ln a \\ &= \ln a \end{aligned}$$

$$\begin{aligned} \lim_{x \to 0} \frac{\log_a(1+x)}{x} &= \lim_{x \to 0} \log_a(1+x)^{1/x} \\ &= \lim_{x \to 0} \frac{\ln(1+x)^{1/x}}{\ln a} \\ &= \frac{1}{\ln a} \end{aligned}$$

▶▶ 지수함수의 미분은?

다음 식은 지수함수의 미분을 계산할 때 가장 기본이 되는 식이다. 반드시 외우자.

$$(e^x)' = e^x$$

$$\begin{aligned} (e^x)' &= \lim_{h \to 0} \frac{e^{x+h} - e^x}{h} \\ &= e^x \lim_{h \to 0} \frac{e^h - 1}{h} = e^x \end{aligned}$$

😺 지수함수 $y = e^x$의 도함수는 자기 자신과 같다. 사실 이렇게 도함수와 원래 함수가 같은 함수는 지수함수가 유일하다. 이러한 성질은 지수함수 $y = e^x$을 특별하게 만든다. 물론 밑이 e가 아닌 지수함수의 도함수도 구할 수 있다.

함수 $y=a^x$의 도함수를 구하라.

풀이

$a^x = e^{(\ln a)x}$이므로 연쇄법칙을 사용하면 $(a^x)' = e^{(\ln a)x} \times \ln a = a^x(\ln a)$이다.

😺 합성함수의 미분법을 응용하면 다음의 유용한 결과를 얻는다.
$$\{e^{f(x)}\}' = e^{f(x)} \times f'(x)$$

1. $\displaystyle\lim_{x \to 0} \frac{e^x - 1}{x} = 1$, $\displaystyle\lim_{x \to 0} \frac{\ln(1+x)}{x} = 1$

2. $(e^x)' = e^x$, $(a^x)' = a^x(\ln a)$

개념 쏙쏙 확인예제

※ 01~02 다음 극한을 계산하라.

01 $\lim_{x \to 0}(1+x+x^2)^{\frac{1}{x}}$

02 $\lim_{x \to 2}\dfrac{e^{x-2}-(x-1)^2}{x-2}$

03 함수 $f(x) = \begin{cases} b\sin\dfrac{\pi}{2}x + x & (x > 1) \\ ae^{-x} + 1 & (x \leq 1) \end{cases}$ 이 $x=1$에서 미분가능할 때 상수 a, b 값을 구하라.

04 다음 극한값을 구하라.

$$\lim_{n \to \infty}\left\{\frac{1}{2}\left(1+\frac{1}{n}\right)\left(1+\frac{1}{n+1}\right)\cdots\left(1+\frac{1}{2n}\right)\right\}^{\frac{n}{2}}$$

풀이

08 역함수 미분법

원함수를 미분할 수 있다면 역함수도 미분할 수 있다!

미분가능하고 역함수가 존재하는 함수 $y=f(x)$ 위의 한 점 (x_0, y_0)를 생각하자. 만약 $f'(x_0) = 0$이면 점 (x_0, y_0)에서 접선의 기울기가 0이므로 x축 방향으로는 변화가 없는데, y축 방향으로는 변화가 아주 크다. 따라서 f의 역함수는 이 점에서 미분불가능할 것임을 추측할 수 있다.

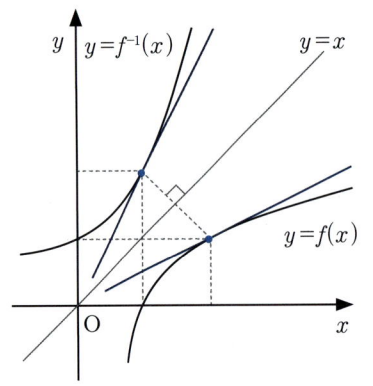

역함수가 미분가능한 경우

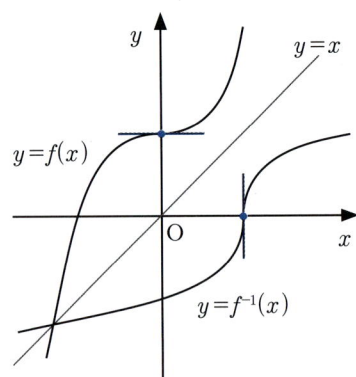

역함수가 미분불가능한 경우

하지만 $f'(x_0) \neq 0$이라면 역함수의 미분가능성을 이야기할 수 있다.

▶▶ **역함수 미분법이란?**

미분가능한 함수 $y=f(x)$ 위의 한 점 (x_0, y_0)를 생각하자. $f'(x_0) \neq 0$이면 역함수 $x=g(y)$도 $y=y_0$에서 미분가능하고 미분계수는 다음과 같다.

$$g'(y_0) = \frac{1}{f'(x_0)} \text{ 또는 } \frac{dx}{dy} = \frac{1}{\frac{dy}{dx}}$$

🐾 실제로 역함수의 미분계수는 역함수 미분법보다 합성함수 미분법으로 구하면 조금 더 편리하다. $y=f(x)$의 역함수를 $x=g(y)$라 하자.

항등식 $(f \circ g)(y) = y$의 양변을 y에 대하여 미분하면

$$f'(g(y))g'(y) = 1 \Leftrightarrow g'(y) = \frac{1}{f'(g(y))}$$

다만 이 식은 역함수 g의 미분가능성을 전제하기 때문에 옳은 증명이 아니다.

🐾 역함수 미분법을 이용하면 로그함수의 미분법을 얻을 수 있다.

$$(\ln x)' = \frac{1}{x}$$

$y = \ln x$의 역함수는 $x = e^y$이다. 즉 $e^{\ln x} = x$이고 이 식의 양변을 x에 대해 미분하면 다음과 같다.

$$e^{\ln x} \times (\ln x)' = 1 \Leftrightarrow (\ln x)' = \frac{1}{e^{\ln x}} = \frac{1}{x}$$

로그함수의 미분법에서 다음을 얻는다.

$$(\log_a x)' = \left(\frac{\ln x}{\ln a}\right)' = \frac{1}{x} \times \frac{1}{\ln a}$$

🐾 로그함수의 미분법을 이용하면 함수 x^a (a는 실수)의 도함수를 구할 수 있다.

$$(x^a)' = ax^{a-1} \text{(단, } a\text{는 실수)}$$

$(x^a)' = (e^{a\ln x})'$
$\quad = e^{a\ln x} \times \frac{a}{x}$
$\quad = x^a \times \frac{a}{x} = ax^{a-1}$

😺 합성함수의 미분법을 응용하면 다음의 유용한 결과를 얻는다.

$$(\ln|f(x)|)' = \frac{f'(x)}{f(x)}$$

why?
$\ln|x| = \begin{cases} \ln x & (x>0) \\ \ln(-x) & (x<0) \end{cases}$ 에서 $(\ln|x|)' = \begin{cases} \dfrac{1}{x} & (x>0) \\ \dfrac{-1}{-x} = \dfrac{1}{x} & (x<0) \end{cases}$ 이므로 $(\ln|x|)' = \dfrac{1}{x}$ 이다.

⇒ $(\ln|f(x)|)' = \dfrac{1}{f(x)} \times f'(x)$

SUMMARY

1. 미분가능한 함수 $y=f(x)$ 위의 한 점 (x_0, y_0)를 생각하자. $f'(x_0) \neq 0$이면 역함수 $x=g(y)$도 $y=y_0$에서 미분가능하고, 그 미분계수는 다음과 같다.

$$g'(y_0) = \frac{1}{f'(x_0)} \text{ 또는 } \frac{dx}{dy} = \frac{1}{\dfrac{dy}{dx}}$$

2. (1) $(\ln x)' = \dfrac{1}{x}$

   (2) $(\log_a x)' = \dfrac{1}{x} \times \dfrac{1}{\ln a}$

개념 쏙쏙 확인예제

※ 01~02 역함수 미분법을 이용하여 다음 함수의 $\dfrac{dy}{dx}$를 구하라(단, $x>0$).

01 $x = y^2 + 2y + 1$

02 $y^5 + y^2 + xy + 1 = 0$

03 로그함수의 미분법을 이용하여 함수 $y = \dfrac{(x-1)^2(x+1)}{(x+3)^3}$의 도함수를 구하라.

04 함수 $f(x) = 2x^2 + 4x + 3 \ (x > -1)$의 역함수를 $g(x)$라 할 때, 다음을 구하라.

$$\lim_{x \to 3} \frac{x^2 g(3) - 9g(x)}{x-3}$$

05 미분가능한 함수 $f(x)$와 그 역함수 $g(x)$가 다음 관계를 만족할 때, $g'\left(\dfrac{1}{2}\right)$ 값을 구하라.

$$g\left(3f(x) - \frac{2}{e^x + e^{2x}}\right) = x$$

풀이

09 음함수 미분법

숨겨진 세상 관찰하기

😺 원의 방정식 $x^2+y^2=1$은 $-1<x<1$인 x 값 하나에 대응되는 y 값이 2개다. 그러므로 $x^2+y^2=1$을 만족하는 y는 x에 대한 함수가 아니다. 만약 y의 범위를 $0<y<1$ 또는 $-1<y<0$과 같이 제한하면, 각각의 범위에서 y는 x에 대한 함수로 볼 수 있다.

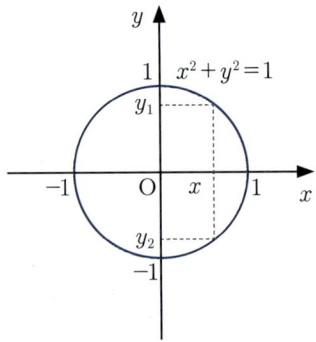

$x^2+y^2=1$은 x에 대한 함수가 아니다.

다시 말해 원의 방정식 $x^2+y^2=1$ 속에는 두 함수 $y=\sqrt{1-x^2}$과 $y=-\sqrt{1-x^2}$이 숨어있다(implicit)고 이해할 수 있다.

▶▶ 음함수의 도함수는?

x에 대한 함수 y가 곡선의 식 $F(x,y)=0$ 꼴로 주어졌을 때, y를 x의 **음함수**(implicit function)라고 한다. 음함수의 도함수 $\dfrac{dy}{dx}$는 y를 x에 대한 함수로 보고 각 항을 x에 대해 미분하여 구한다.

 예

음함수 $x^2 - xy + y^2 = 1$에서 $\dfrac{dy}{dx}$를 구하라(단, $x \neq 2y$).

 풀이

주어진 식의 양변을 x에 대하여 미분하자.

$$2x - \frac{d}{dx}(xy) + 2y\frac{dy}{dx} = 0$$
$$\Leftrightarrow 2x - \left(y + x\frac{dy}{dx}\right) + 2y\frac{dy}{dx} = 0$$
$$\Leftrightarrow \frac{dy}{dx} = \frac{2x-y}{x-2y} \quad \text{(단, } x \neq 2y\text{)}$$

🐾 음함수 표현식 $x^2 + y^2 - 1 = 0$도 원을 나타내지만 다음 함수도 원을 나타낸다.

$$x = \cos t, \ y = \sin t \ \text{(단, } t\text{는 임의의 실수)}$$

🐾 두 변수 x, y의 함수 관계가 변수 t를 매개로 하여 다음 꼴로 주어진다고 하자.

$$x = f(t), \ y = g(t)$$

변수 t를 **매개변수(parameter)**라고 하고 $x=f(t)$, $y=g(t)$를 **매개변수로 나타낸 함수**라고 한다. 매개변수 t로 나타낸 함수 $x=f(t)$, $y=g(t)$가 미분가능하고 $f'(t) \neq 0$일 때 다음이 성립한다.

$$\frac{dy}{dx} = \frac{\dfrac{dy}{dt}}{\dfrac{dx}{dt}} = \frac{g'(t)}{f'(t)}$$

예

$x = t - \dfrac{1}{t}$, $y = t + \dfrac{1}{t}$ 일 때 $\dfrac{dy}{dx}$를 구하라.

풀이

$\dfrac{dx}{dt} = 1 + \dfrac{1}{t^2}$, $\dfrac{dy}{dt} = 1 - \dfrac{1}{t^2}$ $\Rightarrow$ $\dfrac{dy}{dx} = \dfrac{1 - \dfrac{1}{t^2}}{1 + \dfrac{1}{t^2}} = \dfrac{t^2 - 1}{t^2 + 1}$

예

다음 식에서 $\dfrac{dy}{dx}$를 각각 구하고 결과가 서로 같은지 확인하라(단, $r > 0$은 상수).

(a) $x = r\cos t$, $y = r\sin t$

(b) $x^2 + y^2 = r^2$

풀이

(a) $\dfrac{dy}{dx} = \dfrac{dy/dt}{dx/dt} = \dfrac{r\cos t}{-r\sin t} = -\dfrac{x}{y}$

(b) $2x + \dfrac{dy^2}{dy}\dfrac{dy}{dx} = 0$ $\Leftrightarrow$ $\dfrac{dy}{dx} = -\dfrac{2x}{2y} = -\dfrac{x}{y}$

∴ (a), (b)의 $\dfrac{dy}{dx}$는 서로 같다.

음함수 표현 $f(x, y) = 0$에서 y를 x에 대한 함수로 보면 $\dfrac{dy}{dx}$를 구할 수 있다.

개념 쏙쏙 확인예제

01 함수 $y = \sqrt[3]{4x - x^3}$ 을 미분하라(단, $x < -2$).

02 음함수 $xy^2 - 1 = 0$의 도함수를 구하라.

03 다음과 같이 매개변수로 나타낸 함수에서 $\dfrac{dy}{dx}$ 를 구하라.

$$x = \frac{2t}{1+t^2}, \ y = \frac{1-t^2}{1+t^2}$$

04 함수 $y = \dfrac{e^x \cos x}{1 + \sin x}$ 를 미분하라.

풀이

6.2 미분의 활용

세상에 일어나는 일은 모두 어떤 의미에서 최대 혹은 최소다. – 레온하르트 오일러
(Leonhard Euler, 1707–1783)

우리는 일상생활 속에서 한정된 자원을 활용하여 최선의 결과를 얻으려는 시도를 수없이 한다. 예를 들어 학생은 제한된 시간을 최대한 활용하여 가장 높은 시험성적을 얻으려 하고 기업은 제한된 자본과 노동을 바탕으로 최대 이익을 얻으려 한다. 이처럼 한정된 자원을 바탕으로 최선의 결과를 얻는 방법을 체계적으로 다루는 수학 이론이 존재한다. 이를 최적화(optimization)라 한다.

수학 비전공자가 필자에게 수학에 대한 자문을 구하는 경우가 종종 있다. 이 사람에게 필요한 수학이 무엇인지 살펴보면 최적화 이론인 경우가 무척 많았다. 최근 큰 화제인 딥러닝 역시 수학적 최적화와 아주 밀접한 연관이 있다. 최적화 이론을 온전히 이해하기 위해서는 미분이 필요하다. 이번 절에서 우리는 제약조건 아래에서 최댓값이나 최솟값을 구하는 방식으로 간단한 최적화 문제를 풀어볼 것이다.

출처 : http://pixabay.com

 Keyword

증가, 감소, 단조증가, 단조감소, 극대·극소, 아래로 볼록, 위로 볼록, 변곡점, 평균값 정리, 로피탈 정리, 그래프의 개형, 최대·최소, 이계도함수 판정법, 곡률

 # 극대·극소

극대는 부분적인 최대, 극소는 부분적인 최소

함수 $f(x)$가 어떤 구간의 임의의 두 수 x_1, x_2에 대하여 $x_1 < x_2$일 때

$f(x_1) < f(x_2)$가 성립하면 그 구간에서 **(순)증가**한다.	$f(x_1) \leq f(x_2)$가 성립하면 그 구간에서 **단조증가**한다.
$f(x_1) > f(x_2)$가 성립하면 그 구간에서 **(순)감소**한다.	$f(x_1) \geq f(x_2)$가 성립하면 그 구간에서 **단조감소**한다.

함수 $f(x)$가 정의역 전체에서 증가하면 **(순)증가함수**라고 한다. 비슷하게 단조증가함수, 감소함수, 단조감수함수도 정의할 수 있다.

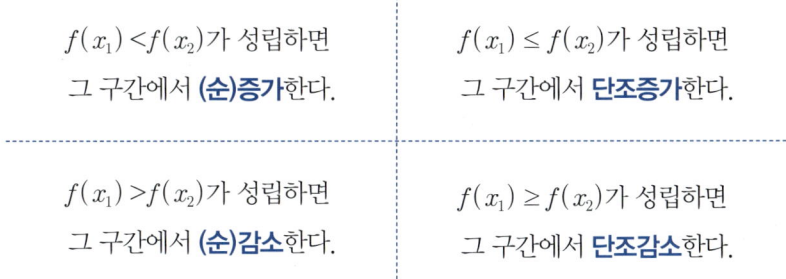

(a) 구간 $(0, \infty)$에서 정의된 함수 $f(x) = x^2$을 생각하자. 정의역에 속한 임의의 두 수 $x_1 < x_2$에 대하여 다음이 성립한다.

$$f(x_1) - f(x_2) = x_1^2 - x_2^2 = (x_1 + x_2)(x_1 - x_2) < 0$$

$f(x_1) < f(x_2)$이다. 따라서 함수 $f(x) = x^2$은 구간 $(0, \infty)$에서 증가한다.

(b) 실수 전체 집합 $\mathbb{R}$에서 정의된 함수 $g(x) = \begin{cases} 0 & (x \leq 0) \\ x & (0 < x < 1) \\ 1 & (x \geq 1) \end{cases}$은 순증가함수는 아니지만 단조증가함수다.

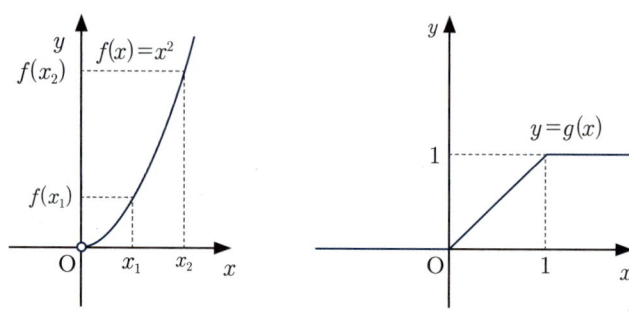

🐾 함수 $y=f(x)$의 정의역에 속한 점 a에 대하여 a를 포함하는 열린구간 I가 존재하여

(1) 모든 $x \in I$에 대해 $f(a) \geq f(x)$이면 $f(x)$는 $x=a$에서 **극대**(local maximum)라고 한다.

  이때, $(a, f(a))$를 f의 **극대점**이라고 하며 $f(a)$를 **극댓값**이라고 한다.

(2) 모든 $x \in I$에 대해 $f(a) \leq f(x)$이면 $f(x)$는 $x=a$에서 **극소**(local minimum)라고 한다.

  이때, $(a, f(a))$를 f의 **극소점**이라고 하며 $f(a)$를 **극솟값**이라고 한다.

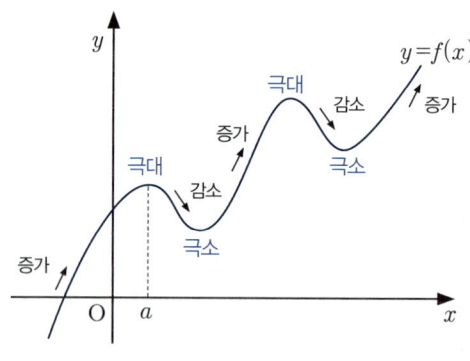

함수의 증가·감소와 극대·극소

극대점과 극소점을 통틀어 극점이라고 하며, 극댓값과 극솟값을 통틀어 **극값**(local extremum)이라고 한다.

극대·극소에서 가장 핵심적인 표현은 LOCAL이다. 직관적으로 다음과 같이 다시 말할 수 있다.

함수 $f(x)$가 $x=a$ 근방에서 최대·최소면 $x=a$에서 극대·극소다.

▶▶ **페르마 정리란?**

함수 $y=f(x)$가 미분가능하고 $x=a$에서 극값을 가지면 $f'(a)=0$이다.

페르마 정리를 다시 말하면 극점에서 접선의 기울기는 0이다.

$y=x^2$은 $x=0$에서 극소다. $(x^2)'=2x$이고 $2x|_{x=0}=0$이다.

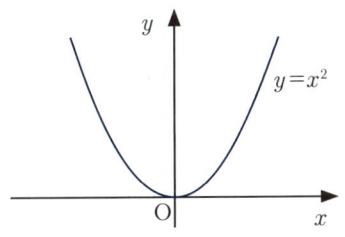

🐾 페르마 정리는 극값을 찾아낼 때 아주 유용하다. 미분적분학을 처음 배우는 학생 중 상당수가 페르마 정리를 잘못 기억하고 엉뚱하게 적용하곤 한다. 다음 예를 통해 페르마 정리를 적용할 때 주의해야 할 부분을 확인해 보자.

(a) $y=x^3$은 순증가함수이고 극값을 가지지 않지만 $(x^3)'=3x^2$, $3x^2|_{x=0}=0$이다. 즉 접선의 기울기가 0이라고 해서 모두 극점은 아니다.

(b) $y=|x|$는 $x=0$에서 미분불가능하지만 그래프를 그려 보면 $x=0$에서 극소임을 쉽게 확인할 수 있다. 즉 미분가능하지 않더라도 극값을 가질 수 있다.

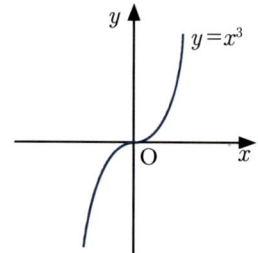
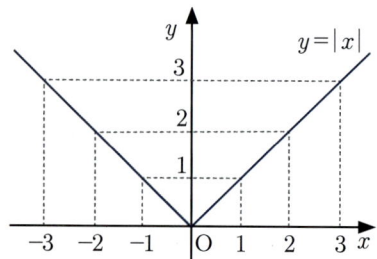

함수 $y=f(x)$의 정의역에 속한 점 a에 대하여 a를 포함하는 열린구간 I가 존재하여

모든 $x \in I$에 대해 $f(a) \geq f(x)$이면 $f(x)$는 $x=a$에서 **극대**

모든 $x \in I$에 대해 $f(a) \leq f(x)$이면 $f(x)$는 $x=a$에서 **극소**

개념 쏙쏙 확인예제

※ 01~04 다음 명제의 참, 거짓을 판정하라.

01 극댓값은 항상 극솟값보다 크다.

02 함수 $f(x)=|x|$는 $x=0$에서 미분불가능하지만 극소다.

03 함수 $g(x)=\begin{cases} x^2 & (x \neq 0) \\ 2 & (x=0) \end{cases}$는 $x=0$에서 불연속이지만 극대다.

04 미분가능한 함수 $h(x)$에 대하여 $h'(a)=0$이면 $x=a$에서 극값을 가진다.

05 함수 $f(x)=\sin x$가 증가하는 구간을 구하라(단, $0 \leq x \leq 2\pi$).

06 구간 $[a, b]$에서 정의된 함수 f의 그래프가 다음과 같다고 하자. 이 구간에서 함수의 극대점과 극소점을 분류하라.

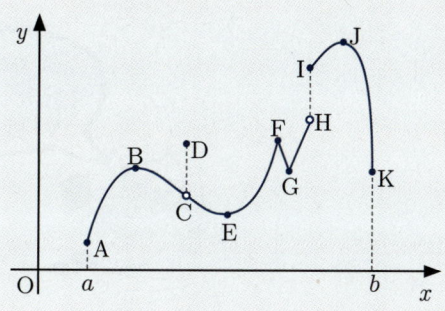

07 함수 $f(x) = x^3 + ax^2 + bx + c$가 다음 두 조건을 만족할 때, $f(x)$의 극댓값을 구하라(단, a, b, c는 상수).

(가) $\lim\limits_{x \to 3} \dfrac{f(x)}{x-3} = 3$

(나) 함수 $f(x)$는 $x=0$에서 극댓값을 가진다.

 ## 오목·볼록

곡선의 모양을 정의하는 방법

🐾 어떤 구간에서 곡선 $y=f(x)$ 위의 임의의 서로 다른 두 점 P, Q를 생각하자.

(1) P, Q 사이에 있는 곡선의 부분이 항상 선분 PQ의 아래쪽에 있을 때
$y=f(x)$는 이 구간에서 **아래로 볼록**(또는 위로 오목)하다고 한다.

(2) P, Q 사이에 있는 곡선의 부분이 항상 선분 PQ의 위쪽에 있을 때
$y=f(x)$는 이 구간에서 **위로 볼록**(또는 아래로 오목)하다고 한다.

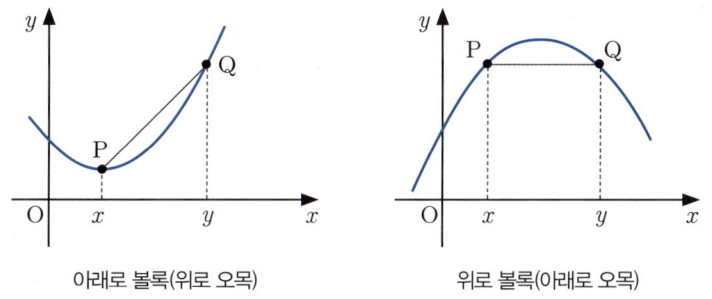

아래로 볼록(위로 오목)   위로 볼록(아래로 오목)

점 $(a, f(a))$의 좌우에서 곡선의 모양이 위로 볼록에서 아래로 볼록으로 바뀌거나, 아래로 볼록에서 위로 볼록으로 바뀔 때 이 점을 **변곡점**(inflection point)이라 한다.

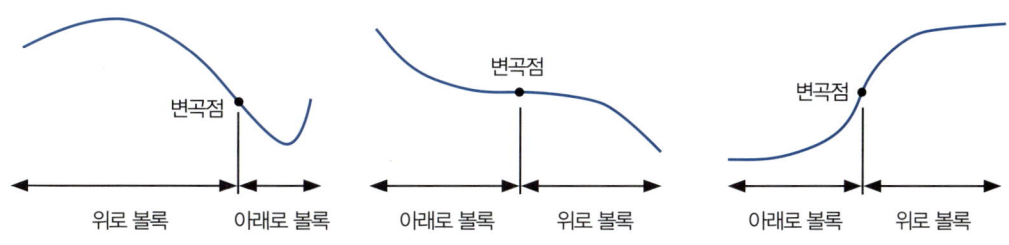

개념 쏙쏙 확인예제

01 구간 $[a, b]$에서 함수 $y = f(x)$가 아래로 볼록이라고 하자.
서로 다른 두 점 $P(a, f(a))$, $Q(b, f(b))$와 실수 t $(0 \leq t \leq 1)$에 대하여 다음 부등식이 성립함을 보여라.

$$f(ta + (1-t)b) \leq tf(a) + (1-t)f(b)$$

힌트 ▶ $ta + (1-t)b$는 수직선 위의 두 점 a와 b를 $(1-t) : t$로 내분하는 점의 좌표다.

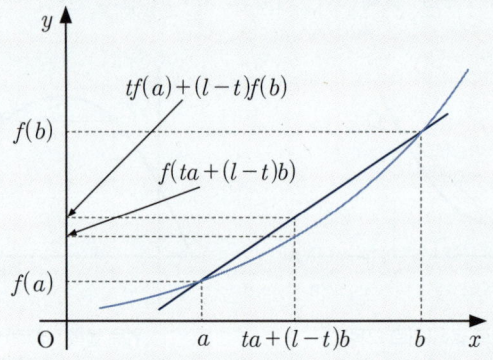

 # 접선의 방정식

곡선을 한 점 근방에서 확대해서 보면 직선과 구분하기 힘들다.

▶▶ 접선의 방정식은?

미분가능한 곡선 $y=f(x)$ 위의 점 $(a, f(a))$에서 접선의 방정식은 다음과 같다.

$$y = f'(a)(x-a) + f(a)$$

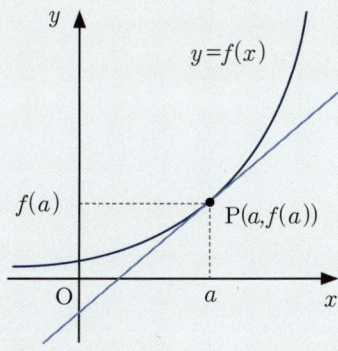

😺 접선의 방정식을 구하는 상황은 다음과 같이 크게 3가지 경우가 있다.

(1) 접점의 좌표 $(a, f(a))$가 주어지는 경우

$$y = f'(a)(x-a) + f(a)$$

(2) 접선의 기울기 m이 주어지는 경우

접점의 좌표를 $(a, f(a))$라 놓고 방정식 $f'(a) = m$을 풀어 a 값을 구한다.

(3) 곡선 밖의 점 (x_0, y_0)가 주어지는 경우

접점의 좌표를 $(a, f(a))$라 놓고 방정식 $\dfrac{y_0 - f(a)}{x_0 - a} = f'(a)$를 풀어 a 값을 구한다.

 예

함수 $f(x) = x^3 + ax^2 + b$의 그래프 위의 점 $(1, 3)$에서 접선의 기울기가 5라 하자. 이때, 두 실수 a, b 값을 각각 구하라.

 풀이

$f(1) = 3 \Leftrightarrow a + b + 1 = 3$이고 $f'(1) = 2a + 3 = 5$이므로 $a = 1$, $b = 1$이다.

SUMMARY

미분가능한 곡선 $y = f(x)$ 위의 점 $(a, f(a))$에서 접선의 방정식은 다음과 같다.

$$y = f'(a)(x - a) + f(a)$$

개념 쏙쏙 확인예제

01 곡선 $y=x^3-x+2$의 접선 중 직선 $y=2x-1$과 평행한 접선은 2개 존재한다. 이 두 접선 사이의 거리를 구하라.

02 점 $(0,-2)$에서 곡선 $y=x^3$에 그은 접선이 점 $(3,k)$를 지난다. 이때 k 값을 구하라.

풀이

04 평균값 정리

MVP(Mean Value Property) is MVP!

🐾 속도위반 카메라 앞에서만 잠시 감속했다가 카메라를 지나치면 다시 속도를 올리는 운전자가 많다. 이러한 꼼수를 막기 위해 고안된 방식이 구간 단속이다. 예를 들어 길이가 100km인 고속도로를 어느 운전자가 30분 만에 통과했다고 하자. 이 운전자는 평균 시속 200km로 이 고속도로를 주행한 것이다. 이 고속도로의 최고 제한 속도가 시속 110km라 할 때, 이 운전자는 속도위반 범칙금을 물게 된다.

만에 하나라도 매순간 시속 110km 이하의 속도로 운전했음에도 불구하고 평균속도가 200km를 넘어서 억울하게 속도위반 범칙금을 무는 일은 없을까? 구간 단속에 담긴 수학적 원리를 생각해 보자.

▶▶ 평균값 정리(mean value theorem)란?

함수 $y=f(x)$가 구간 $[a,b]$에서 연속이고 열린구간 (a,b)에서 미분가능할 때, 다음 관계식을 만족하는 $c \in (a,b)$가 적어도 하나 존재한다.

$$\underbrace{\frac{f(b)-f(a)}{b-a}}_{[a,b]\text{에서 평균변화율}} = \underbrace{f'(c)}_{x=c\text{에서 순간변화율}}$$

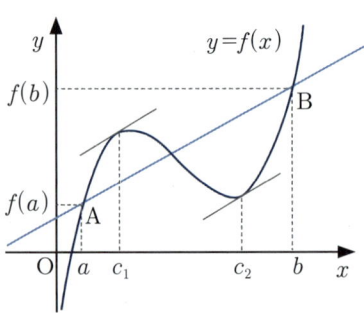

구간 (a,b)에서 생기는 곡선의 접선 중에 직선 AB와 평행한 접선이 적어도 하나 존재한다.

🐾 평균값 정리에 따르면 평균속도가 200km라면 순간속도가 200km인 순간이 적어도 하나 존재한다. 즉 구간 단속은 정당하고 억울한 피해자가 나올 리 없다.

🐾 평균값 정리는 미분가능한 함수의 평균변화율과 같아지는 순간변화율이 반드시 존재함을 뒷받침한다. 하지만 역으로 순간변화율에 대응하는 평균변화율이 반드시 존재하는 것은 아니다.

함수 $y=x^3$은 증가함수다. 임의의 $a<b$에 대하여 $\dfrac{b^3-a^3}{b-a}>0$(구간 $[a,b]$에서 평균변화율은 양수)이지만 $x=0$에서 순간변화율은 $(x^3)'|_{x=0}=3\times 0^2=0$이다.

연속인 조건이 빠지면 평균값 정리를 적용할 수 없다.

함수 $f(x)=[x]$ (단, $[x]$는 x를 넘지 않는 최대 정수)는 구간 $[1,2]$에서 불연속이고 구간 $(1,2)$에서 미분가능하다. 이때 $1<c<2$인 모든 c에 대하여 $f'(c)=0$이고 다음이 성립한다.

$$\frac{f(2)-f(1)}{2-1}=\frac{2-1}{2-1}=1$$

평균값 정리는 성립하지 않는다.

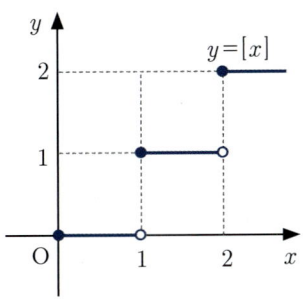

미분가능하다는 조건이 빠지면 평균값 정리를 적용할 수 없다.

함수 $f(x)=|x-2|$는 구간 $[-1, 4]$에서 연속이지만 $-1<c<4$인 c에 대하여 다음 관계식을 만족하는 c는 존재하지 않는다.

$$f'(c) = \frac{f(4)-f(-1)}{4-(-1)} = -\frac{1}{5}$$

평균값 정리는 성립하지 않는다.

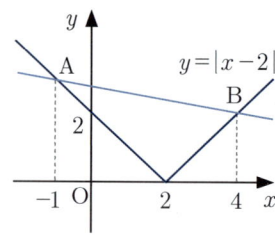

🐾 평균값 정리를 이용하면 함수의 증가·감소를 도함수의 부호를 통해 판단할 수 있다.

함수 $f(x)$가 어떤 열린구간 I에서 미분가능하고 이 구간 I의 모든 x에 대하여

(1) $f'(x)>0$이면 $y=f(x)$는 I에서 증가한다.

(2) $f'(x)<0$이면 $y=f(x)$는 I에서 감소한다.

(3) $f'(x)=0$이면 $y=f(x)$는 I에서 상수함수다.

 (1) 임의의 $a, b \in I \,(a<b)$에 대하여 평균값 정리에 의해 다음을 만족하는 $c\,(a<c<b)$가 적어도 하나 존재한다.

$$f(b)-f(a) = (b-a)f'(c)$$

구간 I의 모든 x에 대하여 $f'(x)>0$이면 다음이 성립한다.

$$f(b)-f(a)=(b-a)f'(c)>0$$

$a<b$이면 $f(a)<f(b)$, 즉 함수 $f(x)$는 구간 I에서 증가한다.

(2), (3) $f'(x)<0$ 또는 $f'(x)=0$인 경우도 비슷하게 보일 수 있다.

다음 함수의 증가와 감소를 조사하라.

(a) $y=x^2-6x$ (b) $y=x\ln x$

풀이

(a) $y'=2x-6$이므로

구간 $(-\infty, 3)$에서 $y'<0$ ⇔ 구간 $(-\infty, 3)$에서 $y=x^2-6x$는 감소하고

구간 $(3, \infty)$에서 $y'>0$ ⇔ 구간 $(3, \infty)$에서 $y=x^2-6x$는 증가한다.

(b) $y'=\ln x+1$이므로

구간 $\left(0, \dfrac{1}{e}\right)$에서 $y'<0$ ⇔ 구간 $\left(0, \dfrac{1}{e}\right)$에서 $y=x\ln x$는 감소하고

구간 $\left(\dfrac{1}{e}, \infty\right)$에서 $y'>0$ ⇔ 구간 $\left(\dfrac{1}{e}, \infty\right)$에서 $y=x\ln x$는 증가한다.

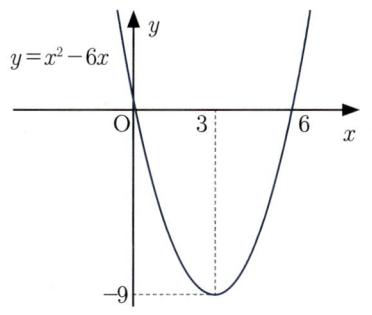
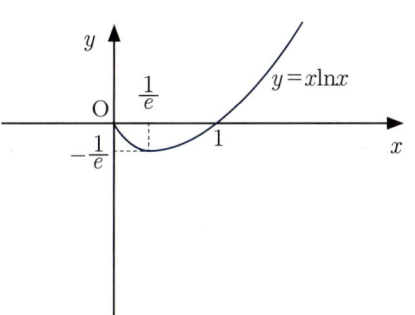

미분가능한 함수 $y=f(x)$에서 $f'(a)=0$일 때

(1) $x=a$의 좌우에서 $f'(x)$의 부호가 양에서 음으로 바뀌면 $f(a)$는 극댓값이다.

(2) $x=a$의 좌우에서 $f'(x)$의 부호가 음에서 양으로 바뀌면 $f(a)$는 극솟값이다.

 다음 그림에서 자명하다.

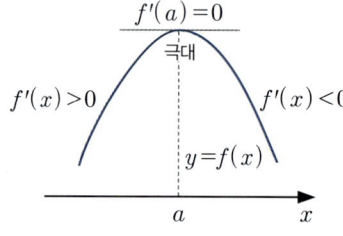 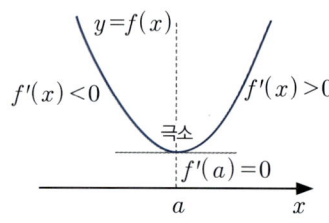

이제 도함수 $f'(x)$에 대한 정보를 이용하여 원함수 $f(x)$의 극대·극소를 판정할 수 있다.

함수 $f(x)=2x^3-3x^2+3$의 극값을 구하라.

풀이

극값을 가질 후보는 $f'(x)=0$이 되는 순간이다. 도함수는 $f'(x)=6x(x-1)$이므로 $x=0$ 또는 $x=1$에서 $f'(x)=0$이다. $x=0$과 $x=1$을 중심으로 함수 $f(x)$의 증가·감소를 표로 나타내면 다음과 같다.

x	⋯	0	⋯	1	⋯
$f'(x)$	+	0	−	0	+
$f(x)$	증가	3 극댓값	감소	2 극솟값	증가

따라서 함수 $f(x)$는 $x=0$에서 극댓값 $f(0)=3$을 갖고, $x=1$에서 극솟값 $f(1)=2$를 가진다.

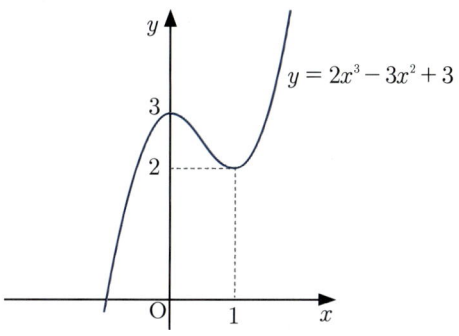

함수 $y=f(x)$가 구간 $[a,b]$에서 연속이고 열린구간 (a,b)에서 미분가능할 때, 다음 관계식을 만족하는 $c \in (a,b)$가 적어도 하나 존재한다.

$$\underbrace{\frac{f(b)-f(a)}{b-a}}_{[a,b]\text{에서 평균변화율}} = \underbrace{f'(c)}_{x=c\text{에서 순간변화율}}$$

개념 쏙쏙 확인예제

01 두 함수 $f(x)$, $g(x)$가 구간 $[a,b]$에서 연속이고 구간 (a,b)에서 미분가능할 때, 구간 (a,b)의 모든 x에 대하여 $f'(x)=g'(x)$이면 $f(x)=g(x)+C$ (C는 상수)임을 증명하라.

02 2차함수 $y=f(x)$ 위 서로 다른 두 점 $(a,f(a))$, $(b,f(b))$에 대하여 다음이 성립함을 보여라.

$$\frac{f(b)-f(a)}{b-a}=f'\left(\frac{a+b}{2}\right)$$

03 3차함수 $f(x)=ax^3+bx^2+cx+d$ 의 극값이 존재할 조건은 $b^2-3ac>0$임을 보여라.

04 평균값 정리를 사용하여 다음을 증명하라.

$$0<x<\frac{\pi}{2}\text{일 때 }\sin x<x\text{이다.}$$

05 로피탈 정리

미분이 극한에 부리는 마술

▶▶ 로피탈 정리(l'Hospital's rule)

미분가능한 함수 $f(x)$, $g(x)$에 대하여 $\lim\limits_{x \to a}\dfrac{f'(x)}{g'(x)} = L$ (단, L은 실수이거나 $\pm\infty$)이고 두 조건 (i), (ii) 중 하나를 만족한다고 가정하자(단, a는 실수이거나 $\pm\infty$).

(i) $\lim\limits_{x \to a}\dfrac{f(x)}{g(x)}$가 $\dfrac{0}{0}$ 꼴

(ii) $\lim\limits_{x \to a}\dfrac{f(x)}{g(x)}$가 $\dfrac{\pm\infty}{\pm\infty}$ 꼴

이때 다음이 성립한다.

$$\lim_{x \to a}\dfrac{f(x)}{g(x)} = L$$

😺 함수의 개형을 그리기 위해서는 극한값을 계산해야 할 때가 있는데, 이때 로피탈 정리가 큰 도움이 된다.

함수 $y = x\ln x$의 개형을 그려 보라.

풀이

6.2절 평균값 정리 본문에서 확인했듯이 $y = x\ln x$는 구간 $\left(0, \dfrac{1}{e}\right)$에서 감소하고 구간 $\left(\dfrac{1}{e}, \infty\right)$에서 증가한다.

또한 로피탈 정리로부터 다음이 성립한다.

$$\lim_{x \to 0+} x \ln x = \lim_{x \to 0+} \frac{(\ln x)'}{(1/x)'}$$
$$= \lim_{x \to 0+} \frac{1/x}{-1/x^2} = \lim_{x \to 0+} (-x) = 0$$

그래프 개형은 다음과 같다.

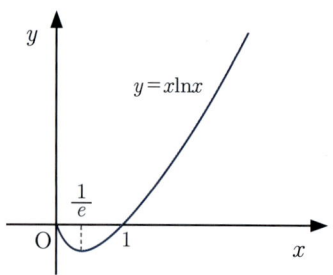

미분가능한 함수 $f(x)$, $g(x)$에 대하여 $\lim_{x \to a} \dfrac{f(x)}{g(x)}$가 $\dfrac{0}{0}$ 꼴 또는 $\dfrac{\infty}{\infty}$ 꼴 극한이고 $\lim_{x \to a} \dfrac{f'(x)}{g'(x)} = L$ 일 때 $\lim_{x \to a} \dfrac{f(x)}{g(x)} = L$ 이다.

개념 쏙쏙 확인예제

※ 01~03 로피탈 정리를 이용하여 다음의 극한값을 계산하라.

01 $\lim\limits_{x \to 0} \dfrac{x - \sin x}{x^3}$

02 $\lim\limits_{x \to \infty} \dfrac{\ln x}{x}$

03 $\lim\limits_{x \to -\infty} xe^x$

04 다항함수 $p(x) = a_n x^n + a_{n-1} x^{n-1} + \cdots + a_1 x + a_0$ 에 대하여 다음을 증명하라.

$$\lim_{x \to \infty} p(x) e^{-x} = 0$$

풀이

3차함수

2차함수의 그래프를 그릴 수 있다면, 3차함수의 그래프도 그릴 수 있다.

6.2절 평균값 정리에서 우리는 다음을 관찰했다.

함수 $f(x)$가 어떤 열린구간 I에서 미분가능하고 이 구간 I의 모든 x에 대하여

도함수 $f'(x)$　　**원함수 $f(x)$**

(1) $f'(x) > 0$이면 $y = f(x)$는 I에서 증가한다.

(2) $f'(x) < 0$이면 $y = f(x)$는 I에서 감소한다.

(3) $f'(x) = 0$이면 $y = f(x)$는 I에서 상수함수다.

따라서 n차 다항함수 $f(x)$의 그래프를 그리는 일은 $n-1$차 다항함수 $f'(x)$의 그래프를 그리는 일로 귀결된다. 예컨대 3차함수 $f(x)$의 그래프는 2차함수 $f'(x)$의 그래프를 관찰하면 알 수 있고, 우리는 2차함수의 그래프는 그릴 줄 안다.

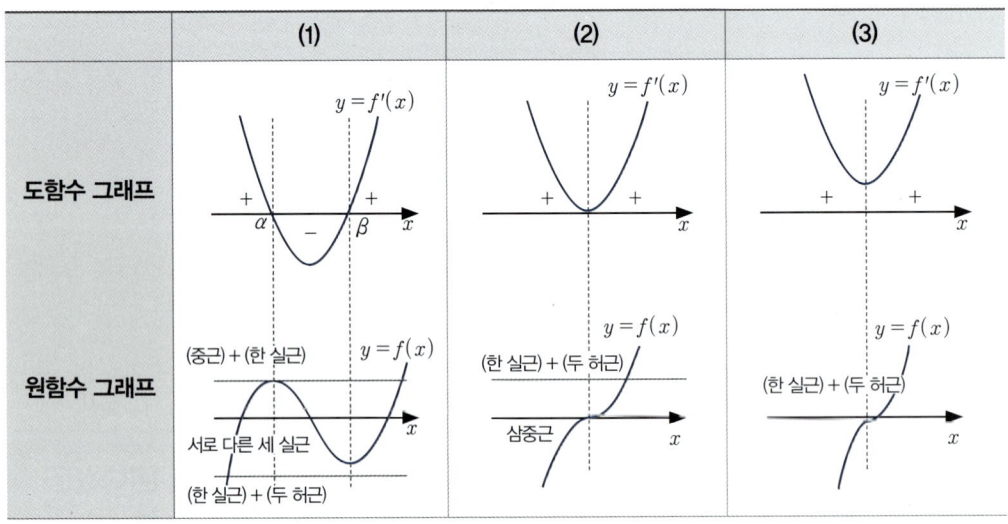

 예

실수 전체 집합 $\mathbb{R}$에서 $\mathbb{R}$로의 함수 $f(x) = \dfrac{2}{3}x^3 - ax^2 + (a+4)x + 1$이 역함수가 존재하기 위한 실수 a 값의 범위를 구하라.

 풀이

3차함수 $y = f(x)$의 역함수가 존재하려면 그래프의 개형이 앞의 표에서 (2) 또는 (3)과 같아야 한다. 2차함수 $f'(x)$에 대하여 이차방정식 $f'(x) = 0$이 중근 또는 허근을 가져야 하므로 $f'(x) = 2x^2 - 2ax + (a+4) = 0$에서 다음이 성립한다.

$$D/4 = a^2 - 2(a+4) \leq 0$$
$$\Leftrightarrow (a-4)(a+2) \leq 0$$
$$\Leftrightarrow -2 \leq a \leq 4$$

😼 같은 방식으로 4차함수 혹은 차수가 5 이상인 다항함수의 그래프도 도함수의 그래프를 이용하여 그릴 수 있다.

 예

다항함수 $y = f(x)$에 대하여 도함수 $y = f'(x)$ 그래프의 개형이 다음 그림과 같다.

함수 $y = f(x)$의 그래프 개형을 그려라.

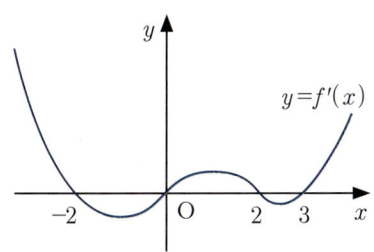

주어진 도함수 $y=f'(x)$의 그래프 개형으로부터 다음을 알 수 있다.

함수 $y=f(x)$는 구간 $(-\infty, -2)$에서   증가

구간 $(-2, 0)$에서   감소

구간 $(0, 2)$에서   증가

구간 $(2, 3)$에서   감소

구간 $(3, \infty)$에서   증가

따라서 함수 $y=f(x)$의 그래프 개형은 다음과 같다.

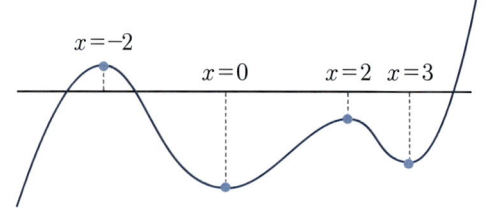

2차함수의 그래프를 바탕으로 3차함수의 그래프를 그릴 수 있다.

(1) 도함수의 부호가 (+)이면 원함수는 증가한다.

(2) 도함수의 부호가 (−)이면 원함수는 감소한다.

개념 쏙쏙 확인예제

01 함수 $f(x) = 2x^3 + ax^2 + ax + 2$가 극값을 갖도록 하는 실수 a 값의 범위는 $a < \alpha$ 또는 $a > \beta$이다. 이때 $\alpha^2 + \beta^2$ 값을 구하라.

02 함수 $f(x) = \dfrac{1}{3}x^3 + kx^2 + 3kx + 5$가 $-1 < x < 1$에서 극댓값과 극솟값을 모두 갖도록 하는 실수 k 값의 범위를 구하라.

풀이

07 최대·최소
전교 1등은 각 반 1등 중 1등

● 2차함수의 닫힌구간에서 최댓값과 최솟값은 꼭짓점(극점)과 구간의 양 끝점에서 함숫값을 비교하여 구할 수 있다.

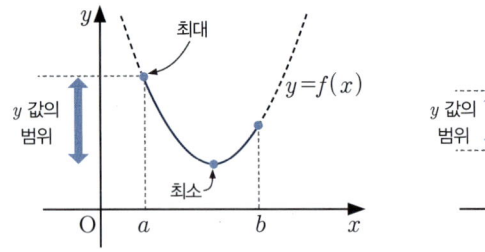

마찬가지로 구간 $[a,b]$에서 연속함수 $f(x)$가 최댓값·최솟값을 가질 후보는 다음과 같다.

(1) 구간의 양 끝점에서 함숫값 : $f(a), f(b)$

(2) 구간 내의 극댓값 또는 극솟값

● 지금까지의 내용을 정리하면 미분가능한 함수 $f(x)$에 대해 다음이 성립함을 알고 있다.

$$\boxed{\,x=a\text{에서 최대·최소}\,} \Rightarrow \boxed{\,x=a\text{에서 극대·극소}\,} \Rightarrow \boxed{\,f'(a)=0\,}$$

따라서 미분가능한 함수는 도함수 $f'(x)$를 통해 극값을 가질 후보를 추릴 수 있다.

😺 함수의 최대·최소를 구하는 문제는 부등식 증명과도 관련이 있다.

미분가능한 두 함수 $f(x)$, $g(x)$에 대하여

구간 I에서 부등식 $f(x) > g(x)$가 성립한다.
$\Leftrightarrow$ 구간 I에서 부등식 $f(x) - g(x) > 0$이 성립한다.
$\Leftrightarrow$ 구간 I에서 함수 $f(x) - g(x)$의 최솟값이 0보다 크다.

미분가능한 함수의 닫힌구간에서 최대·최소는 구간 내 극값과 양 끝값을 비교하여 구할 수 있다.

개념 쏙쏙 확인예제

01 그림과 같이 함수 $y=4\sin x$ $(0<x<\pi)$의 그래프에 내접하는 직사각형 ABCD의 둘레 길이가 최대일 때, 선분 AB의 길이를 구하라.

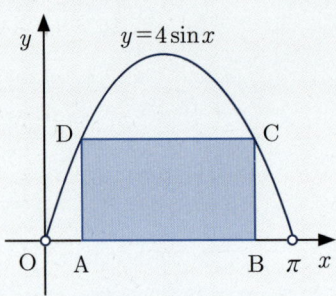

02 $x>0$일 때 부등식 $e^x \geq e\ln x + e$가 성립함을 증명하라.

풀이

 이계도함수 극대·극소 판정법

> 땅을 팠는데 보물이 나오지 않았다면 더 깊게 파라. 보물이 나올 것이다.

🐾 미분가능한 함수 $f(x)$에 대하여 도함수 $f'(x)$를 생각할 수 있다. 도함수 $f'(x)$도 여전히 미분가능한 함수라면 함수 $f'(x)$의 도함수를 생각할 수 있다. 이를 $f''(x)$로 나타내며 함수 $f(x)$의 **이계도함수(2nd-order derivative)**라고 한다. 예를 들어 함수 $f(x)=x^3$을 생각하자.

$$x^3 \;\to\; (x^3)' = 3x^2 \;\to\; (3x^2)' = 6x$$

그러므로 함수 $f(x)=x^3$의 이계도함수는 $f''(x)=6x$이다.

🐾 도함수 부호가 원함수의 증감을 결정하듯이 이계도함수 부호는 원함수의 오목·볼록을 결정한다.

함수 $y=f(x)$가 어떤 열린구간 $I=(a,b)$에서 두 번 미분가능하고 이 구간의 모든 x에 대하여

(1) $f''(x)>0$이면 $y=f(x)$는 I에서 아래로 볼록하다.

(2) $f''(x)<0$이면 $y=f(x)$는 I에서 위로 볼록하다.

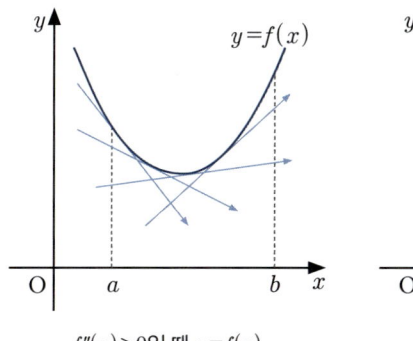

$f''(x)>0$일 때 $y=f(x)$

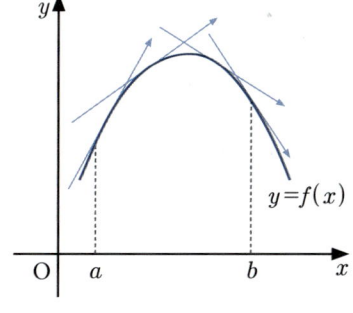

$f''(x)<0$일 때 $y=f(x)$

$f''(x) > 0$이다.

$\Leftrightarrow f'(x)$가 증가한다.

$\Leftrightarrow$ 원함수 $y = f(x)$의 그래프에서 접선의 기울기가 증가한다.

$\Leftrightarrow$ 원함수의 그래프가 $\cup$ 모양이다(369쪽 왼쪽 그림 참고).

$f''(x) < 0$인 경우도 비슷한 방식으로 $y = f(x)$의 그래프가 369쪽 오른쪽 그림과 같음을 확인할 수 있다.

예

(a) $f(x) = x^2$에 대하여 $f''(x) = 2 > 0$이다. 즉 $y = f(x)$는 실수 전체에서 아래로 볼록하다.

(b) $g(x) = -x^2$에 대하여 $g''(x) = -2 < 0$이다. 즉 $y = g(x)$는 실수 전체에서 위로 볼록하다.

▶▶ 이계도함수 판정법이란?

도함수의 부호 변화를 판단하기 힘든 경우 이계도함수를 통해 극대·극소를 판정할 수 있다.

$x = a$를 포함하는 열린구간 I에서 이계도함수를 갖는 $f(x)$에 대해 $f'(a) = 0$일 때

(1) 모든 $x \in I$에 대하여 $f''(x) < 0$이면 $f(a)$는 극댓값이다.

(2) 모든 $x \in I$에 대하여 $f''(x) > 0$이면 $f(a)$는 극솟값이다.

why?

(1) $f''(x) < 0$이면 $y = f(x)$는 위로 볼록($\cap$)하다. 즉 $f'(a) = 0$인 a에서 극댓값을 가진다.

(2) $f''(x) > 0$이면 $y = f(x)$는 아래로 볼록($\cup$)하다. 즉 $f'(a) = 0$인 a에서 극솟값을 가진다.

 예

함수 $f(x)=x+2\cos x$가 구간 $\left[0, \dfrac{\pi}{2}\right]$에서 극댓값을 가짐을 보여라.

풀이

$x=\dfrac{\pi}{6}$에서 $f'(x)=1-2\sin x=0$이다. 이때 $f''(x)=-2\cos x$이므로 다음이 성립한다.
$$f''\left(\dfrac{\pi}{6}\right)=-\sqrt{3}<0$$

따라서 함수 $f(x)$는 $x=\dfrac{\pi}{6}$에서 극댓값을 가진다.

SUMMARY

1. (1) 이계도함수 부호가 (+)이면 원함수는 아래로 볼록하다.
   (2) 이계도함수 부호가 (−)이면 원함수는 위로 볼록하다.

2. 이계도함수를 갖는 $f(x)$에 대해 $f'(a)=0$일 때
   (1) $f''(a)<0$이면 $f(a)$는 극댓값이다.
   (2) $f''(a)<0$이면 $f(a)$는 극솟값이다.

개념 쏙쏙 확인예제

※ 01~02 이계도함수를 이용하여 다음 함수의 극값을 조사하라.

01 $f(x) = \dfrac{1}{3}x^3 - \dfrac{1}{2}x^2 - 2x + 1$

02 $f(x) = x^2 e^x$

※ 03~04 이계도함수를 이용하여 다음 함수의 오목·볼록을 조사하라.

03 $f(x) = x^3 - 3x^2 + x - 1$

04 $f(x) = x \ln x$

05 함수 $f(x) = e^{-2x^2}$에 대하여 곡선 $y = f(x)$가 위로 볼록한 구간에 속하는 정수 x의 개수를 구하라.

06 $a < x < b$에서 곡선 $y = e^{-x^2}$ 위의 서로 다른 두 점 A, B에 대하여 선분 AB가 A, B 사이에 있는 곡선보다 항상 아래쪽에 있을 때, a의 최솟값과 b의 최댓값의 합을 구하라.

09 곡률

곡선이 휘어진 정도를 수치화하는 방법

🐾 다음 세 곡선은 모두 원점에서 미분계수가 0으로 같다. 다시 말해 미분계수만으로는 세 곡선이 어떻게 다른지 말할 수 없다. 곡선의 휘어짐을 측정하기 위해서는 미분계수 이외에 다른 무엇인가가 필요하다.

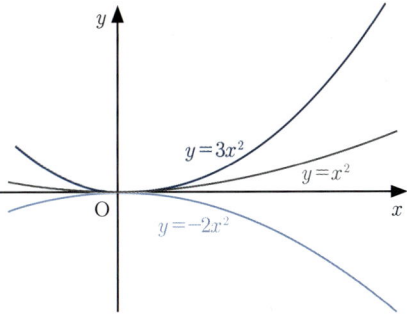

원점에서 미분계수가 0이지만 서로 다른 세 곡선

🐾 서로 다른 두 점을 지나는 직선이 단 하나뿐이듯이 (한 직선 위에 있지 않은) 세 점을 지나는 원 역시 단 하나뿐이다.

이제 곡선 $y=f(x)$ 위의 세 점 P, P_1, P_2를 지나는 원을 생각하자. 이때 두 점 P_1, P_2가 P에 한없이 가까워진다면 이 원 또한 어떤 원에 한없이 가까워질 것이다. 극한으로 얻어진 이 원을 점 P에서의 **접촉원(osculating circle)**이라 한다.

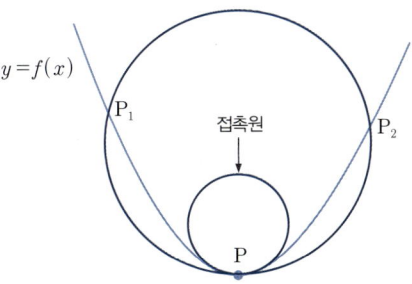

점 P 근방에서 곡선 $y=f(x)$의 접선을 생각하듯이 접촉원을 생각한다.

▶▶ 곡률이란?

곡선 C 위의 점 P에서 접촉원의 반지름 r을 점 P에서의 **곡률 반지름**이라고 한다. 곡률 반지름의 역수를 점 P에서의 **곡률(curvature)**이라 하며, $\varkappa$(카파라 읽는다)로 나타낸다. 곡률은 곡선이 굽은 정도를 나타낸다.

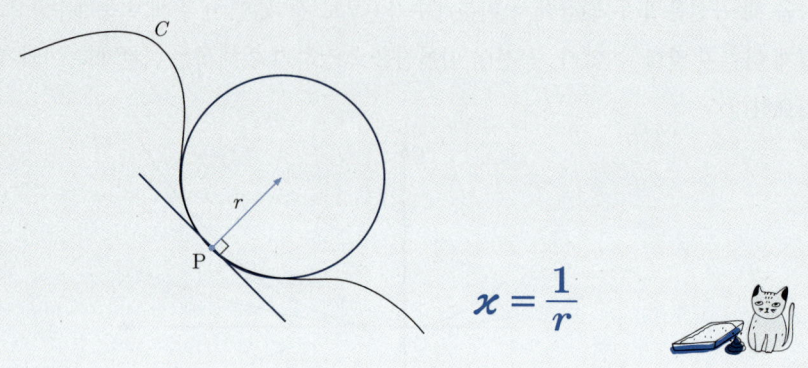

$$\varkappa = \frac{1}{r}$$

Q 곡률 반지름의 '역수'를 곡률로 정의한 이유는 무엇일까?

A 많이 휘어진 곡선에는 큰 값을, 적게 휘어진 곡선에는 작은 값을 주기 위해서다.

 예

(a) 원 $x^2+y^2=r^2$ 위 임의의 점에서 접촉원은 원 $x^2+y^2=r^2$ 자기 자신이다. 따라서 원 $x^2+y^2=r^2$의 곡률은 $\frac{1}{r}$이다. 반지름의 길이가 클수록(⇔ 덜 휘어진 곡선일수록) 곡률이 작다.

(b) 직선 위 임의의 점에 대하여 곡률 반지름은 $r=\infty$라 정의한다. 즉 직선의 곡률은 0이다.

곡선 $y=ax^2$ 위의 점 $(0,0)$에서 곡률을 구하라.

$y=ax^2$은 y축 대칭이므로 점 $(0,0)$에서의 접촉원 또한 y축 대칭이다. 접촉원의 방정식을 $x^2+(y-r)^2=r^2$이라 놓을 수 있다. $x^2=\dfrac{y}{a}$를 이 방정식에 대입하면 다음이 성립한다.

$$\dfrac{y}{a}+(y-r)^2=r^2 \Leftrightarrow y^2-\left(2r-\dfrac{1}{a}\right)y=0 \cdots ①$$

두 곡선이 점 $(0,0)$에서 접하므로 방정식 ①은 중근을 가져야 한다. 즉 $r=\dfrac{1}{2a}$이다. 따라서 점 $(0,0)$에서 곡률 $\varkappa$는 $\varkappa=\dfrac{1}{|r|}=|2a|$이다.

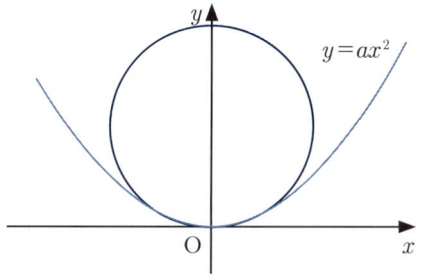

🐾 $y=f(x)$로 표현한 곡선에 대하여 점 (a,b)에서 곡률 $\varkappa$는 다음과 같이 계산할 수 있다.

$$\varkappa=\dfrac{|y''|}{\{\sqrt{1+(y')^2}\}^3}\bigg|_{\substack{x=a\\y=b}}$$

곡선 $y=ax^2$ 위의 점 (t,at^2)에서 곡률은 $\varkappa=\dfrac{|2a|}{\{\sqrt{1+(2at)^2}\}^3}$이다. 특히 원점에서 곡률은 $|2a|$와 같다. 앞의 [예]에서 계산한 값과 비교해 보자.

🐾 매개변수로 나타낸 곡선 $y=f(t)$, $y=g(t)$의 곡률 χ는 다음과 같이 계산할 수 있다.

$$\chi = \frac{|\dot{x}\ddot{y}-\ddot{x}\dot{y}|}{\{(\dot{x})^2+(\dot{y})^2\}^{3/2}} \text{ (단, } \dot{x}=\frac{dx}{dt},\ \ddot{x}=\frac{d^2x}{dt^2},\ \dot{y}=\frac{dy}{dt},\ \ddot{y}=\frac{d^2y}{dt^2}\text{)}$$

매개변수로 나타낸 곡선 $x=a\cos t$, $y=b\sin t$ ($0 \le t \le 2\pi$)의 곡률을 구하라.

$\dot{x}=-a\sin t$, $\dot{y}=b\cos t$, $\ddot{x}=-a\cos t$, $\ddot{y}=-b\sin t$이므로 다음이 성립한다.

$$\chi = \frac{|ab\sin^2 t + ab\cos^2 t|}{(a^2\sin^2 t + b^2\cos^2 t)^{3/2}} = \frac{|ab|}{(a^2\sin^2 t + b^2\cos^2 t)^{3/2}}$$

이는 곧 타원 $\left(\frac{x}{a}\right)^2+\left(\frac{y}{b}\right)^2=1$의 곡률이다. 특히 $a=b=r$일 때 다음이 성립한다.

$$\chi = \frac{|r^2|}{(r^2\sin^2 t + r^2\cos^2 t)^{3/2}} = \frac{1}{|r|}$$

그러므로 반지름의 길이가 $|r|$인 원의 곡률은 항상 $\frac{1}{|r|}$임을 다시 한 번 확인할 수 있다.

1. 곡선 $y=f(x)$ 위의 세 점 P, P$_1$, P$_2$를 지나는 원을 생각하자. 이때 점 P$_1$, P$_2$가 P에 한없이 가까워진다면 이 원 또한 어떤 원에 한없이 가까워질 것이다. 극한으로 얻어진 원을 점 P에서의 **접촉원**이라 한다. 접촉원의 반지름 r의 역수를 **곡률**이라 하며, χ로 나타낸다.

2. $y=f(x)$로 표현한 곡선의 점 (a,b)에서 곡률 χ는 $\chi = \left.\frac{|y''|}{\{\sqrt{1+(y')^2}\}^3}\right|_{\substack{x=a \\ y=b}}$이다.

3. 매개변수로 나타낸 곡선 $(x,y)=(f(t),g(t))$의 곡률 χ는 $\chi = \frac{|\dot{x}\ddot{y}-\ddot{x}\dot{y}|}{\{(\dot{x})^2+(\dot{y})^2\}^{3/2}}$이다.

(단, $\dot{x}=\frac{dx}{dt}$, $\ddot{x}=\frac{d^2x}{dt^2}$, $\dot{y}=\frac{dy}{dt}$, $\ddot{y}=\frac{d^2y}{dt^2}$)

개념 쏙쏙 확인예제

01 그림과 같이 좌표평면에서 곡선 $y=\cos 2x$가 두 직선 $x=t$, $x=-t$ $\left(0<t<\dfrac{\pi}{4}\right)$와 만나는 점을 각각 P, Q라 하고, 곡선 $y=\cos 2x$가 y축과 만나는 점을 R이라 하자.
세 점 P, Q, R을 지나는 원의 중심을 $C(0, r(t))$라 할 때, $\displaystyle\lim_{t\to 0+} r(t)$를 구하라.

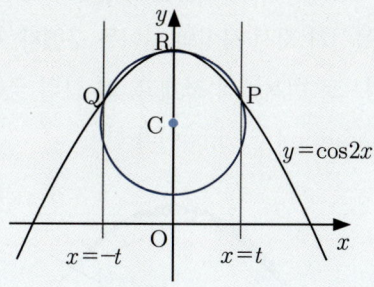

02 다음과 같이 매개변수로 나타낸 곡선의 곡률은 $\kappa = \dfrac{\sqrt{2}}{4\sqrt{y}}$임을 보여라.

$$x = t - \sin t,\ y = 1 - \cos t = 2\sin^2 \dfrac{t}{2}\ (0 \le t \le 2\pi)$$

6.3 부정적분과 정적분

유레카! (Eureka, 찾았다!) – 아르키메데스(Archimedes, BC 287?-BC 212?)

아르키메데스(Archimedes, BC 287?-BC 212?)는 포물선에 삼각형을 빼곡하게 내접시키고, 그 삼각형 넓이의 합을 구하여 포물선과 직선 사이의 넓이를 구했다. 이와 같이 어떤 도형을 이미 넓이·부피를 알고 있는 기본도형으로 반복해서 쪼개고, 그 합의 극한으로 도형의 넓이·부피를 구하는 방법을 구분구적법(mensuration by parts)이라 한다.

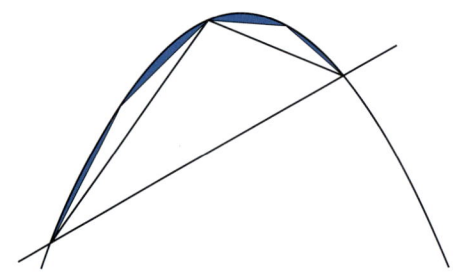

아르키메데스는 구분구적법으로 구의 부피를 구했는데, 이를 자신이 이룬 최고의 성취로 생각했다고 한다. 아쉽게도 아르키메데스의 구분구적법은 임의의 도형에 적용하기에 쉽지 않았다. 넓이의 무한합을 계산하기가 무척 어렵기 때문이다.

아르키메데스로부터 2000년쯤 지난 뒤 뉴턴과 라이프니츠는 이 끔찍하게 복잡한 계산을 아주 간단하게 하는 방법을 찾아냈다. 우리가 이번 절에서 공부할 내용이 바로 이 방법이다. 지금까지 모아온 모든 퍼즐 조각이 하나로 맞추어지는 숨막히게 아름다운 순간이 코앞에 와 있다.

 **Keyword**

역도함수, 부정적분, 미분적분학의 기본정리, 정적분, 치환적분법, 부분적분법

역도함수

미분의 회상

세상의 많은 일은 가역적이다. 물이 수증기가 될 수 있듯이 수증기가 물이 될 수도 있다. 지금까지는 원함수 $f(x)$가 주어질 때 미분하여 도함수 $f'(x)$를 구하는 연습을 해왔지만 이번에는 도함수 $f'(x)$가 주어질 때 원함수 $f(x)$를 구하는 역방향도 생각해볼 수 있다. 함수 $f(x)$에 대하여

$$F'(x) = f(x)$$

일 때, 우리는 함수 $F(x)$를 $f(x)$의 **역도함수(anti-derivative)** 또는 **부정적분(indefinite integral)**이라고 하고 기호로 $\int f(x)dx$로 나타낸다. 이때 함수 $f(x)$를 **피적분함수**라고 하며, 그 역도함수를 구하는 것을 '$f(x)$를 **적분한다**.'고 한다.

$$F(x) \underset{\int f(x)dx}{\overset{\frac{d}{dx}F(x)}{\rightleftarrows}} f(x)$$

미분한다.
적분한다.

예

미분해서 x가 되는 함수는 무엇이 있을까?

가장 쉽게 생각할 수 있는 함수는 $\dfrac{x^2}{2}$이다. $\left(\because \left(\dfrac{x^2}{2}\right)' = \dfrac{2x}{2} = x\right)$

하지만 $\dfrac{x^2}{2}+1$, $\dfrac{x^2}{2}+2$, $\cdots$ 등도 미분하면 x가 된다. 즉 $\int x\,dx = \dfrac{x^2}{2} + C$ (단, C는 상수)이다.

이를 일반화하면 다항함수 $f(x) = x^n$ (단, n은 자연수)의 역도함수는 $\dfrac{x^{n+1}}{n+1} + C$이다.

🐾 방금 확인했듯이 도함수는 유일하지만 역도함수는 유일하지 않다. 다시 말해 $F'(x)=f(x)$일 때, $f(x)$의 역도함수는 $F(x)$뿐만 아니라 $F(x)+C$ 꼴도 있다.

(이때 C를 적분상수라고 한다.)

🐾 부정적분과 관련된 등식을 다룰 때는 주의가 필요하다. 일반적으로 x^2과 x^2+1은 다른 함수지만 $2x$의 역도함수라는 관점에서는 두 함수 모두 같은 함수다. 따라서 다음과 같은 등식은 '양변을 미분하면 같음'을 의미한다고 이해한다.

$$\int 2x dx = x^2 + C$$

🐾 다음 등식은 미분과 적분 사이의 관계를 설명한다.

$$\frac{d}{dx}\left(\int f(x)dx\right) = f(x), \quad \int \frac{d}{dx}f(x)dx = f(x) + C$$

쉽게 말해 미분과 적분은 서로 역연산이므로 만나면 지워지는데, 마지막 연산이 적분이면 적분상수가 붙는다.

🐾 곱셈공식을 거꾸로 읽으면 인수분해 공식이듯이, 미분법 공식을 거꾸로 읽으면 적분법 공식이다.

(1) $\int kf(x)dx = k\int f(x)dx$ (단, k는 실수), $\int \{f(x) \pm g(x)\}dx = \int f(x)dx \pm \int g(x)dx$

(2) $\int x^r dx = \dfrac{x^{r+1}}{r+1} + C$ (단, r은 -1이 아닌 실수), $\int x^{-1}dx = \ln|x| + C$

(3) $\int \cos x dx = \sin x + C$, $\int \sin x dx = -\cos x + C$

(4) $\int \sec^2 x dx = \tan x + C$, $\int \csc^2 x dx = -\cot x + C$

(5) $\int \sec x \tan x dx = \sec x + C$, $\int \csc x \cot x dx = -\csc x + C$

(6) $\int e^x dx = e^x + C$, $\int a^x dx = \dfrac{a^x}{\ln a} + C$

양변을 미분해서 좌변과 우변이 같음을 확인하면 충분하다. 예를 들어

(4) $\int \sec^2 x\, dx = \tan x + C \Leftrightarrow \sec^2 x = (\tan x + C)'$

(6) $\int a^x dx = \dfrac{a^x}{\ln a} + C \Leftrightarrow a^x = \left(\dfrac{a^x}{\ln a} + C\right)' = \dfrac{a^x \ln a}{\ln a}$

1. 함수 $f(x)$에 대해 $F'(x) = f(x)$를 만족하는 함수 $F(x)$를 $f(x)$의 **역도함수** 또는 **부정적분**이라 하고, $\int f(x)dx$라 표기한다. 함수 $f(x)$가 주어질 때 역도함수 $\int f(x)dx$를 구하는 것을 가리켜 $f(x)$를 **적분**한다고 한다. 즉, 적분은 미분의 역연산이다.

2. $F'(x) = f(x)$일 때, $f(x)$의 역도함수는 $F(x) + C$ 꼴이다.

3. $\dfrac{d}{dx}\left(\int f(x)dx\right) = f(x)$, $\int \dfrac{d}{dx}f(x)dx = f(x) + C$

4. k는 실수이고, r은 -1이 아닌 실수일 때

   (1) $\int kf(x)dx = k\int f(x)dx$, $\int \{f(x) \pm g(x)\}dx = \int f(x)dx \pm \int g(x)dx$

   (2) $\int x^r dx = \dfrac{x^{r+1}}{r+1} + C$, $\int x^{-1} dx = \ln|x| + C$

   (3) $\int \cos x\, dx = \sin x + C$, $\int \sin x\, dx = -\cos x + C$

   (4) $\int \sec^2 x\, dx = \tan x + C$, $\int \csc^2 x\, dx = -\cot x + C$

   (5) $\int \sec x \tan x\, dx = \sec x + C$, $\int \csc x \cot x\, dx = -\csc x + C$

   (6) $\int e^x dx = e^x + C$, $\int a^x dx = \dfrac{a^x}{\ln a} + C$

개념 쏙쏙 확인예제

※ 01~02 다음 명제의 참, 거짓을 판정하라.

01 모든 역도함수는 미분가능하다.

02 $\int f(x)g(x)dx = \int f(x)dx \int g(x)dx$

03 일차함수 $f(x)$에 대하여 $2\int f(x)dx = f(x) + xf(x) - x + 3$이 성립한다. $f(1) = 4$일 때, $f(2)$ 값을 구하라.

04 미분가능한 함수 $f(x)$에 대하여 $\int f(x)dx = xf(x) - 3x^2 + 2x^2$이 성립한다. $f(0) = 2$일 때, $f(2)$ 값을 구하라.

05 함수 $f(x) = \int (5x^2 + ae^{-x} + x)dx$를 생각하자. 곡선 $y = f(x)$ 위 $x = 1$인 점에서 접선의 기울기가 $e^2 + 6$일 때, 상수 a 값을 구하라.

 # 미분적분학의 기본정리

넓이와 기울기를 잇는 연결고리

🐾 구간 $[a, b]$에서 연속인 함수 $y = f(x)$와 직선 $x = a$, $x = b$ 및 x축으로 둘러싸인 도형의 넓이는 다음과 같이 직사각형으로 잘게 쪼개어 구할 수 있다.

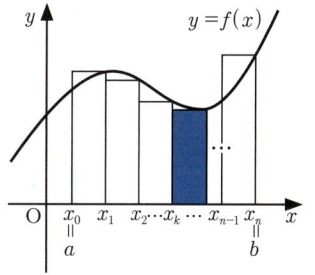 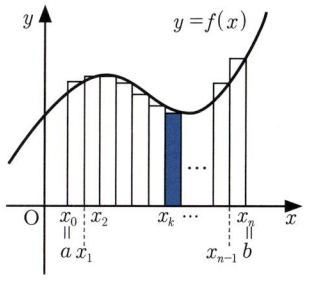 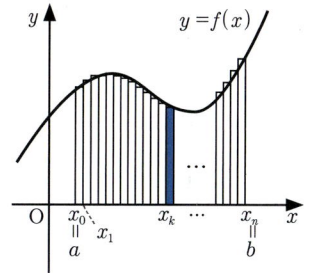

구간 $[a, b]$를 n등분했을 때 왼쪽에서 순서대로 k번째 직사각형에서

$$(\text{가로 길이}) = \frac{b-a}{n}, \ (\text{세로 길이}) = f\left(a + \frac{b-a}{n}k\right)$$

이므로 직사각형 각각의 넓이는 $f\left(a + \frac{b-a}{n}k\right) \times \frac{b-a}{n}$이다. 아주 잘게 쪼개어($n \to \infty$) 이를 모두 더하면($\Sigma$)

$$\lim_{n \to \infty} \sum_{k=1}^{n} f\left(a + \frac{b-a}{n}k\right)\frac{b-a}{n}$$

이때 $\lim_{n \to \infty} \sum_{k=1}^{n} f\left(a + \frac{b-a}{n}k\right)\frac{b-a}{n}$를 함수 $f(x)$의 a에서 b까지의 **정적분**(definite integral)이라고 하고, a와 b를 각각 이 정적분의 **아래끝**과 **위끝**이라고 한다.

함수 $f(x)$가 구간 $[a,b]$에서 연속일 때, 구간 $[a,b]$에서 $S(x)$를 다음과 같이 정의하자.

$$S(x) = \lim_{n \to \infty} \sum_{k=1}^{n} f\left(a + \frac{x-a}{n}\right)\frac{x-a}{n}$$

$S(x)$는 곡선 $y = f(t)$와 직선 $t = a$, $t = b$ 및 x축으로 둘러싸인 도형의 넓이다.

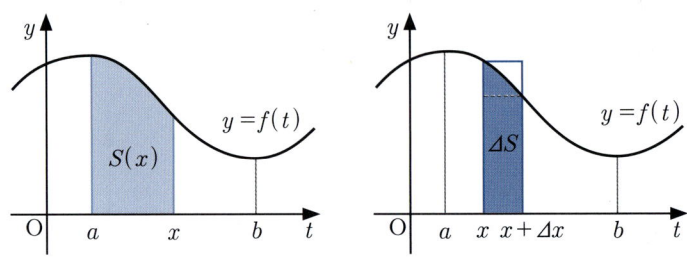

$\Delta S = S(x + \Delta x) - S(x)$가 나타내는 넓이는 위 그림에서 직사각형의 넓이와 같다. 따라서 Δx가 아주 작다면 이 직사각형의 세로 길이는 $f(x)$와 구분하기 힘들 것이다.

$$\Delta x \to 0 \text{일 때 } \Delta S \simeq f(x)\Delta x \Rightarrow \lim_{\Delta x \to 0}\frac{S(x+\Delta x)-S(x)}{\Delta x} = f(x)$$

즉, $\dfrac{d}{dx}S(x) = f(x)$이다.

▶▶ 미분적분학의 기본정리(fundamental theorem of calculus)란?

함수 $f(x)$가 구간 $[a,b]$에서 연속이고 $F(x) = \int f(x)dx$일 때 다음이 성립한다.

$$\lim_{n \to \infty} \sum_{k=1}^{n} f(x_k)\Delta x = F(b) - F(a) = [F(x)]_a^b \quad \left(\text{단}, \Delta x = \frac{b-a}{n},\ x_k = a + (\Delta x)k\right)$$

$S(x)$의 정의로부터 $S(b) = \lim\limits_{n \to \infty} \sum\limits_{k=1}^{n} f(x_k)\Delta x$이다.

$S(x)$는 $f(x)$의 부정적분 중 하나이므로 $S(x) = F(x) + C$
$\Rightarrow S(a) = F(a) + C = 0$이므로 $C = -F(a)$
$\Rightarrow S(x) = F(x) - F(a)$, 즉 $\lim\limits_{n \to \infty} \sum\limits_{k=1}^{n} f(x_k)\Delta x = S(b) = F(b) - F(a)$

이제 무한급수 $\lim_{n \to \infty} \sum_{k=1}^{n} f(x_k) \Delta x$를 간단히 $\int_a^b f(x)dx$로 표기하면 자연스럽다.

또한 $F(b) - F(a)$를 간단히 기호로 $\left[F(x)\right]_a^b$와 같이 나타낸다.

🐾 다음 성질은 정적분을 계산할 때 자주 쓰인다.

(1) $\int_a^b kf(x)dx = k\int_a^b f(x)dx$ (단, k는 실수)

(2) $\int_a^b \{f(x) \pm g(x)\}dx = \int_a^b f(x)dx \pm \int_a^b g(x)dx$

(3) $\int_a^b f(x)dx = \int_a^c f(x)dx + \int_c^b f(x)dx$

(3) $f(x)$의 부정적분 중 하나를 $F(x)$라고 하면

$$\int_a^c f(x)dx + \int_c^b f(x)dx = (F(c) - F(a)) + (F(b) - F(c))$$
$$= F(b) - F(a)$$
$$= \int_a^b f(x)dx$$

(1), (2)도 비슷하게 보일 수 있다.

🐾 미분적분학의 기본정리를 응용하면 복잡한 급수를 계산하지 않고 부정적분의 함숫값 차이를 통해 넓이를 구할 수 있다. 다음 규칙을 따르면 무한급수 $\lim_{n \to \infty} \sum_{k=1}^{n} f(x_k) \Delta x$를 정적분 $\int_a^b f(x)dx$로 쉽게 바꿀 수 있다.

$\lim \sum$	⇨	$\int$
수열의 0번째 항 x_0	⇨	a
수열의 n번째 항 x_n	⇨	b
등차수열 $\{x_k\}$의 공차 Δx	⇨	dx

정적분을 이용하여 무한급수 $\lim_{n \to \infty} \sum_{k=1}^{n} \left(\frac{3k}{n} \right)^2 \cdot \frac{3}{n}$ 을 계산해 보자.

풀이

$x_k = \frac{3k}{n}$ 이라 하면 $x_0 = 0$, $x_n = 3$, $\Delta x = \frac{3}{n}$ 이므로

$$\lim_{n \to \infty} \sum_{k=1}^{n} \left(\frac{3k}{n} \right)^2 \cdot \frac{3}{n} = \int_0^3 x^2 \, dx = \left[\frac{x^3}{3} \right]_0^3 = 9$$

함수 $f(x)$가 구간 $[a, b]$에서 연속이고 함수 $F(x)$가 $f(x)$의 부정적분 중 하나일 때,

$$\lim_{n \to \infty} \sum_{k=1}^{n} f\left(a + \frac{b-a}{n} k \right) \frac{b-a}{n} = F(b) - F(a)$$

개념 쏙쏙 확인예제

01 임의의 실수 x에 대하여 $\int_1^x f(t)dt = x^2 + x + a$를 만족하는 함수 $f(x)$와 상수 a 값을 각각 구하라.

02 등식 $\int_a^b (x-a)(x-b)dx = \frac{1}{6}(a-b)^3$이 성립함을 보여라.

※ 03~04 다음 극한값을 구하라.

03 $\lim\limits_{x \to 1} \dfrac{1}{x-1} \int_1^x (t^2+1)dt$

04 $\lim\limits_{h \to 0} \dfrac{1}{h} \int_2^{2+h} (t^4+3t)dt$

05 $\int_1^x (x-t)f(t)dt = 2x^3 - 3x^2 + 1$을 만족할 때, $f(1)$ 값을 구하라.

06 함수 $f(x) = \int_0^x (t-1)(t-2)dt$의 극댓값을 구하라.

07 $\lim\limits_{n \to \infty} \dfrac{1^5 + 2^5 + \cdots + n^5}{(1^2 + 2^2 + \cdots + n^2)(1^2 + 2^2 + \cdots + n^2)}$의 극한값을 구하라.

 치환적분법

합성함수 미분법을 적분할 때 써먹을 수 없을까?

▶▶ **치환적분법이란?**

함수 $t = g(x)$가 미분가능하고 $F'(t) = f(t)$일 때 다음이 성립한다.

$$\int f(g(x))g'(x)dx = F(g(x)) + C$$

이를 **치환적분법(integration by substitution)**이라고 한다.

why? 함수 $F(g(x))$를 x에 대해 미분하면 합성함수의 미분법에 의해 다음이 성립한다.

$$\frac{d}{dx}F(g(x)) = f(g(x))g'(x)$$

양변을 x에 대해 적분하자.

$$F(g(x)) + C = \int f(g(x))g'(x)dx$$

즉, 치환적분법은 '합성함수의 미분법'을 적분으로 표현한 것이다.

 다음과 같이 기억하면 치환적분을 쉽게 사용할 수 있다.

$\int f(g(x))g'(x)dx$에서 $g(x) = t$로 치환하면 $g'(x) = \dfrac{dt}{dx}$이므로

$$\begin{aligned}\int f(g(x))g'(x)dx &= \int f(t)\frac{dt}{dx}dx \\ &= \int f(t)dt = F(t) + C \\ &= F(g(x)) + C\end{aligned}$$

$\int xe^{x^2}dx$ 에서 $x^2 = t$ 로 치환하면 $2x = \dfrac{dt}{dx}$ 이므로 다음이 성립한다.

$$\begin{aligned} \int xe^{x^2}dx &= \frac{1}{2}\int e^{x^2} 2x\, dx \\ &= \frac{1}{2}\int e^t \frac{dt}{dx}dx \\ &= \frac{1}{2}\int e^t dt \\ &= \frac{1}{2}e^t + C = \frac{1}{2}e^{x^2} + C \end{aligned}$$

🐾 치환적분법을 이용하면 다음 결과를 얻는다. 자주 사용하는 결과이니 기억해 두자.

(1) $\int \{f(x)\}^n f'(x)dx = \dfrac{\{f(x)\}^{n+1}}{n+1} + C$, 특히 $\int (ax+b)^n dx = \dfrac{(ax+b)^{n+1}}{a(n+1)} + C$

(2) $\int \dfrac{f'(x)}{f(x)}dx = \ln|f(x)| + C$, 특히 $\int \dfrac{1}{ax+b}dx = \dfrac{1}{a}\ln|ax+b| + C$

(1) $f(x) = t$ 로 치환하면 $f'(x) = \dfrac{dt}{dx}$ 이므로

$$\int \{f(x)\}^n f'(x)dx = \int t^n \frac{dt}{dx}dx = \int t^n dt = \frac{t^{n+1}}{n+1} + C = \frac{\{f(x)\}^{n+1}}{n+1} + C$$

(2) $f(x) = t$ 로 치환하면 $f'(x) = \dfrac{dt}{dx}$ 이므로

$$\int \frac{f'(x)}{f(x)}dx = \int \frac{1}{t}\frac{dt}{dx}dx = \int \frac{1}{t}dt = \ln|t| + C = \ln|f(x)| + C$$

🐾 치환적분법을 이용하면 복잡한 함수의 정적분도 계산할 수 있다. 함수 $t = g(x)$ 가 미분가능하고 $F'(x) = f(x)$ 일 때 다음이 성립한다.

$$\int_a^b f(g(x))g'(x)dx = \int_{g(a)}^{g(b)} f(t)dt$$

why?
$$\int f(g(x))g'(x)dx = F(g(x)) + C$$
$$\Rightarrow \int_a^b f(g(x))g'(x)dx = [F(g(x))]_a^b$$
$$= F(g(b)) - F(g(a))$$
$$= \int_{g(a)}^{g(b)} f(t)dt$$

치환적분법은 삼각함수와 관련된 부정적분·정적분을 구할 때 특히 유용하다.

SUMMARY

1. 함수 $t = g(x)$가 미분가능하고 $F'(t) = f(t)$일 때 다음이 성립한다.

$$\int f(g(x))g'(x)dx = F(g(x)) + C$$

$$\int_a^b f(g(x))g'(x)dx = \int_{g(a)}^{g(b)} f(t)dt$$

이를 **치환적분법**이라 한다.

2. (1) $\int \{f(x)\}^n f'(x)dx = \dfrac{\{f(x)\}^{n+1}}{n+1} + C$, 특히 $\int (ax+b)^n dx = \dfrac{(ax+b)^{n+1}}{a(n+1)} + C$

   (2) $\int \dfrac{f'(x)}{f(x)}dx = \ln|f(x)| + C$, 특히 $\int \dfrac{1}{ax+b}dx = \dfrac{1}{a}\ln|ax+b| + C$

개념 쏙쏙 확인예제

01 다음 등식을 만족하는 상수 a 값을 구하라(단, C는 적분상수).

$$\int 2x\sqrt{x^2+3}\,dx = a(x^2+3)\sqrt{x^2+3} + C$$

02 함수 $f(x)$에 대해 $f'(x) = 2\sin^2\dfrac{x}{2} + \tan^2 x$ 이고 $f(0)=0$일 때, $f\left(\dfrac{\pi}{4}\right)$ 값을 구하라.

03 부정적분 $\displaystyle\int \dfrac{x-1}{x^3+1}\,dx$를 구하라.

04 $0 \le x \le 6$에서 정의된 함수 $f(x)$의 그래프가 오른쪽 그림과 같을 때, $\displaystyle\int_1^2 f(3x-2)\,dx$ 값을 구하라.

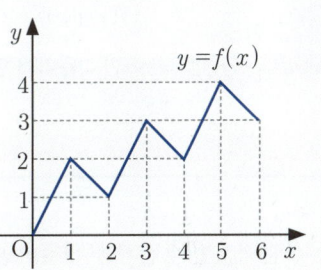

 ## 04 부분적분법

곱의 미분법을 적분에 써먹을 수 없을까?

▶▶ **부분적분법이란?**

미분가능한 함수 $f(x)$, $g(x)$에 대하여 다음이 성립한다.

$$\int f(x)g'(x)dx = f(x)g(x) - \int f'(x)g(x)dx$$

이를 **부분적분법(integration by parts)**이라고 한다.

why?

곱의 미분법에 의해 다음이 성립한다.

$$\{f(x)g(x)\}' = f'(x)g(x) + f(x)g'(x) \Leftrightarrow f(x)g'(x) = \{f(x)g(x)\}' - f'(x)g(x)$$

양변을 적분하면 다음 식을 얻는다.

$$\int f(x)g'(x)dx = f(x)g(x) - \int f'(x)g(x)dx$$

🐾 부분적분법의 결과를 관찰하면 좌변에서는 피적분함수 $f(x)g'(x)$의 $g(x)$에 붙어 있던 미분연산(')이 우변에서는 $f(x)$에 붙어 있음을 확인할 수 있다. 다시 말해 부분적분법은

대가를 치르고 이득을 취하는 적분법이다.	⇨ $f(x)g'(x) \to f'(x)g(x)$ ⇨ $\int f'(x)g(x)dx$ 는 계산할 수 있다!

부정적분 $\int \ln x\, dx$를 구하라.

함수 $\ln x$는 적분하기 어렵지만 미분하기 (상대적으로) 쉬운 함수다.

⇒ $\ln x$를 $\ln x = (x)' \ln x$로 보고 함수 x에 붙어 있는 미분연산($'$)을 가져온다.

⇒ $\int \ln x\, dx = x \ln x - \int x(\ln x)'\, dx = x \ln x - \int 1\, dx = x \ln x - x + C$

∴ $\int \ln x\, dx = x(\ln x - 1) + C$

😺 적분은 미분의 역연산이므로 일반적으로 함수를 적분하는 것이 미분하는 것보다 어렵다. 여기에서 로그함수와 다항함수는 상대적으로 미분하기 쉽고 삼각함수와 지수함수는 상대적으로 적분하기 어렵지 않다.

미분 ←	로그함수	다항함수 분수함수	삼각함수	지수함수	적분 →
	$(\ln x)' = \dfrac{1}{x}$	$(x^n)' = nx^{n-1}$	$\int \sin x\, dx = -\cos x + C$ $\int \cos x\, dx = \sin x + C$	$\int e^x\, dx = e^x + C$	

😺 부분적분법 $\int f(x)g'(x)\, dx = f(x)g(x) - \int f'(x)g(x)\, dx$를 다음과 같이 표를 그려 알고리즘처럼 적분을 수행할 수 있다.

	미분	적분
$+$	$f(x)$	$g'(x)$
$-\int$	$f'(x)$	$g(x)$

부분적분법을 이용하면 복잡한 함수의 정적분도 계산할 수 있다. 함수 $f(x)$, $g(x)$가 미분가능할 때 다음이 성립한다.

$$\int_a^b f(x)g'(x)dx = [f(x)g(x)]_a^b - \int_a^b f'(x)g(x)dx$$

 why? 곱의 미분법으로부터 $f(x)g(x)$는 $f(x)g'(x)+f'(x)g(x)$의 부정적분 중 하나다.

$\Rightarrow [f(x)g(x)]_a^b = \int_a^b \{f(x)g'(x)+f'(x)g(x)\}dx = \int_a^b f(x)g'(x)dx + \int_a^b f'(x)g(x)dx$

$\Rightarrow \int_a^b f(x)g'(x)dx = [f(x)g(x)]_a^b - \int_a^b f'(x)g(x)dx$

미분가능한 함수 $f(x)$, $g(x)$에 대하여 다음이 성립한다.

$$\int f(x)g'(x)dx = f(x)g(x) - \int f'(x)g(x)dx$$

$$\int_a^b f(x)g'(x)dx = [f(x)g(x)]_a^b - \int_a^b f'(x)g(x)dx$$

이를 **부분적분법**이라고 한다.

개념 쏙쏙 확인예제

※ 01~02 다음 부정적분을 구하라.

01 $\int x \ln x \, dx$

02 $\int e^x \cos x \, dx$

03 미분가능한 함수 $f(x)$가 $xf'(x) + f(x) = (\ln x)^2$, $f(1) = 2$를 만족한다고 하자. 방정식 $f(x) = 10$의 두 실근의 곱을 구하라.

04 함수 $f(x)$가 $f(x) = x \cos x + \int_0^{\frac{\pi}{2}} f(t) \, dt$를 만족할 때, $f(0)$ 값을 구하라.

풀이

6.4 적분의 활용

이 지루한 계산과정에 진력이 나시거든, 이런 계산을 적어도 70번 해 본 저를 생각하시고 참아 주십시오. – 요하네스 케플러(Johannes Kepler, 1571–1630)

17세기 초 유럽에서 포도주 가격은 포도주 통 안에 긴 자를 넣어 포도주가 채워져 있는 높이를 재서 결정했다고 한다. 천문학자 요하네스 케플러(Johannes Kepler)는 이 소식을 듣고 격노했다. 포도주를 담는 통이 배가 볼록한 모양이므로 포도주 양은 높이와 비례하지 않았기 때문이다. 케플러는 구분구적법을 응용하여 포도주의 양을 정확하게 측정하는 방법을 『포도주 통의 새로운 기하학』이란 책을 통해 소개하기도 하였다.

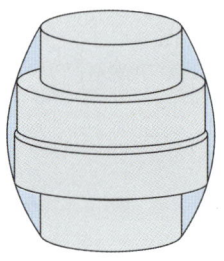 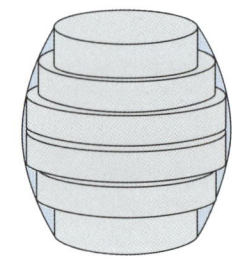 

콜라병에 담긴 콜라의 양은 어떻게 구할까? 한 발 더 나가 인체를 순환하는 혈액량은 어떻게 측정할까? 콜라병에 물을 가득 담아 플라스크에 따라보면 그 양을 측정할 수 있겠지만, 체내 혈액량을 측정하겠다고 사람 몸에 담긴 피를 모두 뽑아볼 수는 없는 노릇이다. 적분을 응용하면 우아하게 두뇌와 펜만으로 이 문제에 대한 답을 얻을 수 있다.

 Keyword

넓이, 부피, 회전체의 부피, 위치

 # 넓이

선분을 무한히 모으면 넓이를 구할 수 있다.

🐾 함수 $f(x)$가 구간 $[a,b]$에서 연속일 때, 곡선 $y=f(x)$와 두 직선 $x=a$, $x=b$ 및 x축으로 둘러싸인 도형의 **넓이**는 $\int_a^b |f(x)|dx$이다.

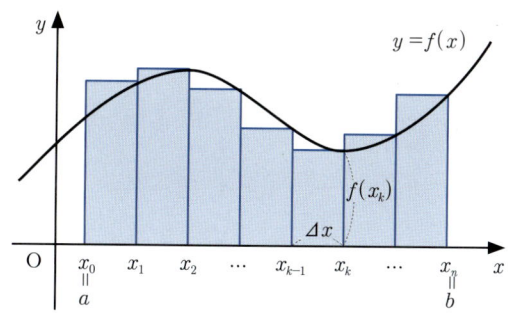

잘게 쪼갠 직사각형 각각의 넓이($=|f(x)| \times dx$)를 모두 더해주었다 $\left(\int_a^b\right)$

곡선 $y = \ln x$와 두 직선 $x = \dfrac{1}{e}$, $x = e$ 및 x축으로 둘러싸인 도형의 넓이를 구하라.

$$\int_{1/e}^{e} |\ln x|dx = \int_{1/e}^{1} (-\ln x)dx + \int_{1}^{e} \ln x\, dx$$
$$= \left\{[-x\ln x]_{1/e}^{1} - \int_{1/e}^{1}(-1)dx\right\} + \left\{[x\ln x]_{1}^{e} - \int_{1}^{e} 1\,dx\right\}$$
$$= 2 - \dfrac{2}{e}$$

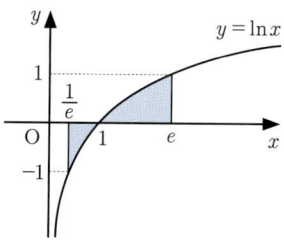

🐾 두 함수 $f(x)$, $g(x)$가 구간 $[a, b]$에서 연속일 때, 두 곡선 $y = f(x)$, $y = g(x)$ 및 두 직선 $x = a$, $x = b$로 둘러싸인 도형의 넓이는 $\int_a^b |f(x) - g(x)| dx$이다.

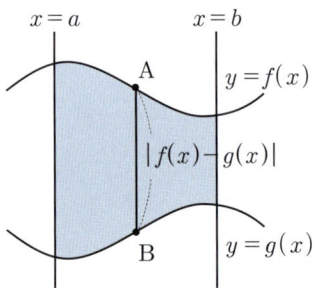

잘게 쪼갠 직사각형 각각의 넓이$(= |f(x) - g(x)| \times dx)$를 모두 더해주었다 $\left(\int_a^b \right)$

🐾 다음과 같이 두 곡선 $y = f(x)$, $y = g(x)$로 둘러싸여 생긴 두 영역의 넓이를 A, B라 하자.

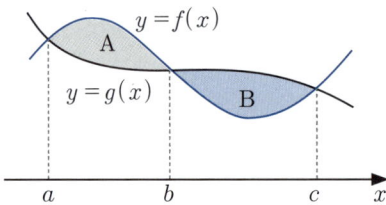

이때 $A = B$이기 위한 필요충분조건은 $\int_a^c \{f(x) - g(x)\} dx = 0$이다.

 $A = B \Leftrightarrow \int_a^b |f(x) - g(x)| dx = \int_b^c |f(x) - g(x)| dx \Leftrightarrow \int_a^b \{f(x) - g(x)\} dx = \int_b^c -\{f(x) - g(x)\} dx$

$\Leftrightarrow \int_a^b \{f(x) - g(x)\} dx + \int_b^c \{f(x) - g(x)\} dx = 0 \Leftrightarrow \underline{\int_a^c \{f(x) - g(x)\} dx = 0}$

구간 $[a, b]$에서 곡선 $y = f(x)$, $y = g(x)$와 직선 $x = a$, $x = b$를 경계로 하는 도형의 넓이는 $\int_a^b |f(x) - g(x)| dx$이다.

개념 쏙쏙 확인예제

01 오른쪽 그림과 같이 두 곡선 $y = \sin x$, $y = \cos x$ 및 두 직선 $x = 0$, $x = \pi$로 둘러싸인 도형의 넓이를 구하라.

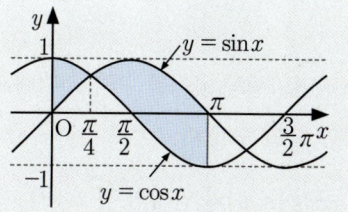

02 두 곡선 $y = \ln(x + 1)$, $y = -\sin x$와 직선 $x = \pi$로 둘러싸인 도형의 넓이를 구하라.

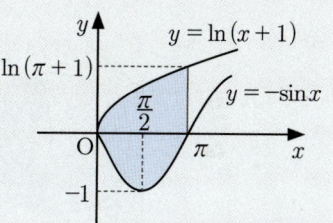

03 오른쪽 그림과 같이 원 $x^2 + y^2 = 1$과 곡선 $y = -x^2 - 2x - 1$로 둘러싸인 도형의 넓이를 구하라.

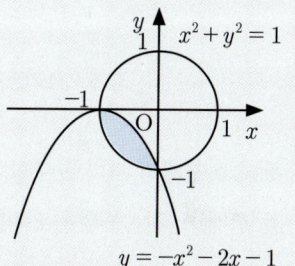

04 곡선 $y = -x^2 + 2x$와 두 직선 $y = x$, $y = \dfrac{1}{2}x$로 둘러싸인 도형의 넓이를 구하라.

 ## 부피

단면의 넓이를 무한히 모으면 부피를 구할 수 있다.

🐾 평면도형의 넓이를 구하기 위해 직사각형으로 잘게 쪼갰듯이 기둥을 쌓아 올려 입체도형의 부피를 구할 수 있다.

구간 $[a, b]$의 임의의 점 x에서 x축에 수직인 평면으로 입체도형을 자른 단면의 넓이를 $S(x)$라고 할 때, 입체도형의 **부피**는 $\int_a^b S(x)dx$ 이다.

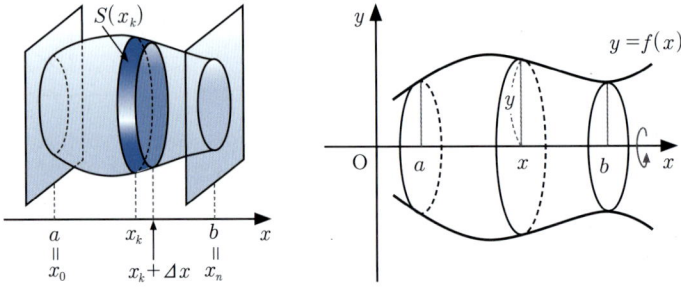

잘게 쪼갠 기둥 각각의 부피($=S(x) \times dx$, 즉 밑넓이×높이!)를 모두 더해주었다 $\left(\int_a^b\right)$

특히 회전체의 부피도 구할 수 있다. 구간 $[a, b]$에서 곡선 $y=f(x)$와 x축 및 두 직선 $x=a$, $x=b$를 경계로 하는 도형을 x축을 중심으로 회전시켜 얻은 **회전체의 부피**는 다음과 같다.

$$\pi \int_a^b \{f(x)\}^2 dx$$

 구간 $[a, b]$의 임의의 점 x에서 단면의 넓이 $S(x)$는 $S(x) = \pi y^2 = \pi\{f(x)\}^2$ 이다.

 뿔의 부피는 밑면의 모양에 무관하게 항상 기둥의 부피의 $\frac{1}{3}$이다.

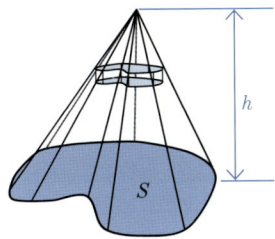

밑면의 넓이가 S이고 높이가 h인 기둥의 부피는 Sh이다. 뿔의 꼭짓점을 기준으로 x만큼 떨어진 지점에서 단면의 넓이를 $S(x)$라고 하자. 뿔의 꼭짓점을 닮음의 중심으로 하고 x만큼 떨어진 지점에서 단면과 밑면은 닮음이다.

⇒ 넓이의 비는 닮음비 $x:h$의 제곱이므로

$$S(x):S = x^2:h^2 \Leftrightarrow S(x) = \frac{S}{h^2}x^2$$

따라서 뿔의 부피는 $\int_0^h S(x)dx = \int_0^h \frac{S}{h^2}x^2 dx = \frac{S}{h^2}\left[\frac{x^3}{3}\right]_0^h = \frac{1}{3}Sh$이다.

🐾 자주 등장하는 회전체 중에는 원환체(torus)가 있다. 원환체는 원을 직선을 중심으로 회전시켜 얻은 회전체를 의미한다.

반지름의 길이가 r이고 중심이 x축으로부터 R만큼 떨어진 원을 x축을 중심으로 회전시켜 얻은 원환체의 부피는 $2\pi^2 r^2 R$이다.

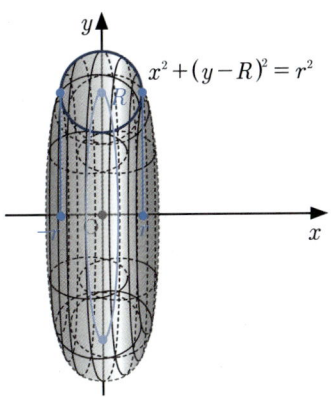

 **why?** 엄밀한 증명은 지면 관계상 생략하고 이 결과가 직관적으로 그럴듯함을 설명하겠다. 주어진 도넛을 싹둑 잘라서 가래떡 모양으로 펴면 단면이 πr^2이고 높이가 $2\pi R$인 원기둥이다.

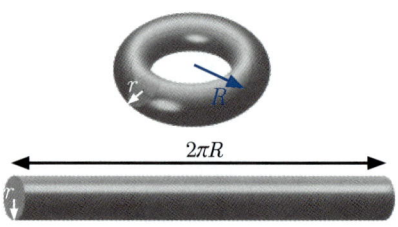

SUMMARY

구간 $[a, b]$의 임의의 점 x에서 x축에 수직인 평면으로 입체도형을 자른 단면의 넓이를 $S(x)$라고 할 때, 입체도형의 부피는 $\int_a^b S(x)dx$이다.

개념 쏙쏙 확인예제

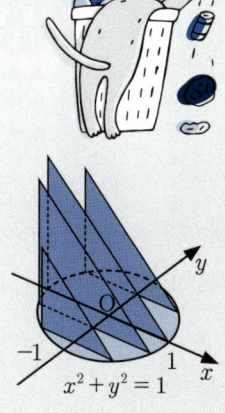

01 오른쪽 그림과 같이 원 $x^2+y^2=1$로 둘러싸인 도형을 밑면으로 하는 입체도형이 있다. 이 입체도형을 y축에 수직인 평면으로 자른 단면이 직각이등변삼각형일 때, 입체도형의 부피를 구하라.

02 좌표평면 위의 두 점 $P(x, 0)$, $Q(x, -x^2+2x)$를 이은 선분을 한 변으로 하고, 이 평면에 수직으로 세운 정삼각형 PQR을 만든다. 점 P가 원점에서 점 $C(2, 0)$까지 x축 위를 움직일 때, 정삼각형 PQR이 그리는 입체도형의 부피를 구하라.

03 정적분을 이용하여 반지름의 길이가 r인 구의 부피를 구하라.

04 그림과 같이 함수 $f(x)=\sqrt{x}e^{\frac{x}{2}}$에 대하여 좌표평면 위의 두 점 $A(x, 0)$, $B(x, f(x))$를 이은 선분을 한 변으로 하는 정사각형을 x축에 수직인 평면 위에 그린다. 점 A의 x좌표가 $x=1$에서 $x=\ln 6$까지 변할 때, 이 정사각형이 만드는 입체도형의 부피를 구하라.

풀이

 # 03 위치, 속도, 가속도

시간이 운동법칙과 미적분으로 끈끈히 연결되어 있는 세계

🐾 수직선 위를 움직이는 점 P의 시각 t에서 위치를 $x = s(t)$, 속도를 $v(t)$, 그리고 가속도를 $a(t)$라고 하자. 이때 세 물리량 사이의 관계는 다음과 같다.

$$\text{위치 } s(t) \xrightarrow[\text{적분}]{\text{미분}} \text{속도 } v(t) \xrightarrow[\text{적분}]{\text{미분}} \text{가속도 } a(t)$$

시각 $t = a$에서 위치가 $s(a)$일 때 $\dfrac{d}{dt}s(t) = v(t)$이므로 미분적분학의 기본정리에 의해

$$\int_a^b v(t)dt = \left[s(t)\right]_a^b = s(b) - s(a)$$

이다. 따라서 시각 $t = b$에서 점 P의 **위치** $s(b)$는 $\boldsymbol{s(a) + \int_a^b v(t)dt}$ 이다.

구간 $[a, b]$에서 $v(t) > 0$이라면 점 P는 원래 움직이던 방향으로 움직이므로 $t = a$에서 $t = b$까지 움직인 거리는 $s(b) - s(a) = \int_a^b v(t)dt$이다.

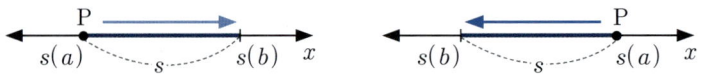

그러나 $v(t) < 0$이라면 점 P는 원래 움직이던 방향과 반대 방향으로 움직인다. 따라서 $t = a$에서 $t = b$까지 움직인 거리는 $s(a) - s(b) = \int_a^b \{-v(t)\}dt$이다.

일반적으로 점 P가 시각 $t = a$에서 $t = b$까지 움직인 거리는 $\boldsymbol{\int_a^b |v(t)|dt}$ 이다.

원점을 출발하여 수직선 위를 움직이는 점 P의 시각 t에서 속도 $v(t)$가 $v(t) = t^2 - 2t$일 때, 다음 물음에 답하라.

(a) 점 P가 출발한 후 원점으로 다시 돌아오는 시각을 구하라.

(b) 점 P가 출발한 후 원점으로 다시 돌아올 때까지 움직인 거리를 구하라.

풀이

(a) 시각 $t > 0$에서 위치는 $\int_0^t v(t)dt = \left[\frac{1}{3}t^3 - t^2\right]_0^t = \frac{1}{3}t^3 - t^2$이다.

원점에서의 위치는 0이므로 $\frac{1}{3}t^3 - t^2 = 0$에서 $t = 3$이다.

(b) 시각 $t = 0$에서 $t = 2$까지는 $v(t) < 0$이고, 시각 $t = 2$에서 $t = 3$까지는 $v(t) > 0$이므로 점 P가 시각 $t = 0$에서 $t = 3$까지 움직인 거리는 다음과 같다.

$$\int_0^2 \{-v(t)\}dt + \int_2^3 v(t)dt = \left[-\frac{1}{3}t^3 + t^2\right]_0^2 + \left[\frac{1}{3}t^3 - t^2\right]_2^3$$
$$= \left(\frac{4}{3} - 0\right) + \left\{0 - \left(-\frac{4}{3}\right)\right\}$$
$$= \frac{8}{3}$$

🐾 점 P가 $v(t) = v_0$인 등속도 운동을 한다면 다음을 얻는다.

$$v(t)를 t에 대해 적분하여 \ s(t) = s(0) + \int_0^t v_0 dt = v_0 t + s(0)$$

$$v(t)를 t에 대해 미분하여 \ a(t) = \frac{d}{dt}v(t) = 0$$

따라서 등속도 운동을 하는 물체는 시간에 비례하여 위치가 결정된다. 또한 $F = ma$이므로 $a = 0$은 $F = 0$을 함의한다. 즉, 물체에 힘이 가해지지 않는다면 이 물체는 등속도 운동을 한다(뉴턴 운동 제1법칙).

같은 방식으로 점 P가 $a(t) = a_0$인 등가속도 운동을 한다면 다음을 얻는다.

$a(t)$를 t에 대해 적분하여 $v(t) = v(0) + \int_0^t a_0 dt = a_0 t + v(0)$

$v(t)$를 t에 대해 적분하여 $s(t) = s(0) + \int_0^t \{a_0 t + v(0)\} dt = \frac{1}{2} a_0 t^2 + v(0) t + s(0)$

또한 $F = ma$이므로 등가속도 운동을 하는 물체에 가속도 a_0에 비례하는 외력이 가해진다.

시간에 대한 변화율을 계산하여 물체의 운동을 이해할 수 있다.

개념 쏙쏙 확인예제

01 오른쪽 그림은 $x=1$인 점에서 출발하여 수직선 위를 움직이는 점 P의 시각 t에서 속도 $v(t)$를 나타낸 그래프다. 다음 중 옳은 것을 모두 찾아라(단, $0 \leq t \leq 8$).

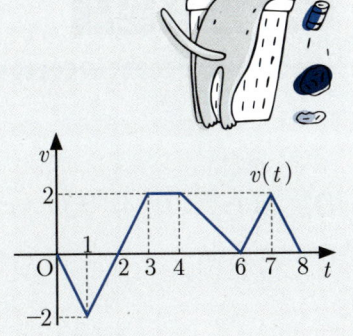

> ㉠ 점 P의 시각 $t=3$에서 위치는 원점이다.
> ㉡ 점 P의 시각 $t=1$에서 $t=4$까지 위치의 변화량은 3이다.
> ㉢ 점 P가 시각 $t=0$에서 $t=8$까지 움직인 거리는 9이다.
> ㉣ 점 P는 출발 후 운동 방향을 2번 바꾸었다.

02 어느 놀이동산에서 2분 동안 운행하는 열차의 운행속도 $v(t)$(m/초)가 다음과 같다고 하자.

$$v(t) = \begin{cases} \dfrac{1}{2}t & (0 \leq t < 10) \\ k & (10 \leq t < 100) \\ \dfrac{1}{4}(120-t) & (100 \leq t \leq 120) \end{cases}$$

이 열차가 출발 후 정차할 때까지 운행한 거리를 구하라(단, 단위는 m이고 k는 상수).

03 수직선 위를 움직이는 두 점 P, Q의 시각 t에서 속도가 각각 $3t^2$, $2t-3$이다. 점 P는 원점을 출발하고 점 Q는 3인 점을 출발했을 때, 두 점 P, Q가 만나는 지점까지 점 Q가 움직인 거리를 구하라.

풀이

6장 연습문제

01 함수 $f(x) = ax^2 + bx + c$가 다음 조건을 만족할 때, $f(2)$ 값을 구하라(단 a, b, c는 상수, $a \neq 0$).

> (가) $\lim\limits_{x \to \infty} \dfrac{3x^2 f(x) - f(x^2)}{\{f(x)\}^2} = 4$ (나) $\lim\limits_{x \to 0} \dfrac{f(x)}{x} = 5$

02 다항식 $f(x) = x^{10} + ax + b$가 $(1-x)^5$으로 나누어떨어질 때, 상수 a, b 값을 구하라.

03 점 P(1,0)에서 곡선 $y = xe^x$에 그은 두 접선의 기울기를 각각 m_1, m_2라고 할 때, $m_1 m_2$ 값을 구하라.

04 두 곡선 $f(x) = a + \cos x$, $g(x) = \cos^2 x$가 서로 접하도록 하는 모든 상수 a의 합을 구하라.

05 다음 함수가 극댓값을 갖지 않도록 하는 실수 a 값의 범위를 구하라.

$$f(x) = x^4 - 4(a-1)x^3 + 2(a^2 - 1)x^2 + 1$$

06 $1 \leq x \leq 2$인 모든 실수 x에 대하여 부등식 $ax \leq e^x \leq \beta x$가 성립하도록 상수 α, β를 정할 때, $\beta - \alpha$의 최솟값을 구하라.

07 곡선 $y = \sqrt{x}$에 대하여 $x = 1$에서 곡률과 곡률 반지름을 각각 구하라.

08 음함수로 표현된 곡선 $y^2 + x^3 = 0$ 위의 점 $(-1, 1)$에서 곡률을 구하라.

09 곡선 $y = e^x$ 위의 점에서 곡률 반지름의 최솟값을 구하라.

10 정적분 $\int_0^1 |e^x - e^a| dx$의 값을 $f(a)$라고 할 때, $f(a)$가 최소가 되게 하는 a 값을 구하라 (단, $0 \leq a \leq 1$).

11 함수 $f(x) = 3x^2 + 2x$에 대하여 $\lim_{n \to \infty} \sum_{k=1}^{n} f\left(2 + \frac{k}{n}\right) \cdot \frac{4}{n}$ 값을 구하라.

12 미분가능한 두 함수 $f(x)$, $g(x)$가 다음 조건을 만족시킬 때, $\int_0^2 f(x)g(x)dx$ 값을 구하라.

> (가) $f'(x) = g(x)$　　　　(나) $f(0) = 3$, $f(2) = 5$

13 함수 $f(x) = xe^x (x \geq 0)$과 그 역함수 $g(x)$에 대하여 정적분 $\int_0^1 f(x)dx + \int_0^e g(x)dx$ 값을 구하라.

14 최고차항의 계수가 1인 4차함수 $f(x)$가 다음과 같은 조건을 만족한다.

> (가) 임의의 x에 대하여 $f(x) = f(-x)$
> (나) $x = \alpha$, $x = \beta$에서 극솟값 0을 갖는다. (단, $\beta < 0 < \alpha$)

곡선 $y = f'(x)$와 x축으로 둘러싸인 도형의 넓이가 32이고, 곡선 $y = f(x)$와 x축으로 둘러싸인 도형의 넓이를 S라 할 때, $15S$ 값을 구하라.

찾아보기

ㄱ

가우스 소거법 236
가정 047
같다 021, 036, 074, 166, 213
거미줄 다이어그램 276
거짓 048
결론 047
곡률 374
곡률 반지름 374
공간벡터 181
공비 259
공역 073
공집합 032
공차 254
교대급수 283
교집합 040
구 194
구간 037
그래프 074
극값 342
극대 342
극소 342
극좌표계 147
극한 288
극한값 271
극형식 149
급수 279
기울기 076

ㄴ

나머지 028
나머지정리 064

ㄷ

내분 122
내분점 122
내적 174
넓이 397

다항함수 076
단조감소 341
단조증가 341
닫힌구간 037
대우 052
대응 073
대칭방정식 185
도함수 309
독립변수 073
동경 103
동치 047
드 모르간 법칙 044
등비급수 285
등비수열 259
등비중항 261
등차수열 254
등차중항 257

ㄹ

로그의 성질 117
로그함수 115

ㅁ

망원경법 267
매개변수 337
매개변수로 나타낸 함수 337
매개변수 방정식 185

명제 046
몫 028
무게중심 123
무리방정식 100
무리수 020
무리식 099
무리함수 099
무한소 271
무한집합 032
미분가능 306
미분계수 305
미분법 309
미분한다 309
밑 113

ㅂ

반례 048
반지름 194
발산 271, 272, 290
방정식 057
방향벡터 184
법선벡터 189
벡터 165
벡터 방정식 184, 189, 194
벡터의 실수배 171
벡터의 차 170
벡터의 합 169
벤 다이어그램 033
변곡점 347
변환 239
복소수 021
복소평면 144
부분적분법 392

부분집합 034
부분합 279
부정 047
부정적분 379
부피 400
분수식 092
분수함수 093
비교판정법 285

ㅅ

사인함수 106
사잇값 정리 295
삼각함수 106
삼각함수의 덧셈정리 110
삼각함수의 합성 111
삼각형법 169
상수 271
상수함수 075
샌드위치 정리 274
서로소 040
선형변환 239
선형변환 f의 행렬표현 240
선형성 239
성분 167, 181
수렴 271, 288
수열 253
수의 체계 018
순간변화율 305
(순)감소 341
(순)증가 341
스칼라 165
시점 165
시초선 103

찾아보기

시컨트함수　106
신발끈 공식　127
실수　017
실수축　144

ㅇ

아래끝　383
아래로 볼록　347
압축정리　274
양의 방향　103
여집합　044
역　052
역도함수　379
역벡터　170
역변환　243
역원　224
역함수　085
역행렬　224
연립부등식의 영역　139
연산자　239
연속　289
연속함수　289
연쇄법칙　320
열린구간　037
열벡터　211
영벡터　167
영의 약수　221
영행렬　213
외분　122
외분점　122
외적　198
우극한　288
원과 직선의 위치 관계　134

원소　032
원소나열법　032, 033
위끝　383
위로 볼록　347
위치　404
위치벡터　167
유리방정식　094
유리수　019
유리식　092
유리함수　093
유한집합　032
음의 방향　103
음함수　336
이계도함수　369
이계도함수 판정법　370
인수정리　066
일대일대응　074
일대일함수　074
일반각　103
일반항　253
일반항 판정법　280
일반형　189, 195

ㅈ

자연로그　328
자연상수　328
자연수　018
적분한다　379
전체집합　035
절댓값　149
점근선　093
점화식　254
접선의 방정식　135, 136

접촉원 373
정리 053
정사각행렬 212
정의 053
정의역 073
정적분 383
제약조건 140
조건 046
조건문 047
조건제시법 033
조립제법 062
종속변수 073
종점 165
좌극한 288
좌표공간 180
주기 108
주기함수 108
중심 194
중점 122
증명 053
지수 113
지수함수 115
직교좌표계 147
직선의 방정식 124, 184
진동 272
진리집합 046
진부분집합 037
집합 032
짝수 018

ㅊ

차집합 044
참 047

충분조건 053
치역 073
치환적분법 388

ㅋ ㅌ

케일리–해밀턴 정리 228
켤레복소수 022, 149
코사인함수 106
코시컨트함수 106
코탄젠트함수 106
크기 103, 149
탄젠트함수 106

ㅍ

페르마 정리 343
편각 149
평균변화율 305
평행사변형법 169
평행이동 078
표준형 195
피적분함수 379
필요조건 053
필요충분조건 053

ㅎ

함수 073
함숫값 073
합성함수 083
합집합 040
항 253
항등식 057
항등함수 074
행렬 211

찾아보기

행렬식　224
행렬의 곱　218
행렬의 실수배　214
행렬의 합·차　213
행벡터　211
허수 단위　020
허수축　144
호도법　104
홀수　018
회전체의 부피　400

A B

absolute value　149
alternating series　283
anti-derivative　379
argument　149
arithmetic sequence　254
average rate of change　305
a의 n제곱　113
a의 n제곱근　113
a의 거듭제곱근　113
bijection　074

C

Cayley-Hamilton Theorem　228
centroid　123
chain rule　320
circle　130
closed interval　037
cobweb diagram　276
codomain　073
column vector　211
common difference　254

common ratio　259
comparison test　285
complex conjugate　149
complex numbers　021
complex plane　144
component　167, 181
composite function　083
condition　046
conjugate complex number　022
constant function　075
constraint　140
continuous　289
continuous function　289
contraposition　052
converge　271
converse　052
correspondence　073
counterexample　048
cross product　198
curvature　374

D

definite integral　383
definition　053
De Morgan's law　044
derivative　309
determinant　224
differentiable　306
differential coefficient　305
differentiate　309
disjoint　040
diverge　271
domain　073

E F

element 032
empty set 032
equivalence 047
even number 018
exponential function 115
function 073
fundamental theorem of calculus 384

G

Gaussian elimination 236
general term 253
geometric sequence 259
geometric series 285
gradient vector 184
graph 074

I

identity function 074
imaginary axis 144
imaginary number 020
implicit function 336
indefinite integral 379
inflection point 347
injection 074
inner product 174
integration by parts 392
integration by substitution 388
intermediate value theorem 295
interval 037
inverse function 085
inverse matrix 224
inverse transformation 243

inverse vector 170
irrational numbers 020

L

left limit 288
l'Hospital's rule 359
limit 271, 288
linearity 239
linear transformation 239
local extremum 342
local maximum 342
local minimum 342
logarithmic function 115

M N

matrix 211
mean value theorem 352
modulus 149
natural logarithm 328
negation 047
normal form 189
normal vector 189
nth identity matrix 221
n차 정사각행렬 212
n차 항등행렬 221

O

odd number 018
open interval 037
operator 239
oscillate 272
osculating circle 373

찾아보기

P

p-adic number system　028
parameter　337
parameter equation　185
partial sum　279
period　108
periodic function　108
polar coordinate system　147
polar form　149
polynomial function　076
position vector　167
proper subset　037
proposition　046
p진법　028

Q R

quotient　028
radian measure　104
range　073
rational numbers　019
real axis　144
rectangular coordinate system　147
remainder　028
right limit　288
row vector　211

S

sandwich theorem　274
scalar　165
sequence　253
series　279
set　032
slope　076

square matrix of order n　212
squeeze theorem　274
subset　034
symmetric equation　185

T

telescoping method　267
term　253
transformation　239
translation　078
trigonometric function　106

U V

universal set　035
vector　165
vector equation　184, 189, 194

X Y

x절편　077
y절편　077

Z

zero divisor　221
zero matrix　213
zero vector　167

기타

2nd-order derivative　369
2진법　027
10진법　026